化工原理实验

Experiments of Chemical Processes

主　编　孙金堂
副主编　潘永兰　蒋红梅　廖庆玲
参　编　文艳霞　杨胜凯　谢　鹏
　　　　刘明石　高金明

华中科技大学出版社
中国·武汉

内容提要

化工原理实验是培养高级工程技术人才的有效途径之一，既能使学生掌握典型单元操作的基本原理，又能使学生掌握处理工程问题的方法，在培养学生动手能力和运用知识能力方面的作用不可或缺。本书主要介绍化工原理实验有关基础知识及典型单元操作共20个实验，包括流体流动、固体流态化、传热、精馏、吸收与解吸、干燥、萃取、膜分离、超临界流体萃取、管路拆装、化工原理实验仿真等，其中大多数实验设备还配有工作站，既可手动操作，也可自动控制。

本书注重理论与实践相结合，强调工程观点和实际能力的培养，注意学生综合素质的提高，可供高等院校化工类和相近专业师生使用，也可供从事化工及相关实验研究的研究生和实验人员参考。

图书在版编目(CIP)数据

化工原理实验/孙金堂主编. —武汉：华中科技大学出版社，2011.8
ISBN 978-7-5609-7098-1

Ⅰ.①化… Ⅱ.①孙… Ⅲ.①化工原理-实验-高等学校-教材 Ⅳ.①TQ02-33

中国版本图书馆 CIP 数据核字(2011)第 090779 号

化工原理实验 孙金堂 主编

策划编辑：王新华
责任编辑：程 芳
封面设计：潘 群
责任校对：张 琳
责任监印：周治超
出版发行：华中科技大学出版社(中国·武汉)
武昌喻家山 邮编：430074 电话：(027)81321913
录 排：武汉正风天下文化发展有限公司
印 刷：武汉市籍缘印刷厂
开 本：787mm×1092mm 1/16
印 张：12.75
字 数：333 千字
版 次：2016 年 8 月第 1 版第 2 次印刷
定 价：23.00 元

全国应用型本科院校化学课程统编教材
编　委　会

前　言

本书是根据化工原理实验教学大纲的要求，结合六所院校的现有实验设备编写的。全书内容分为三部分：前两部分介绍化工原理实验相关基础知识和基本技能，包括安全常识、误差分析和实验数据处理等；第三部分详细介绍了化工原理典型单元操作共 20 个实验，包括流体流动、固体流态化、传热、精馏、吸收与解吸、干燥、萃取、膜分离、超临界流体萃取、管路拆装、化工原理实验仿真等，其中大多数实验设备还配有工作站，可自动控制。本书重点介绍各实验的原理及公式应用、装置流程及其特点、具体的操作步骤和注意事项，力求实用；为了帮助学生整理实验报告，还列举了实验报告要点和数据表格参考示例。附录汇总了部分法定计量单位及其换算、化工常用参数、相关系数检验表、有关仪器的操作简介等。

本书最大特点是实用性强。一般化工原理实验书都是针对某一厂家的设备而编写的，本书则汇总了 6 个厂家的 51 种设备的装置图、特点和操作步骤，有利于教学过程中博采众长、扩大眼界；重点针对具体实验，比一般的化工原理实验书内容更详细、具体、实用。其特点有三：①将科学实验过程中所需要的各种能力培养，通过每一个具体实验体现出来，并把严谨的科研作风和实事求是的科学态度的培养融会贯通于每个实验环节；②实验内容和理论知识（思考题）相结合，以利于理论知识的巩固和提高；③实验内容都是选取化工类生产实际中应用较广的，更接近于工程实际。

由于本书内容较多，使用者除应结合具体情况节选之外，还请注意以下几方面。

(1) 实验顺序基本上按配套的化工原理理论课程各章节的先后排列，较新的膜分离及超临界流体萃取、着重训练动手能力的管路拆装、训练模拟操作的仿真实验排在最后。凡标题注明“*”的实验，既可按一般验证性实验进行，也可按综合（或设计）性实验进行。

(2) 同一实验的不同装置（无论是否使用不同的物料体系），分别用装置Ⅰ、装置Ⅱ、装置Ⅲ等加以区别（在此郑重声明：此种编号区别仅仅是为了各参编院校或其他读者与现有装置对应使用的方便，无排名先后之意）。实验原理以统一列举为主，个别的分列（如连续式流化床干燥器和间歇式流化床干燥器等）；设备参数、操作步骤按装置号顺序依次对应排列，以便于阅读和使用；对装置流程区别不大、操作步骤相仿的则统一归并列出，以尽量减少篇幅。

(3) 某一实验专用的曲线图等，以该实验附录的形式列出。

(4) 实验报告要点、数据表格参考示例都尽量照顾不同装置的特点，使用时请结合具体装置适当增删、修改、选用。

(5) 思考题侧重于重要知识点，并尽量兼顾不同装置的特点，每个实验 3～5 题。

(6) 附录以本书够用为原则，尽量压缩篇幅。

本书由六所院校合编，编写单位及人员有：吉林大学珠海学院孙金堂、谢鹏、刘明石、高金明，南京中医药大学潘永兰，湖南农业大学蒋红梅，武汉长江工商学院廖庆玲，武汉理工大学华夏学院文艳霞，河南科技学院杨胜凯。其中第一部分和第二部分由孙金堂、谢鹏、刘明石、高金明编写，第三部分的实验 12、14、15、17、19 由孙金堂编写，实验 18 由谢鹏编写，实验 2、5、9 由潘永兰编写，实验 7、16 和附录由蒋红梅编写，实验 3、10、13 由廖庆玲编写，实验 4、6、11、20 由文艳霞编写，实验 1、8 由杨胜凯编写。全书由孙金堂审核、修订、补充、统稿。在编写过程中参考了多本化工原理及实验教材或讲义，在此向有关作者表示衷心的感谢！华中科技大学出版社对本书的出版给予了大力支持，在此致以诚挚的谢意！

由于编者水平有限，书中难免有不妥之处，诚望读者批评指正。

编　者

目　　录

第一部分　化工原理实验基础知识

1.1　实验室安全守则

学生在实验时应遵守以下安全规则。

(1) 实验前要了解电源、消火栓、灭火器和安全出口的位置及正确的使用方法。

(2) 实验时要身着实验服,不准穿拖鞋。长发(过衣领)必须束起或藏于帽内。

(3) 实验室内禁止进食,严禁吸烟。

(4) 乙醇蒸馏实验等涉及易燃有机物的实验,整个实验室内应严禁明火。釜残液要按规定回收,不准倒入水槽中,以免造成危险。

(5) 涉及易燃、易爆气体的仪器装置如氢气发生器等,使用前要先进行检漏,使用时要保持室内空气流通,严禁明火并应防止一切火星的发生。禁止在此环境内使用移动电话。

(6) 割伤、划伤是实验中最常见的事故之一,要时刻注意避免。一旦发生伤害事故要及时处理,先用蒸馏水洗净伤口,再涂抹碘酒或红汞药水,或用创可贴贴紧,预防感染。严重者要送医院治疗。

(7) 若发生烫伤,可在烫伤处涂抹烫伤软膏。严重者应立即送医院治疗。

(8) 实验室若发生火灾,无论何种原因,应首先切断电源、易燃及助燃气源,然后根据起火原因有针对性地灭火。乙醇及其他可溶于水的液体着火时可用水灭火;汽油、乙醚等有机溶剂着火时用沙土扑灭,此时绝不能用水,否则会扩大燃烧面;导线和电器着火时用 CCl_4 灭火器灭火,不能用水或二氧化碳灭火器;衣服着火时切忌慌乱跑跳,应就地卧倒打滚,或用湿毛巾抽打灭火。

(9) 使用电器设备时,切忌湿手开启电闸和电器开关。凡发现漏电的仪器不准使用,正在使用的要立即停车检修,严防触电,并立即报告教师,采取防范措施。

1.2　实验数据的记录、处理和实验报告

1.2.1　实验数据的记录

学生要有专门的实验报告本并标上页码,不应撕去任何一页。

实验数据应按要求记在专门的实验记录本、预习报告本预先制订的原始记录表内,或记在与实验报告本规格一致的原始记录纸上,不可随意记在别处。

实验过程中的各种测量数据及有关现象应及时、准确、清楚地记录下来。记录实验数据时要有严谨的科学态度,实事求是,切忌夹杂主观因素,绝不能随意拼凑和伪造数据。

实验过程中涉及的各种装置、仪器的型号等也应及时、准确地记录下来。

记录实验数据及处理数据时,应注意其有效数字的位数。化工原理实验一般取 3 位或 4 位有效数字。通常记录以仪器、仪表的最小刻度位数加 1 位估计数为准,或与电脑显示的有效

位数一致。

实验中的每一个数据都是测量结果，所以，重复测量时即使数据完全相同，也应记录下来。在实验过程中，如果发现某数据读错、测错或算错而需要改动时，可将该数据用一横线划去，并在其上方写上正确的数据。

1.2.2 实验数据的处理

实验数据的处理及其分析、总结的水平代表着实验报告或科研论文的水平，十分重要。这里仅介绍几点基本知识，详细内容请见本书2.2节。

1. 列表

把实验获得的大量数据按一定规律列表，以便于处理、运算。列表的基本要求是：每一张表都应有简明完整的名称；在表的每一行或每一列的第一栏，要详细地写出项目名称、单位等；每一列中数字排列要整齐，最好以小数点对齐，有效数字的位数要合理；原始数据可单独列表，也可与处理的结果一并列于一张表上；数据处理方法和引用的公式要在计算举例中详细表达。

2. 数据的取舍

除了已确认的操作失误或仪器设备失常造成的异常数据外，即使某一数值偏差较大也不应随意舍弃。如果怀疑某一数据，应进行检验后再决定取舍。异常数据检验常用的方法有 t 检验法、Q 检验法、三倍标准误差判据及四倍算术平均误差判据等。

3. 作图

用图形表达实验结果直观明了，易显示出数据的特点，如极大值、极小值、转折点等，还可利用图形求面积、作切线、进行内插和外推等。曲线图的应用示例很多，常见的有以下三种。

(1) 求外推值。例如，强电解质无限稀释溶液的摩尔电导率的值不能由实验直接测定，但可作图外推至浓度为0处，即得无限稀释溶液的摩尔电导率。

(2) 求转折点或极值。例如，干燥速率曲线测定实验中测得的是湿物料质量随时间变化的数据，由此可计算并绘制出干燥速率曲线图（U-X 图），实验条件下物料的临界含水量就是恒速干燥段与降速干燥段交点（转折点）所对应的横坐标数值。

(3) 求经验方程。例如，蒸汽-空气传热实验中欲求努塞尔数式（$Nu=ARe^{m}Pr^{0.4}$）中的系数 A 与雷诺数的指数 m，则测定并计算一系列不同空气流量下的 Re 值与 Nu 值，然后以 $\lg Nu$ 对 $\lg Re$ 作图，得一条直线，由直线的截距和斜率可分别求出努塞尔数式中的系数 A 与雷诺数的指数 m 的值。

1.2.3 实验报告要点

做完实验仅仅是完成了实验的操作过程，更为重要的是分析实验现象、整理实验数据，把直接的感性认识提高到理性思维阶段。实验后，要及时、认真地写出实验报告，并在指定时间内交给教师批阅。实验报告一般包括以下内容。

(1) 实验名称和日期。

(2) 实验目的。

(3) 实验原理，包括简要的文字说明、必要的原理、依据的方程式和计算公式等。

(4) 实验装置图及图例说明。

(5) 实验步骤和须强调的注意事项：简明扼要地写出。

(6) 数据原始记录表（或称实验记录表）。

(7) 实验数据的处理:用文字、表格、图形将数据表示出来,根据实验要求详细列举一组数据完整的计算过程和结果,以及相对误差的计算过程和结果。

(8) 问题分析、讨论与结论:对实验教材上的思考题和实验中观察到的现象,以及误差产生的原因进行分析和讨论,以提高分析问题和解决问题的能力,最后对实验是否达到目的做出简明扼要的总结。

上述各项内容的繁简取舍应根据各个实验的具体情况而定,以完整、规范、清晰、简练、整洁为原则。

1.3　化工原理实验课对指导教师和实验技术人员的要求

1.3.1　对指导教师的要求

1. 岗位职责

(1) 爱岗敬业、尽职尽责、任劳任怨;教书与育人并重,为人师表在先。

(2) 掌握实验原理和计算公式,熟悉数据处理全过程(包括曲线图、数据表的制作)和思考题解答要领。

(3) 熟悉实验设备的基本结构、主要部件的功能和工艺流程,掌握操作规程和详细操作步骤。

(4) 掌握实验安全要点和操作要领,特别是对容易造成安全事故的关键环节一定要做到心中有数,一旦出现安全隐患要能够及时排除。

2. 教学工作要求

(1) 每学期开课前都要做完整的预实验,全面、详细地进行数据处理。特别注意详细记录实验中发现的问题,提交实验组会议并采取措施予以解决。

(2) 预实验后、开课前召开实验组会议,研究解决预实验中发现的问题。统一基本要求、报告格式和评分标准,尽量做到对学生的评价公平合理。

(3) 课前详细讲解实验原理、操作步骤和注意事项,并做规范的操作示范。

(4) 耐心回答学生提出的有关实验问题,启发和鼓励学生自己解决问题,帮助学生尽快提高解决实际问题的能力。

(5) 严格要求学生遵守实验室各项规章制度,杜绝一切不良事故的发生。

(6) 及时、认真地批改实验报告,详细记录报告质量,公平评定报告成绩并签字。

(7) 拟定试卷力争做到难易适中、覆盖面宽、重点突出、侧重实际实验,尽量避免实验考试成为理论考试的翻版。

(8) 严肃、认真、公平、公正地评定每一位学生的实验成绩。

1.3.2　对实验技术人员的要求

1. 岗位职责

(1) 爱岗敬业、尽职尽责、任劳任怨,教书与育人并重,为人师表在先。

(2) 了解实验原理,熟悉实验设备的基本结构、主要部件功能和工艺流程,掌握操作规程。

(3) 掌握实验安全要点和操作要点,特别是对容易造成安全事故的关键环节一定要心中有数,一旦出现安全隐患能够及时排除。

（4）每学期末在规定时间内提交下学期实验易耗品采购清单。

2. 教学工作要求

（1）了解实验室所有仪器设备的基本结构，熟悉其保养常识，按规定适时进行保养。

（2）熟悉每套装置的简单易损部件及其更换方法。

（3）每次实验前逐一检查每套实验装置的水、电、气源及其通路是否完好畅通，发现问题及时处理，提前准备好实验药品，以免影响实验课的正常进行。

（4）实验过程中注意检查电、高温、高压等涉及安全的关键装置是否有异常，发现问题及时处理，不得无故擅离实验室。

（5）每次实验后逐一检查每套实验装置的水、电、气源是否切断，确保不留安全隐患。

1.4　化工原理实验课对学生的要求

学生通过本课程的学习，可以加深对化工原理基础理论、基本知识的理解，正确且较熟练地掌握化工原理实验技能和基本操作，以及处理工程实际问题的观点和方法；提高观察现象、分析数据、处理数据和解决问题的能力，培养严谨的工作作风和实事求是的科学态度，为学习专业课、毕业设计以及将来的实际工作打下良好的基础。

1. 实验前认真预习，写预习报告

写预习报告的目的是领会实验原理，了解实验流程、步骤和注意事项，做到心中有数，以便实验时正确操作，及时、准确地记录，也利于处理实验数据和书写实验报告。

预习报告的主要内容应包括：实验标题；必要的公式及式中各个符号的物理意义；规范的原始数据记录表格；必要的参数（有的需要查资料获取）；简要的实验步骤和操作注意事项。应根据个人对实验的理解来写预习报告，避免盲目抄书。

2. 遵章守纪，不得迟到、早退、旷课

学生要遵守实验室各项规章制度，不得迟到、早退，更不得无故旷课。实验过程中离开实验室须经指导教师允许。若因病或其他重要事项请假，须在本学期实验开课期间内补做；缺课达 3 次及以上的，须在规定时间内重修全课程，否则此门课程无成绩。

3. 严格按照操作规范进行实验

严格按照操作规范认真操作，熟练掌握基本实验技能。仔细观察实验现象，并及时、认真地记录。要善于思考，学会运用所学理论知识解释实验现象和数据，研究实验中的问题。

实验完成，原始数据记录表经指导教师检查合格并签字后，方可结束实验；实验若有欠缺或不合格处，应按指导教师意见补全或重做。

4. 养成良好的实验习惯

保持实验室卫生、安静，仪器、用具、工具摆放整齐，保持实验台和整个实验室的整洁，不乱扔废纸杂物，保持地面、水池清洁。

5. 认真书写实验报告

实验报告要在指定时间内独立完成，不得相互抄袭；报告完成后，以实验组为单位及时交给教师批改。实验报告格式要规范化，指导教师有特殊要求的以教师要求为准。

6. 认真值日

实验后将实验设备、仪器、工具及场所打扫干净，离开实验室前关好实验室的水、电、气源和门窗等。

7. 爱护公物，注意节约

注意节约实验试剂和用品，爱护公物，损坏仪器要按规定赔偿。

8. 注意安全

要从主观上增强安全意识。实验过程中不要触碰设备旋转部位、高温部位以及与实验无关的仪器设备，尽量避免意外事故的发生，一旦出现意外应及时处理。

1.5　化工原理实验成绩考核办法

实验成绩考核通常采取综合评分制。实验课成绩由实验预习报告（占 10%）、实验记录和实验操作（占 20%～30%）、实验报告（占 20%）、期末实验考试（占 30%～40%）、实验习惯（占 10%）五部分成绩组成。最终成绩可采用百分制，也可采用五级制。

实验考试一般仍采取闭卷笔试，故一定要密切结合所做的具体实验内容，突出实验技能，特别是实验数据处理和分析能力的考核。较为理想的是“实际操作＋获取数据＋数据处理＋分析讨论”的方式，有条件时可采用。

第二部分　实验误差分析和数据处理

2.1　实验数据的误差分析

2.1.1　真值与平均值

真值是指某物理量客观存在的确定值。通常一个物理量的真值是未知数，需要通过实验测定。严格地讲，由于测量仪器、测定方法、环境、人的观察力、测量的程序等难以做到完美无缺，故真值是难以准确测得的。实验科学中的真值定义为：设在无系统误差情况下，测量次数为无限多时求得的平均值，或用高精度仪器的测量值作为低精度仪器的真值，以及载于手册、文献的公认值。实际上实验观察的次数都是有限的，故用有限观察次数求出的平均值只能是近似真值，也称最佳值。工程上常用的平均值有算术平均值、几何平均值、对数平均值等。

1. 算术平均值

算术平均值是化工生产中应用最多的一种平均值。因化工实验中测量值的误差一般呈正态分布，可以证明算术平均值就是一组等精度测量的最佳值。其定义式为

$$\bar{x}=\frac{x_1+x_2+\cdots+x_n}{n}=\frac{1}{n}\sum_{i=1}^{n}x_i \tag{2-1-1}$$

式中：$x_i(i=1,2,\cdots,n)$ 为各次的观测值（下同）；n 为观测的次数（下同）。

2. 几何平均值

一组测量值取对数后其图形呈对称时，往往用几何平均值。精馏塔平均相对挥发度的计算多用此平均值。其定义式为

$$\bar{x}_{几}=\sqrt[n]{x_1x_2\cdots x_n} \tag{2-1-2}$$

用对数表示为

$$\lg\bar{x}_{几}=\frac{1}{n}\sum_{i=1}^{n}\lg x_i \tag{2-1-2a}$$

3. 对数平均值

传热计算中的冷热流体平均温度差、圆筒壁的平均半径及平均传热面积等的计算，都是经过积分导出的对数平均值。其定义式为

$$x_{\mathrm{m}}=\bar{x}_{1,2}=\frac{x_1-x_2}{\ln(x_1/x_2)}\quad 或\quad \Delta x_{\mathrm{m}}=\Delta\bar{x}_{1,2}=\frac{\Delta x_1-\Delta x_2}{\ln(\Delta x_1/\Delta x_2)} \tag{2-1-3}$$

在工程计算中，设 $x_1>x_2$（或 $\Delta x_1>\Delta x_2$），当 $x_1/x_2\leqslant 2$（或 $\Delta x_1/\Delta x_2\leqslant 2$）时，可用算术平均值 $(x_1+x_2)/2$（或 $(\Delta x_1+\Delta x_2)/2$ 代替对数平均值，其相对误差不超过 4%。

之所以罗列上述几种平均值，目的是要从一组测定值中求出最接近真值的那个平均值。实践中宜选用哪种平均值主要取决于该组观测值的分布类型。

2.1.2　误差及误差分类

在任何一种测量中，无论所用仪器多么精密、方法多么完善、实验者多么细心，所得结果仍

难免有一定的误差或偏差。严格来讲，误差指观测值与真值之差，偏差指观测值与平均值之差，但习惯上将二者统称为误差，实际生产、生活中所说的误差都是指偏差 。

根据误差的性质及其产生的原因，可将其分为三种：系统误差、随机误差和疏失误差。

1. 系统误差

系统误差又称恒定误差、可消除误差。其产生原因包括：①仪器原因，如设计缺陷、刻度不准、安装不当、砝码未校正等；②试剂原因，如纯度不够或质量不符合要求、受到污染或储存不当等；③环境原因，如环境温度、压力、湿度的变化等；④操作者原因，由于个人的习惯与偏向不同，如读数常偏高或偏低，记录某一信号的时间总是滞后，判定滴定终点的颜色深浅程度各人不同等所引起的误差。

系统误差在同一物理量的测定中是相对恒定的，是可以采取措施消除的。

2. 随机误差

随机误差又称偶然误差、或然误差。在测定中，如果已消除了引起系统误差的全部因素，而所测数据仍存在一定的偏差，则称之为随机误差。

随机误差数值的大小和偏离的方向不固定，其产生的原因也不详，因而难以控制，但其完全服从统计规律，即随着测量次数的增多，测量结果的平均值将更趋近于真值。随机误差可用概率理论来处理。

3. 疏失误差

疏失误差又称粗大误差、过失误差。疏失误差是一种明显与事实不符的误差，主要由操作者粗心大意、操作不当等引起，如刻度值读错、记录笔误、计算错误等。此类误差可由操作者的主观努力而加以避免。一旦在实验中发现了疏失误差，应及时纠正或将所得数据弃去，并如实记录。

系统误差和疏失误差总是可以设法避免的，而随机误差是不可避免、无法消除的，因此最好的实验结果应该只含有随机误差且误差较小。

2.1.3 误差的表示方法

测量误差分为测量点的误差和测量列（一组测量值）的误差，二者的表示方法是不同的。

1. 测量点的误差表示方法

1）绝对误差 D

一组测量值中某次测量值与其真值之差的绝对值称为绝对误差。其表达式为

$$D=|x-U|\approx|x-\bar{x}| \tag{2-1-4}$$

即

$$x-D\leqslant U\leqslant x+D \quad 或 \quad x-D\leqslant \bar{x}\leqslant x+D \tag{2-1-4a}$$

式中：x 为一组测量值中某次测量值；U 为真值；$\bar{x}$ 为一组测量值的平均值。

绝对误差的单位与被测物理量相同，其数值大小与被测物理量的大小无关。因此，绝对误差不能说明测量结果的精确度。

2）相对误差 E_r

绝对误差与真值的绝对值之比称为相对误差。其表达式为

$$E_r=\frac{D}{|U|}\times100\%\approx\frac{D}{|\bar{x}|}\times100\%\approx\frac{x-\bar{x}}{|\bar{x}|}\times100\% \tag{2-1-5}$$

相对误差的量纲为 1，有偏大（正）、偏小（负）之分，常用百分数表示。不同物理量的相对误差是可以互相比较的。相对误差与被测物理量的大小及绝对误差的数值都有关，故相对误差的大小体现了测量结果的精确度的高低。引用相对误差的概念，测量值可表示为

$$x=\bar{x}(1\pm E_r) \tag{2-1-5a}$$

3）最大引用误差

仪器量程内最大示值误差与满量程示值之比的百分数称为最大引用误差。最大引用误差常用于表示仪器的精确度（常简称精度）。

2. 测量列（一组测量值）的误差表示方法

1）算术平均误差

算术平均误差是各测量点的误差的算术平均值。n 次测量值的算术平均误差的定义式为

$$\delta=\frac{1}{n}\sum_{i=1}^{n}|x_i-\bar{x}| \tag{2-1-6}$$

算术平均误差是表示误差的较好方法之一，其缺点是无法表示出各次测量间彼此符合的程度。

2）标准误差

标准误差也称均方根误差，其定义式为

$$\sigma=\sqrt{\frac{1}{n-1}\sum_{i=1}^{n}(x_i-\bar{x})^2} \tag{2-1-7}$$

标准误差对一组测量中的较大误差或较小误差比较灵敏，是表示精确度的较好方法之一。标准误差 σ 值的大小表明在一定条件下一组等精度测量值中的每个观测值相对其算术平均值的分散程度。若 σ 值小，则该组测量值中小的误差所占比例大，某观测值对其算术平均值的分散度就小，测量值的可靠性就大。

上述误差表示法中，无论是比较各种测量的精确度还是评定测量结果的可靠性，均以相对误差和标准误差为佳，故实际应用中使用最为普遍。

2.1.4 精密度、正确度和精确度（准确度、精准度）

精密度：指测量结果的可重现性及测得数值的有效数字位数，反映随机误差大小的程度。

正确度：指在规定条件下，测量中所有系统误差的综合，反映系统误差大小的程度。

精确度（准确度、精准度）：指测量结果与真值偏离的程度，反映系统误差和随机误差综合大小的程度。

精密度、正确度和精确度的关系如图 2-1-1 所示：(a) 的随机误差小而系统误差大，即精密度高而正确度低；(b) 的随机误差大而系统误差小，即精密度低而正确度高；(c) 的随机误差和系统误差都小，表示精确度（准确度、精准度）高。

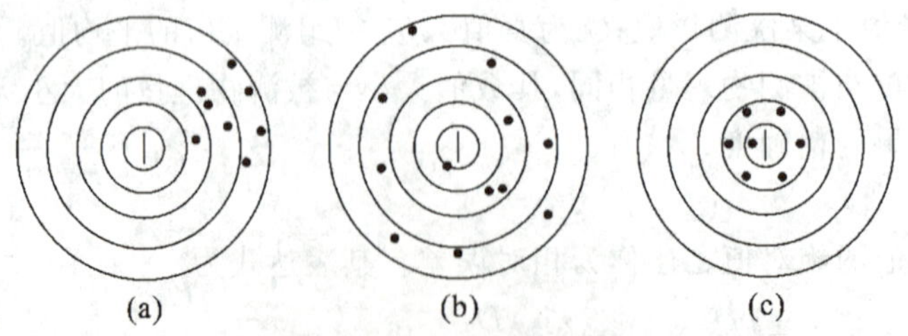

图 2-1-1 精密度、正确度、精确度的关系示意图

对于实验或测量来说，精密度高，正确度不一定高，正确度高，精密度也不一定高，但精确度（准确度、精准度）高，则一定是精密度和正确度都高。

2.1.5　仪器的精确度与测量值的误差

1. 给出精确度等级类的仪器(如电工仪表、转子流量计等)

这些仪器的精确度常采用其最大引用误差和精确度等级来表示。仪器的最大引用误差($P\%$)的定义为

$$P\%=\frac{\text{仪器显示值的绝对误差}}{\text{该仪器相应挡次量程的绝对值}}\times 100\% \tag{2-1-8}$$

式中,仪器显示值的绝对误差是指在规定的正常情况下,被测参数的测量值与被测参数的标准值之差的绝对值的最大值。对于多挡仪器,不同挡次显示值的绝对误差和量程范围均不同。

式(2-1-8) 表明,若仪器显示值的绝对误差相同,量程范围越大,则最大引用误差越小。

我国电工仪表的精确度等级有七种:0.1、0.2、0.5、1.0、1.5、2.5、5.0。如某仪表为 2.5 级,则说明该仪表的最大引用误差为 2.5%。

在使用仪器时,一次测量值的绝对误差和相对误差的估算方法如下。

设仪器的精确度等级为 P 级,其最大引用误差为 $P\%$。若仪器的测量范围为 x_n,仪器的示值为 x_i,则由式(2-1-8) 得该示值的误差为

绝对误差　$$D\leqslant x_n\times P\% \tag{2-1-8a}$$

相对误差　$$E_r=D/x_i\leqslant (x_n/x_i)\times P\% \tag{2-1-8b}$$

式(2-1-8a) 和式(2-1-8b) 表明:

(1) 若仪器的精确度等级 P 和测量范围 x_n 均已固定,则测量的示值 x_i 越大,测量的相对误差越小;

(2) 选择和使用仪器时,应同时考虑仪器的精确度等级和 x_n/x_i,不应单纯地追求仪器的精确度等级,因为测量的相对误差还与 x_n/x_i 有关。

2. 不给出精确度等级类的仪器(如天平类)

此类仪器的精确度计算公式为

$$\text{仪器的精确度}=\frac{0.5\times\text{名义分度值}}{\text{量程的范围}} \tag{2-1-9}$$

式中,名义分度值指测量时读数能够读准的最小分度所代表的数值。

例如,TG-328A 型电光分析天平的名义分度值(感量)为 0.1 mg,测量范围为 0～200 g,则

$$\text{精确度}=\frac{0.5\times 0.1\times 10^{-3}}{200-0}=2.5\times 10^{-7}$$

同理,若已知仪器的精确度,也可用式(2-1-9)求得其名义分度值。

使用这些仪器时,测量值的误差计算式为

$$\text{绝对误差}\leqslant 0.5\times\text{名义分度值} \tag{2-1-9a}$$

$$\text{相对误差}\leqslant\frac{0.5\times\text{名义分度值}}{\text{测量值}} \tag{2-1-9b}$$

由上述仪器精确度的分析可见,当测量值越接近于仪器量程的上限时,其测量误差越小而精确度越高,反之则误差越大而精确度越低。所以选用仪器时要尽可能利用其最大量程 2/3 以上的范围,以尽量减小误差。

2.1.6　有效数字与运算规则

直接测量时,读取数据或计算结果应取几位数字来表示是很重要的。认为一个数值中小

数点后面位数越多越精确，或者计算结果保留位数越多越精确的想法都是错误的：①小数点的位置与所用单位有关而与精确度无关，例如用分析天平称量某试样的质量，记作 0.0026 g 与 2.6 mg 精确度完全相同，仅单位不同，这两个数据的有效数字位数都是 2；②所用测量仪器只能达到一定的精确度，运算结果的精确度绝不会超过该仪器的精度范围，因此测量值或计算结果的数值用几位数字来表示取决于测量仪器的精确度；③数据精确度的高低取决于其有效数字的位数。

1. 有效数字的概念

一个数据，其中除了起定位作用的“0”外，其他都是有效的。例如，0.0026 只有 2 位有效数字，而 260.0 则有 4 位有效数字。要注意，有效数字不一定是可靠数字。

1）直接测量值的有效数字

通常实验中测量时可读到仪器最小刻度的后一位数（末位数）估计数字，末位数包含在有效数字内，故所得数据都只能是近似值。例如，二等标准温度计的最小刻度为 0.1℃，读取温度时可读至 0.01℃，如 23.56 ℃，此时有效数字为 4 位，而可靠数字仅 3 位，最后一位为估计值。读数恰好为 23.5 ℃时，应记为 23.50 ℃，表明有效数字为 4 位。

在科学研究与工程实践中，为了清晰地表示出数据的精确度，常采用科学记数法。例如，0.000327 记作 3.27×10^{-4}（3 位有效数字）；而 32700 记作 3.27×10^{4} 为 3 位有效数字，若记作 3.270×10^{4} 则为 4 位有效数字。科学记数法的优点是数据的精确度一目了然，数字位数即等于有效数字位数，且便于运算。

总之，实际测量时所得数据的有效数字位数取决于对实验结果精确度的要求及测量仪器本身的精确度。

2）非直接测量值的有效数字

在实验中，除使用实际测量值外，常常还会使用一些常数，如 π、g、e 等，以及某些因子，如 $\sqrt{2}$、1/3 等。这类数据的有效数字位数是无限制的，引用时取几位数取决于运算中原始数据的有效数字的位数。若参与运算的原始数据中位数最多的有效数字是 n 位，则所引用的常数宜取 $n+2$ 位，目的是避免因引用数据而造成更大的误差。

通常，在化工计算过程中所有的中间计算结果的有效数字均取 5 位或 6 位。但在回归分析计算时中间结果的有效数字位数越多越好，至少应取 6 位，以减弱舍入误差的迅速累积。

表示误差大小的数据一般宜取 1 位或 2 位有效数字，且一律只入不舍，以免夸大精度。如误差为 0.3614，可直接取 0.4 或 0.37。

2. 有效数字的运算

实验数据经运算后所得结果的精确度不可能超过原始记录数据。所以计算过程中，数据的位数保留过多并不能提高精确度，反而烦琐费时，但若位数取得过少，会降低应有的精确度。运算中数字位数的取舍应遵循有效数字运算规则。

（1）加、减运算：计算结果要保留的小数点后的数字位数应与参与运算的各数据中小数点后位数最少的相同。例如，14.65＋0.0083＋3.634＝18.29。

（2）乘、除运算：其结果的有效数字位数应与原来各数中有效数字位数最少的数据相同。

（3）乘方、开方运算：其结果的有效数字位数应与其底的有效数字位数相同。

（4）对数运算：所取对数的有效数字位数应与真数的有效数字位数相同。

3. 数字舍入规则

由于计算或其他原因，实验结果数值位数较多时，需将有效数字截取到所要求的位数，目前通用的舍入规则是：

(1) 若舍去部分的数值小于 5，则留下部分的末位不变；

(2) 若舍去部分的数值大于 5，则留下部分的末位加 1；

(3) 若舍去部分的数值恰好等于 5，则留下部分的末位凑成偶数，即末位为奇数时，加 1 变为偶数，末位为偶数时，则末位不变。

为便于记忆，这种舍入规则可简述为："小于 5 则舍，大于 5 则入，恰好等于 5 则奇变偶。"

例如：5.3635　　取 4 位有效数字时为 5.364
　　　　　　　　取 3 位有效数字时为 5.36
　　　5.3665　　取 4 位有效数字时为 5.366
　　　5.3675　　取 4 位有效数字时为 5.368
　　　5.366501　取 4 位有效数字时为 5.367
　　　5.366499　取 4 位有效数字时为 5.366

2.1.7 异常值的判断与舍弃规则

测量中有时会出现个别偏大或偏小的数值(可疑值)，这些可疑值是否属于异常值而从测量结果中舍弃，应遵循一定的判断规则。判断某个数据是否属于异常值的检验方法常用的有 t 检验法、Q 检验法、三倍标准误差(3σ)判据及四倍算术平均误差(4δ)判据等。后两种方法相对简单、方便，将在下面予以简介，其他检验方法请参阅有关书籍。

1. 三倍标准误差判据

由概率理论可知，大于 3σ 的误差出现的概率只有 0.3%，故通常把这一数值称为极限误差(或称最大误差)。

$$\delta_{\max}=3\sigma \tag{2-1-10}$$

如果某个观测值的误差超过 3σ，则认为该值为异常值，可舍弃。

2. 四倍算术平均误差判据

当测量次数很少、概率理论不适用时，可用此判据。具体做法：先略去可疑值 x_i，计算其余各观测值的平均值 $\overline{x}$ 及其算术平均误差 δ，再算出可疑值 x_i 与平均值 $\overline{x}$ 的偏差 $d=|x_i-\overline{x}|$，若

$$d\geqslant 4\delta \tag{2-1-11}$$

则此可疑值可视为异常值而舍弃，因为该观测值存在的概率仅约 0.1%。

2.2 实验数据的处理

通过实验获得实验数据仅仅是完成了整个实验任务的一半，更重要的是实验数据的处理及其分析、总结。处理实验数据的目的是将实验中获得的大量数据整理成各变量之间的定量关系，以便进一步分析实验现象并总结规律，进而指导实际生产及科研设计。

实验数据的处理方法有列表法、图示法和函数法(数学模型法)。

列表法：将实验数据制成表格以显示各变量间的对应关系及其变化规律，同时为标绘曲线或进一步处理打下基础。

图示法：将实验数据绘制成曲线以直观地反映出变量之间的关系，以便根据曲线形状确定适当的函数形式，为整理成数学模型(方程式)提供条件。

函数法:借助于数学方法将实验数据按一定的函数形式整理成数学模型。

2.2.1 列表法

为了使数据处理简便、不遗漏、有条理,需对实验数据列表整理,要求根据实验内容预先设计好记录及处理表格。实验数据记录表可以单独拟订,也可以和中间计算、数据处理结果归并在一起,制成综合表格,视具体情况灵活掌握。

在拟定记录表格时应注意如下几点。

(1) 表格名称应简练、明晰、完整,应列出实验时间、地点、操作者及同组人姓名。

(2) 测量单位应在测量项目名称栏中标明,不宜和数据混写在一起。

(3) 记录数据的位数应与所用仪器的有效数字位数一致,同一项目栏中的有效数字的位数应相同。

(4) 对于数量级很大或很小的数据,在项目名称栏中乘以适当的倍数,在数据栏中记数就简单许多。例如

$$Re=25000=2.5\times10^4$$

若名称栏中记为 $Re\times10^{-4}$,则数据栏中可记为 2.5。但切记在取用数据时要根据表头进行数据变换,避免失误。

(5) 如果是综合表格,一般应按常规由左至右或由上至下,按实验测定数据、中间计算数据及实验结果的次序排列,层次清晰,以便于记录和计算整理。

2.2.2 图示法

一般情况下要从数据表格一眼就看出数据的规律性并不容易,此即列表法的缺陷。但若将实验数据表中的自变量和因变量数据在坐标纸上标绘出图形,则各变量之间的关系简明、直观,易于比较、分析,也易于发现结果的规律性或变化趋势。

在工程实验中作图时必须遵循的基本原则有如下五点。

(1) 对于两个变量的系统,习惯上选横轴为自变量,纵轴为因变量。在两轴都要标明变量名称、符号和单位,尤其是单位不可忽略。

(2) 坐标分度的选择要反映出实验数据的有效数字位数,即与被标数值精确度保持一致且易于读取。直角坐标分度值不一定从零开始,以使坐标纸上图形纵横比例适当且基本满幅为宜。

坐标分度选择是指 x 轴、y 轴每条坐标所代表数值的大小的确定,其实质是选择坐标的比例尺。选择恰当的比例尺十分重要,一定要根据具体的实验目的和要求,使得图形恰如其分地表现出数据的规律性。对于同一组数据,由于所选比例尺不同,从所描绘的曲线形状看可能得出完全不同的结论(见图 2-2-1),因此在选定比例尺时必须考虑实验的精确度。若 x 及 y 的实验精度分别为 Δx、Δy,则点在矩形 $2\Delta x$、$2\Delta y$ 内波动。若约定实验"点"的边长为 $2\Delta x$、$2\Delta y$,正确的作图法应使边长 $2\Delta x=2\Delta y=1\sim2$ mm。当取边长 $2\Delta x=2\Delta y=2$ mm 时,x 轴的比例尺 m_x 和 y 轴的比例尺 m_y 分别为

$$m_x=\frac{2}{2\Delta x}=\frac{1}{\Delta x} \tag{2-2-1a}$$

$$m_y=\frac{2}{2\Delta y}=\frac{1}{\Delta y} \tag{2-2-1b}$$

上两式中，m_x、m_y 的单位均为 mm/单位物理量。

例如，已知某次测量温度的误差 $\Delta t=\pm 0.1℃$，则温度坐标的比例尺为

$$m_t=\frac{1}{\Delta t}=\frac{1}{0.1}\ \text{mm/℃}=10\ \text{mm/℃}$$

即坐标纸上 1cm 坐标长度代表温度 1℃。

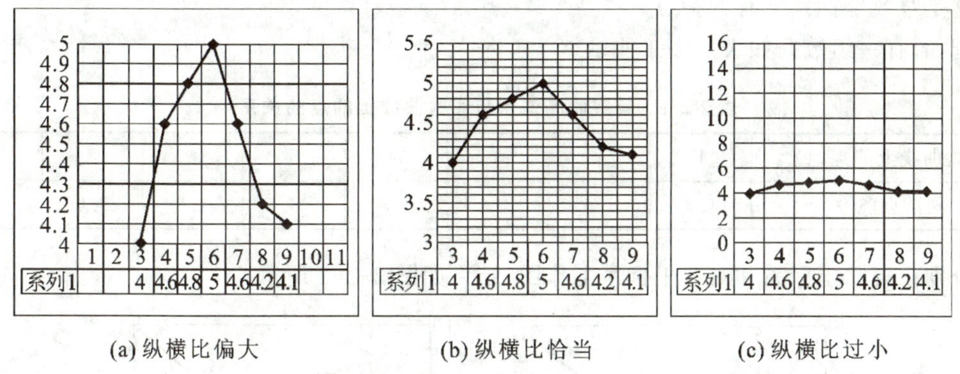

(a) 纵横比偏大　　(b) 纵横比恰当　　(c) 纵横比过小

图 2-2-1　坐标比例尺对曲线图形直观效果的影响示意图

(3) 在同一张坐标纸上同时标绘几组测量值时，不同组各点要用不同符号(如·、×、△等)以示区别。若多组不同函数同绘在一张坐标纸上，则在曲线上要标明函数关系或名称(也可用图例方式注明)，避免混淆。

(4) 选用坐标系的一般原则是尽可能使函数的图形为直线(请注意，在直线上取点求斜率时两点间距越远越好，以尽量减小误差)。化工实验中常见的函数关系表示如下。

① 线性函数 $y=a+bx$，宜用普通直角坐标纸，此时 $b=(y_2-y_1)/(x_2-x_1)$。

② 指数函数 $y=ae^{bx}$，取对数后 $\lg y=\lg a+0.434bx$ 呈直线关系，宜用纵轴 y 为对数坐标的单对数坐标纸，可免去 y 值取对数的麻烦，此时 $b=2.303(\lg y_2-\lg y_1)/(x_2-x_1)$。

③ 对数函数 $y=a+b\lg x$ 呈直线关系，宜用横轴 x 为对数坐标的单对数坐标纸，可免去 x 值取对数的麻烦，此时 $b=(y_2-y_1)/(\lg x_2-\lg x_1)$。

④ 幂函数 $y=ax^b$，取对数后 $\lg y=\lg a+b\lg x$ 呈直线关系，宜用双对数坐标纸，可免去数据都取对数的麻烦，此时 $b=(\lg y_2-\lg y_1)/(\lg x_2-\lg x_1)$。

(5) 在使用对数坐标纸时需注意如下几点。

① 单对数坐标纸(也称半对数坐标纸)的纵或横坐标之一是分度均匀的普通坐标轴，另一坐标轴是分度不均匀的对数坐标。在对数坐标轴上，某点与原点的距离为该点对应数的对数值，但在该点标出的值是真数。

② 对数坐标纸是纵、横坐标都是对数分度的坐标纸，所以也称双对数坐标纸、全对数坐标纸。标在对数坐标轴上的数是真数而不是对数。

③ 由于 $\lg 1=0$，与普通坐标纸上 $x=0$ 相当的一条直线在对数坐标纸上则为 $x=1$ 的直线。

④ 确定指数 b 与系数 a 时需注意，这里 a 即为该直线与 $x=1$ 直线的交点对应的 y 值，可在直线上任取一点(x_1,y_1)，代入原方程式求得，也可采用平均值法或最小二乘法确定拟合直线的截距 a 和斜率 b。

⑤ 对数坐标系独有的特点，即在对数坐标图上，任意一个实验点 y' 与实验曲线上一点 y

的直线距离为

$$\lg y'-\lg y=\lg\frac{y'}{y}=\lg\left(1-\frac{y-y'}{y}\right) \tag{2-2-2}$$

因此，在对数坐标纸上无论图纸的任何范围，只要实验点与实验曲线的距离相等，则测量的相对误差相等。据此，若在实验曲线两侧画出规定的误差带，便可除去一些偶然误差的实验点。这是对数坐标系独有的特点。

例如，有一组数据如表 2-2-1 所示。

表 2-2-1　某实验测试点与实验曲线上的点的关系

实验曲线上的点(y)	1	2	3	4	5	6	8	10
测试点(y')	1.2	1.6	2.4	4.8	4	4.8	9.6	8

分别在直角坐标系和对数坐标系上作图，结果如图 2-2-2 所示。

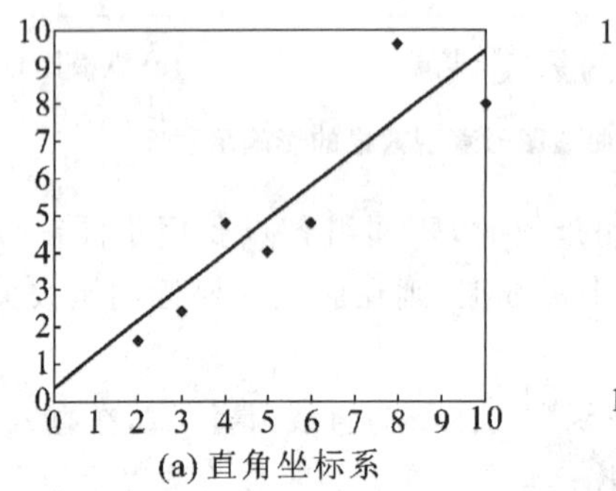

(a) 直角坐标系

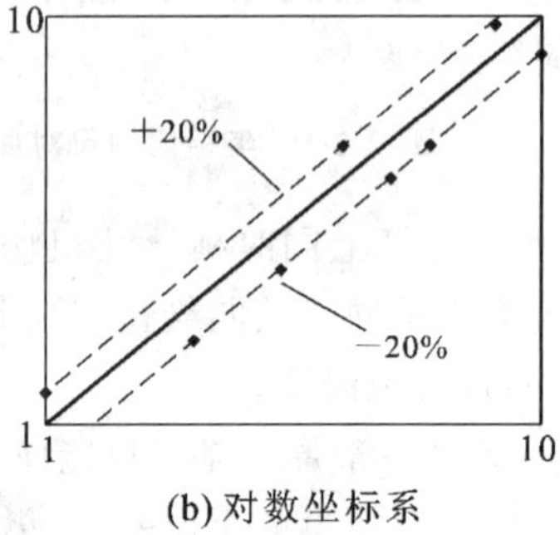

(b) 对数坐标系

图 2-2-2　直角坐标系与对数坐标系图形对比情况

(所有实验点的相对误差均为 20%)

2.2.3　函数法

当一组实验数据用列表法和图形法表示后，时常还需进一步用数学方程来描述各个参数和变量之间的关系，以便电脑计算。具体做法：将实验中得到的数据绘制成曲线，并与已知函数关系式的直线方程、指数方程等典型曲线相对照，选出最适当的方程，同时求出方程中的常数和系数，即得其相应的经验公式。最简单、常用并具有代表性的是一元线性回归方程。

拟合一元线性回归方程的关键是求出方程中的常数和系数(也称回归系数)，其解法很多，常用的是直线图解法和最小二乘法。

1. 直线图解法

当所研究的函数关系是线性的或可用直线化方法化为线性方程时，均可用通式 $y=a+bx$ 表达。该直线的斜率$\frac{\Delta y}{\Delta x}$即为方程中 b 值，直线在 y 轴上的截距即为方程中 a 值。但要特别注意在对数坐标纸上直线方程的斜率和截距的求取与直角坐标轴上的差异(详见上述图示法)。

2. 最小二乘法

实际上实验偏差总是有“正”有“负”，数据处理时正、负可能抵消而使数值偏差变小，夸大实验精度。但偏差的平方均为正值，若所有偏差的平方和为最小，也即各偏差为最小，此即最小二乘法原理。据此，一组实验数据的最理想曲线就是能使各点与曲线的偏差的平方和为最小的曲线。

$$(\Delta y_i)^2=(y_i-y_i')^2=[y_i-(a+bx_i)]^2$$

求得最佳值的条件是

$$\sum(\Delta y_i)^2=\sum[y_i-(a+bx_i)]^2\rightarrow 0 \tag{2-2-3}$$

式中，x_i、y_i 均是已知数，根据数学上的极值原理，式(2-2-3)分别对 a 和 b 的偏微分同时为0时 $\sum(\Delta y_i)^2$ 为最小且可求出 a 和 b 值，这就是最小二乘法。即

$$\frac{\partial(\sum(\Delta y_i)^2)}{\partial a}=-2\sum[y_i-(a+bx_i)]=0$$

$$\sum y_i=na+b\sum x_i \tag{2-2-4}$$

即

$$a=\bar{y}-b\bar{x} \tag{2-2-4a}$$

$$\frac{\partial(\sum(\Delta y_i)^2)}{\partial b}=-2\sum x_i[y_i-(a+bx_i)]=0$$

$$\sum x_iy_i=a\sum x_i+b\sum x_i^2 \tag{2-2-5}$$

式(2-2-4)、式(2-2-5)即最小二乘法求直线方程式中常数 a 和系数 b(a 和 b 也称为回归系数)时的通式。由此两式可导出

$$b=\frac{n\sum x_iy_i-\sum x_i\sum y_i}{n\sum x_i^2-(\sum x_i)^2}=\frac{\sum x_iy_i-n\bar{x}\bar{y}}{\sum x_i^2-n\bar{x}^2} \tag{2-2-6}$$

因最小二乘法以偏差的平方和最小为基础，其随机误差总是最小的，故一般情况下最小二乘法计算结果优于图解法。最小二乘法应用示例见例2-1。

2.2.4　相关系数 r 及显著性检验(回归合理性检验)

1. 相关系数 r

实验数据的变量之间的关系具有不确定性。一个变量的每一个值对应的是整个集合值(即整个数据组)。当变量 x 改变时，变量 y 的分布也依一定的方式改变。在这种情况下，变量 x 和 y 之间的关系就称为相关关系。

在求回归方程的计算过程中，并不需要先假定两个变量之间一定具有相关关系。但只有两个变量是线性相关关系时才适宜线性回归，否则毫无意义。因此，必须有一个定量指标来描述两个变量之间线性关系的密切程度，该统计量就叫做相关系数 r，由 $|r|$ 值的大小即可判断两个变量之间的线性相关的密切程度，称为显著性检验，又称回归合理性检验。

由概率理论可证明，任意两个随机变量的相关关系的绝对值不大于1。即

$$|r|\leqslant 1 \tag{2-2-7}$$

r 的几何意义如图2-2-3所示，现分3组，共6种情况加以说明。

(1) 当 $r=\pm 1$ 时，即 n 组实验值(x_i,y_i)全部落在直线 $y=a+bx$ 上，此时称 x 与 y 完全线性相关。当 $r=1$ 时称完全正相关，当 $r=-1$ 时称完全负相关，如图2-2-3(a)、图2-2-3(b)所示。

(2) 当 $r=0$ 时，变量之间完全没有线性关系，但可能存在其他函数关系，也可能完全没有关系，如图2-2-3(c)、图2-2-3(d)所示。

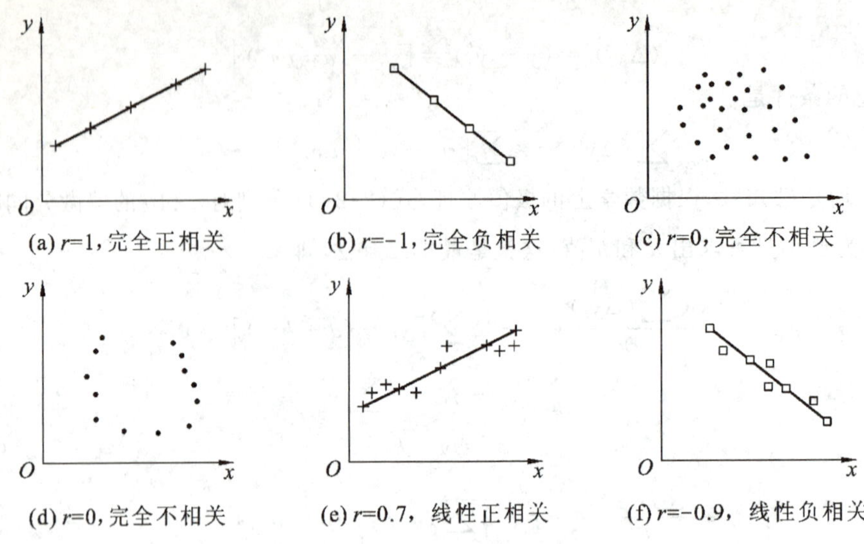

图 2-2-3　数据线性相关示意图

(3) 当 $0<|r|<1$ 时,代表绝大多数的情况,这时 x 与 y 之间存在着一定的线性关系。当 $r>0,b>0$ 时,y 随 x 的增大而增大,此时称 x 与 y 正相关;当 $r<0,b<0$ 时,y 随 x 增大而减少,称 x 与 y 负相关。$|r|$ 越小,数据点离回归线越远,越分散。当 $|r|$ 越接近 1 时,数据点越靠近直线 $y=a+bx$,变量 y 与 x 之间的关系越接近于线性关系,如图 2-2-3(e)、图 2-2-3(f)所示。

2. 显著性检验

如上所述,相关系数 r 的绝对值越接近于 1,则 x 与 y 之间线性相关程度越密切。但究竟 $|r|$ 与 1 接近到何种程度才表明 x 与 y 之间存在线性相关关系呢?这就有必要对相关系数进行显著性检验。只有当 $|r|$ 达到一定程度才可用回归直线来近似地表示 x、y 之间的关系,此时可以说两变量线性相关显著。因此,只有 $|r|\geqslant r_{\min}$ 时,才能采用线性回归方程来描述两变量之间的关系。当 $|r|<r_{\min}$ 时,回归直线、回归方程均毫无意义。一般来说,相关系数 r 达到使两变量线性相关显著的值与实验数据点的个数 n 有关。$r_{\min}$ 值可由相关系数检验表查得(见附录 A12)。利用该表可根据实验数据点的个数 n 及显著性水平 α 查出相应的 $r_{\min}$ 值。通常取 $\alpha=1\%$ 或 $\alpha=5\%$。

若检验发现两变量线性相关不显著,可改用其他线性化数学公式重新进行回归和检验。当可利用多个数学公式进行回归和比较时,$|r|$ 大者为优。r 的计算公式为

$$r=\frac{\sum x_i y_i-n\bar{x}\bar{y}}{\sqrt{(\sum x_i^2-n\bar{x}^2)(\sum y_i^2-n\bar{y}^2)}}=\frac{n\sum x_i y_i-\sum x_i\sum y_i}{\sqrt{[n\sum x_i^2-(\sum x_i)^2][n\sum y_i^2-(\sum y_i)^2]}} \tag{2-2-8}$$

当取 $\alpha=0.05$ 时,$r>r_{\min}$,表示该线性相关关系达到 $\alpha=5\%$ 的显著性水平;当取 $\alpha=0.01$ 时,$r>r_{\min}$,表示该线性相关关系达到 $\alpha=1\%$ 的显著性水平。α 越小,线性相关显著程度越高。

例 2-1　常压下用套管换热器做空气-蒸汽稳态传热实验,空气走管内,蒸汽在环隙冷凝。实验测得数据经处理后列于表 2-2-2。已知努塞尔数关联式为 $Nu=ARe^m Pr^{0.4}$,试用最小二乘法确定式中的常数 A、指数 m 并进行显著性检验。

表 2-2-2　某传热实验数据整理表(节选)

序　号	1	2	3	4	5	6
$\lg Re$	4.8598	4.7990	4.7647	4.7275	4.6286	4.5490
$\lg(Nu/Pr^{0.4})$	2.1706	2.1440	2.1192	2.0665	2.0012	1.9394

解　将努塞尔数关联式 $Nu=ARe^{m}Pr^{0.4}$ 移项整理、取对数后，令

$$y=\lg\frac{Nu}{Pr^{0.4}},\quad x=\lg Re,\quad a=\lg A$$

则得直线方程

$$y=a+mx$$

按最小二乘法计算回归系数的式(2-2-4)、式(2-2-6)计算出

$$\sum x_i=28.3287,\quad \sum x_i^2=133.8178,\quad (\sum x_i)^2=802.5144,\quad \frac{\sum x_i}{n}=4.7214,$$

$$\sum y_i=12.4408,\quad \sum y_i^2=25.8355,\quad (\sum y_i)^2=154.7747,$$

$$(\sum y_i)/n=2.0735,\quad \sum x_iy_i=58.7895$$

$$m=\frac{n\sum x_iy_i-\sum x_i\sum y_i}{n\sum x_i^2-(\sum x_i)^2}=\frac{6\times 58.7895-28.3287\times 12.4408}{6\times 133.8178-802.5144}=0.77$$

$$a=\bar{y}-m\bar{x}=2.0735-0.77\times 4.7214=-1.562$$

所以，回归直线方程为 $y=0.77x-1.562$。

此线性回归的合理性(线性相关的显著性)需进行检验。把上述数据代入式(2-2-8)得

$$r=\frac{n\sum x_iy_i-\sum x_i\sum y_i}{\sqrt{[n\sum x_i^2-(\sum x_i)^2][n\sum y_i^2-(\sum y_i)^2]}}$$

$$=\frac{6\times 58.7895-28.3287\times 12.4408}{\sqrt{(6\times 133.8178-802.5144)(6\times 25.8355-154.7747)}}=0.998$$

查附录 A12 相关系数检验表可得，$n-2=6-2=4$，$\alpha=0.01$ 时，$r_{\min}=0.917$，$r=0.998>r_{\min}$，表明所得回归方程中两变量的线性相关程度达到了 1%的显著性水平，结果可信。

因为 $a=\lg A$，所以 $A=10^{a}=10^{-1.562}=0.027$。因此本实验条件下测得的努塞尔数关联式为 $Nu=0.027Re^{0.77}Pr^{0.4}$。

2.2.5　内插法

内插法是用一组已知的未知函数的自变量的值和与该值对应的函数值来求未知函数其他值的近似计算方法，是一种未知函数的数值逼近求法。通俗地说，就是当查表求参数时，表上没有所需要的具体数值，但有相邻的数值，这时就可用内插法来求所需要的数值。内插法在日常查表时使用非常普遍。

数学内插法即线性插值法，或称直线插入法。其原理是，若 $A(a_1,b_1)$、$B(a_2,b_2)$为两点，则在这两点确定的直线上必有点 $P(a,b)$。而工程上常用的是 a 在 a_1、a_2 之间，从而点 P 在点 A、B 之间，故又称直线内插法。

数学内插法说明点 P 反映的变量遵循直线 AB 反映的线性关系。

若 A、B、P 三点共线，则

$$\frac{b-b_1}{a-a_1}=\frac{b_2-b_1}{a_2-a_1}=\text{直线斜率} \tag{2-2-9}$$

变换即得

$$b=b_1+\frac{b_2-b_1}{a_2-a_1}(a-a_1) \tag{2-2-9a}$$

例 2-2　求温度为 115.6 ℃时水的比热容 c_p。

解　查附录 A2 水的物理性质表得水的比热容数据，整理后列于表 2-2-3。

表 2-2-3　水的比热与温度关系数据

温度 t/℃	$a_1=110$	$a=115.6$	$a_2=120$
比热容 c_p/[kJ/(kg · ℃)]	$b_1=4.233$	$b=?$	$b_2=4.250$

把已知数据代入式(2-2-9a)得

$$c_p=\left[4.233+\frac{4.250-4.233}{120-110}\times(115.6-110)\right]\ \text{kJ/(kg · ℃)}=4.243\ \text{kJ/(kg · ℃)}$$

第三部分　化工原理实验

实验1　雷诺实验

【实验目的】

(1) 观察液体流动时的层流和湍流现象。区分两种不同流型的特征，弄清两种流型产生的条件。分析圆管内流型转化的规律，加深对雷诺数的理解，掌握判别流型的准则。

(2) 测定水在圆形直管中流动的临界雷诺数，学会其测定的方法，掌握计算公式及其运用。

(3) 观察层流时水在圆形直管内流动的速度分布形态。

【实验原理】

流体流动有两种不同的稳定型态，即层流（或称滞流）和湍流（或称紊流），这一现象最早是由雷诺（Reynolds）于1883年发现的。流体作层流流动时，其流体质点作平行于管轴的直线运动，且在径向无脉动；流体作湍流流动时，其流体质点除沿管轴方向作向前运动外，还在径向作脉动，从而在宏观上显示出紊乱地向各个方向作不规则的运动。

层流和湍流产生的原因可简述为：当液体流速较小时，惯性力较小，黏滞力对质点起控制作用，使各流层的液体质点互不混杂，液体呈层流流动；当液体流速逐渐增大时，质点惯性力也逐渐增大，黏滞力对质点的控制逐渐减弱，当流速达到一定程度时，各流层的液体形成涡体并脱离原流层，液体质点即互相混杂，液体呈湍流流动。这种从层流到湍流的运动状态反映了液体内部结构从量变到质变的一个变化过程。

流体流动型态可用雷诺数 Re 来判断，这是一个由各影响变量组合而成的量纲为一的数群，故其值不会因采用不同的单位制而不同。但应当注意，数群中各物理量必须采用同一单位制。若流体在圆形直管内流动，则雷诺数可用下式表示：

$$Re=\frac{du\rho}{\mu} \tag{3-1-1}$$

式中：Re 为雷诺数，量纲为1；d 为管子内径，m；u 为流体在管内的平均流速，m/s；ρ 为流体密度，kg/m^3；μ 为流体黏度，Pa・s。

有关计算公式如下：

$$Re_c=\frac{u_c d}{\nu} \tag{3-1-2}$$

$$u_c=\frac{V_s}{A}=\frac{V_s}{\pi d^2/4} \tag{3-1-3}$$

$$V_s=\frac{V}{\tau} \tag{3-1-4}$$

式中：Re_c为临界雷诺数；ν 为水的运动黏度[根据实验的水温，从水的黏温曲线上查得(见图 3-1-4)]，m^2/s；A 为实验管内横截面积，m^2；u_c 为临界流速，m/s；V_s 为体积流量，m^3/s；τ 为流量由 0 至 V 所经过的时间，s。

层流转变为湍流时的雷诺数称为临界雷诺数，用 Re_c 表示。工程上一般认为，流体在圆形直管内流动，当 $Re \leqslant 2000$(下临界雷诺数)时为层流；当 $Re > 4000$(上临界雷诺数)时为湍流；当 Re 在 2000～4000 范围内时，流体处于一种不稳定的过渡状态，可能是层流，也可能是湍流，或者是二者交替出现，这要视外界干扰而定，一般称这一雷诺数范围内的流体流动型态为过渡流。

式(3-1-1)表明，对于一定温度的特定流体，在特定的圆形直管内流动时，雷诺数仅与流体流速有关。本实验通过改变流体在管内的流速，观察在不同雷诺数下流体的流动型态。雷诺实验对外界环境要求较高，应该避免震动和高位槽液位波动等因素的影响。

在雷诺实验装置中，通过示踪剂的质点运动可以将两种稳定流型的根本区别清晰地反映出来。在层流中，示踪剂与水互不干扰，呈直线运动状态；在湍流中，有大小不等的涡体振荡于各流层之间，示踪剂与水掺混。值得注意的是，在层流和湍流之间的过渡流是一种不稳定的流动型态，需要细心观察。

【实验装置、流程与参数】

1. 实验装置

实验装置及流程示意图如图 3-1-1 至图 3-1-3 所示。

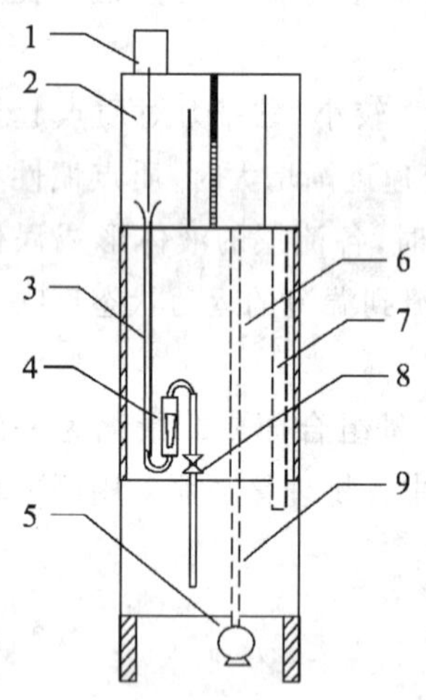

图 3-1-1　雷诺仪的结构示意图(装置Ⅰ)

1—红墨水储槽；2—溢流稳压水槽；3—玻璃实验管；4—转子流量计；5—循环泵；6—上水管；7—溢流回水管；8—调节阀；9—储水槽

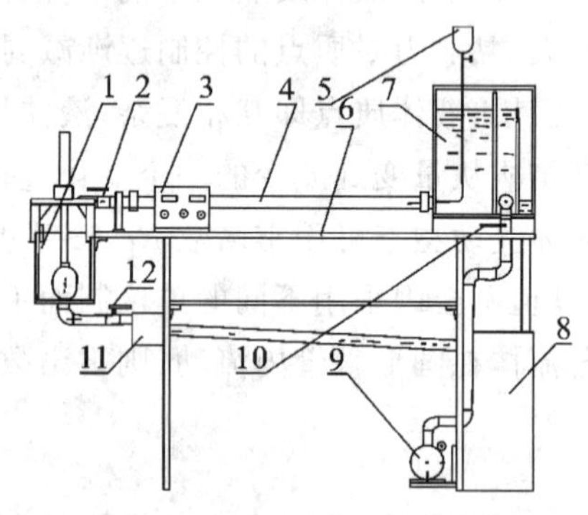

图 3-1-2　雷诺仪的结构示意图(装置Ⅱ)

1—电测流量装置；2—出水阀；3—电测流量仪；4—雷诺实验管；5—示踪剂罐；6—实验桌；7—恒水位水箱；8—储水箱；9—水泵；10—进水阀；11—集水槽；12—放水阀

2. 实验流程

1) 装置Ⅰ、Ⅲ

实验时打开水流量控制阀，稳态流动的水即进入透明玻璃管(雷诺实验管)中，经转子流量计计量后排入下水道。调节高位示踪剂出口阀，红墨水即通过细针进入玻璃管上端轴心处。

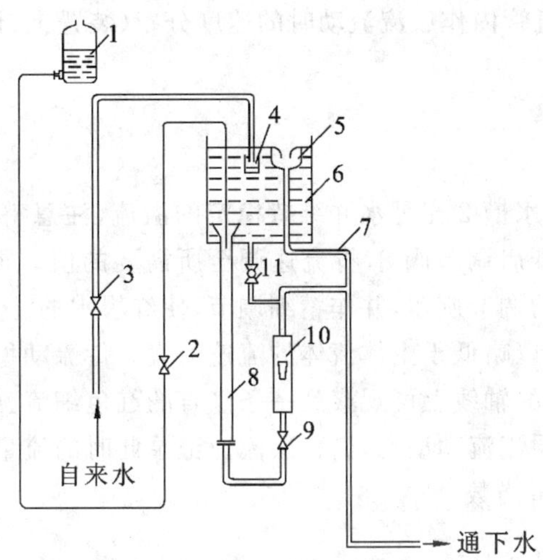

图 3-1-3　雷诺实验装置流程示意图(装置Ⅲ)

1—高位玻璃瓶;2—示踪剂控制阀;3—进水阀;4—进水稳流装置;5—溢流槽;6—高位水槽;7—溢流管;8—玻璃管;9—水流量控制阀;10—转子流量计;11—排污阀

改变流体流速,即可观察到不同的流动型态:当流量很小时,流体处于层流状态,红墨水的流动呈一条直线;逐渐增加水流量,红色水线条先是开始抖动,继而被扰动而呈波状前进;当水流量继续不断增大时,红色细线先变为波纹前进,而后出现断裂、旋涡、混合,最后完全与水流混为一体,无法分辨。

2) 装置Ⅱ

恒水位水箱 7 靠溢流来维持水位恒定。在水箱的下部装有水平放置的长直玻璃圆管 4(雷诺实验管),实验管与水箱相通,恒水位水箱中的水可经玻璃实验管恒定出流,实验管的另一端装有出水阀 2,可用以调节水的流量。出水阀 2 的下面装有回水水箱和计量水箱,计量水箱里装有电测流量装置 1(由浮子、光栅计量尺和光电传感器等组成),可以在电测流量仪 3 上直接显示出实验时的流体流量[数字显示流体出流体积 $V(\times 10^{-3}\ m^3)$ 和相应的出流时间 τ(s)]。在恒水位水箱的上部装有示踪剂罐 5,其中的示踪剂可经细管引流到玻璃实验管的进口轴心处。示踪剂罐下部装有调节小阀门,可以用来控制和调节示踪剂流量。雷诺仪还设有储水箱 8,由水泵 9 向实验系统供水,而实验的回流液体可经集水槽 11 回流到储水箱中。

3. 主要设备及仪表参数

(1) 外形尺寸(长×宽×高)。装置Ⅰ:800 mm×300 mm×1900 mm;装置Ⅱ:2300 mm×600 mm×800 mm。

(2) 装置Ⅱ水箱(正面装有有机玻璃管,可供观察):670 mm×600 mm×600 mm。

(3) 有机玻璃实验管。装置Ⅰ:ϕ20 mm×2 mm,长 500 mm;装置Ⅱ:ϕ30 mm×2.5 mm,长 1200 mm;装置Ⅲ:内径 26.5 mm。

【实验内容、步骤及注意事项】

1. 实验内容

(1) 观察层流、湍流两种不同的稳定流动型态及过渡流现象。

(2) 确定临界雷诺数。

(3) 观察流体在圆形直管内作层流流动时的速度分布(装置Ⅰ、Ⅲ)。

2. 实验步骤

1) 装置Ⅰ实验步骤

(1) 层流流动型态。

实验前,先将溢流稳压水槽 2 充足水并维持稳定的溢流(注意整个实验中维持稳定、适当的溢流)。实验时,先稍微开启调节阀 8,将流速调至所需要的值。再调节红墨水储槽 1 的下口旋塞或红墨水软导管上的调节旋钮,并作精细调节,使红墨水的注入流速与玻璃实验管 3 中部流体的流速相适应,一般以略低于主体流体的流速为宜。待流动稳定后,记录主体流体的流量。此时,在玻璃实验管 3 的轴线上可观察到一条竖直的红色细流,好像一根拉直的红线。这时流体的流动型态就叫做层流流动型态,简称层流。记录此时的流量计读数,以此计算层流雷诺数 Re 值(不大于下临界雷诺数)。

(2) 过渡流流动型态。

缓慢地加大调节阀 8 的开度,使水流量平稳地增大,玻璃实验管内的流速也随之平稳地增大。此时可观察到,玻璃实验管轴线上呈直线流动的红色细流开始发生波动(记录此时流量计读数,以此计算 Re_c)。随着流速的增大,红色细流的波动程度也随之增大,最后断裂成一段段的红色细流。从直线红色细流开始发生波动到无法分辨红墨水这一过程的流动型态就叫做过渡流流动型态,简称过渡流。

(3) 湍流流动型态。

当流速继续增大时,红墨水进入玻璃实验管后立即呈烟雾状分散在整个导管内,进而迅速与主体水流混为一体,以致无法辨别红墨水的流线(记录此时的流量计读数,以此计算湍流的 Re)。这时流体的流动型态就叫做湍流流动型态,简称湍流。

(4) 层流时的速度分布形态。

在溢流稳压水槽维持稳定的溢流条件下,关闭其他所有阀门,再调节红墨水储槽的下口旋塞及红墨水软导管上的调节旋钮,使红墨水快速注入玻璃实验管中(达 1mL 左右),随后调节水流量至 40 L/h 左右,即可看到玻璃实验管中的红墨水前端逐渐形成抛物线形状。

2) 装置Ⅱ实验步骤

(1) 实验前的准备。

① 关闭出水阀 2。

② 打开进水阀 10 后,按下电测流量仪 3 上的水泵开关,启动水泵 9,向恒水位水箱 7 放水。

③ 在水箱将满时,调节进水阀 10,使水箱的水位达到溢流水平,并保持适当的溢流。

④ 适度打开出水阀 2,使实验管出流,此时,恒水位水箱仍要求保持恒水位,否则,可再调节进水阀 10,使其达到恒水位,应一直保持一定量的溢流。(注意:整个实验过程中都应满足这个要求)

⑤ 检查并调整电测流量装置,使其能够正常工作。

⑥ 测量水温。

(2) 进行实验,观察流型。

具体操作如下。

① 微开出水阀 2,使雷诺实验管中的水流有稳定而较小的流速。

② 微开示踪剂罐下的小阀门,使示踪剂从细管中不断流出,此时,可见管中的示踪剂液流

与管中的水流同步在直管中沿轴线向前流动，示踪剂呈现一条细直流线，这说明在此流型下，流体的质点没有垂直于主流方向的横向运动(无径向脉动)，示踪剂直线没有与周围的液体混杂，而是层次分明地向前流动。此时的流体即为层流。(若看不到这种现象，可再逐渐关小出水阀 2，直到看到示踪剂直线为止)

③ 缓慢开大出水阀 2 至一定开度时，可以观察到示踪剂直线开始出现脉动，但流体质点还没有达到相互交换的程度，此时即为流体流动状态开始由层流转换为过渡流的临界状态，此时的流速即为临界流速(理论值 $Re=2000$，也称下临界点)。

④ 继续稍稍开大出水阀 2，即会出现流体质点的横向脉动，可见示踪剂线呈现波纹状弯曲前行(时间可能很短，请注意观察)，此时所见即过渡流。

⑤ 继续开大出水阀 2，流体质点的横向脉动越来越剧烈，继而示踪剂线会被全部扩散与水混为一体而消失，此时的流型即为湍流。

⑥ 此后，如果把出水阀 2 逐渐关小到一定开度，又可以观察到流体的流型从湍流向过渡流转变的临界状态(理论值 $Re=4000$，上临界点)；继续稍稍关小阀门，实验管中会再现波纹示踪剂线，即过渡流(请注意观察，时间可能很短)；继续关小阀门，实验管中会再次出现细直示踪剂线，流体流型又转变为层流。

以上只是认识性实验，实际观察一些过程和现象，没有具体的测试内容。

(3) 测定临界雷诺数 Re_c。

具体操作如下。

① 开大出水阀 2，并保持细管中有示踪剂流出，使实验管中的水流处于湍流状态，此时看不到示踪剂的流线。

② 缓慢地关小出水阀②，仔细观察实验管中的示踪剂流动变化情况，当阀门关小到一定开度时，可看到实验管中示踪剂出口处开始有红色脉动流线出现，但还没有达到转变为层流的状态，此时即为由湍流转变为层流的临界状态。

③ 在此临界状态下测量出水流的流量，具体步骤如下。

a. 关闭计量水箱的放水阀 12。

b. 扳动出水阀 2 下面的出水水嘴，使流出的水流入计量水箱中。

c. 待流入计量水箱中的水已使电测流量仪的浮子浮起一定高度时，即可按以下顺序开始计量。

首先，按下电测流量仪 3 上的复位按钮，流量显示器即开始计量显示，显示出此刻的水流总体积和相应的流出时间。

然后，计量到适当时间后，按下电测流量仪上的锁定按钮，即停止计量，并显示出计量时流出流体的总体积 V 和相应的流出时间 τ。

之后，打开放水阀 12，把计量水箱中的水放回储水箱，再关闭放水阀 12。

最后，按 a、b 步骤重复测量 3 次，将测试结果记入实验记录表中。

3) 装置Ⅲ实验步骤

(1) 关闭高位槽排污阀 11，打开进水阀 3，向高位槽补水，使其始终保持少许溢流，以维持液面恒定。

(2) 关闭水流量控制阀 9，打开示踪剂控制阀 2，观察示踪剂在玻璃管中的状态，当示踪剂流出 5 cm 后，缓慢打开阀 9，并使水流速度尽可能小，观察层流时的流速分布情况和示踪剂的流动情况。

(3) 待层流稳定后，缓慢调节阀 9，逐渐增大水的流量，观察示踪剂的流动有什么变化，并测定流量，计算不同流动型态时的雷诺数。

3. 注意事项

(1) 实验用的水应清洁，示踪剂(红墨水)的密度应与水相当，装置要尽量放置在水平、稳定的地方，避免震动。

(2) 开阀要缓慢，要先开流量调节阀，再开示踪剂阀。

【实验报告要点】

(1) 参考表格示例完成实验记录和数据处理表(见表 3-1-1、表 3-1-2)，并以一组实验数据为例详列计算过程。

(2) 分析、讨论实验所测临界雷诺数与理论值有偏差的原因。

【思考题】

(1) 层流和湍流的本质区别是什么？简述各自的特点。

(2) 雷诺数的物理意义是什么？为什么雷诺数可以用来判别流动型态？

(3) 临界雷诺数与哪些因素有关？

(4) 流型判据为何采用无量纲参数，而不采用临界流速？

(5) 如果不能直接观察流体在管内的流动型态，有何办法判断流动型态？

【数据表格参考示例】

表 3-1-1　雷诺实验记录及数据处理表(装置Ⅰ、Ⅲ)

学号:________　姓名:________　同组:________　实验装置编号:________

水温:______℃　水密度:________kg/m³　水黏度:________Pa·s　实验日期:______年___月___日

序号	流速测定			流动型态		
	流量计读数/(L/h)	流量 $V/(m^3/s)$	流速 $u/(m/s)$	雷诺数 Re	实验现象	流型
1						
2						
3						
4						
5						

注：管内径 d:________mm　Re_c理论值:________

表 3-1-2　雷诺实验记录及数据处理表(装置Ⅱ)

次数	$V/(\times 10^{-3} m^3)$	τ/s	$V_s/(m^3/s)$	临界流速 $u_c/(m/s)$	临界雷诺数 Re_c	附注
1						实验管内径： d:______mm 水温:______℃
2						
3						

附:水的黏温曲线

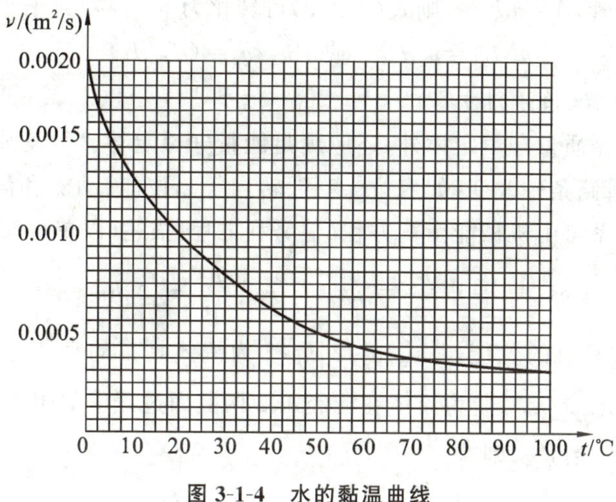

图 3-1-4　水的黏温曲线

实验 2　机械能转化实验

【实验目的】

(1) 熟悉流体在流动过程中各种能量和压头的概念,加深对能量相互转化概念的理解。

(2) 观测动压头、静压头和位压头随管径、位置、流量的变化情况,验证连续性方程和机械能衡算方程(伯努利方程)。

(3) 定量考察流体流经收缩、扩大管段时流体流速与管径的关系。

(4) 定量考察流体流经直管段时流体阻力与流量的关系。

(5) 定性观察并定量计算流体流经节流件、弯头等局部时,阻力所造成的压头损失情况。

【实验原理】

化工生产中,流体的输送多使用密闭的管路系统。因此研究流体在管内的流动规律是化学工程中的一个重要课题。质量守恒定律和能量守恒定律是研究流体力学性质的基本出发点。

1. 连续性方程

流体在管内稳定流动时的质量守恒表达式称为连续性方程:

$$\rho_1 \iint_1 v \mathrm{d}A = \rho_2 \iint_2 v \mathrm{d}A \tag{3-2-1}$$

式中:ρ_i 为截面 i 处流体的密度,$\mathrm{kg/m^3}$;v 为流体的比容,$\mathrm{m^3/kg}$;A 为流通截面积,$\mathrm{m^2}$。

根据质量流量的定义,有

$$\rho_1 u_1 A_1 = \rho_2 u_2 A_2 \tag{3-2-2}$$

对均质不可压缩流体,$\rho_1 = \rho_2 =$ 常数,则式(3-2-2)变为

$$u_1 A_1 = u_2 A_2 \tag{3-2-3}$$

可见,对均质不可压缩流体,平均流速与流通截面积成反比,即截面积越大,流速越小;反之,截

面积越小，流速越大。

对直径为 d 的圆管，$A=\pi d^2/4$，则式(3-2-3)可转化为

$$u_1 d_1{}^2=u_2 d_2{}^2 \quad 或 \quad u_1/u_2=(d_2/d_1)^2 \tag{3-2-4}$$

2. 机械能衡算方程(伯努利方程)

运动的流体除遵循质量守恒定律外，还应满足能量守恒定律。故均质不可压缩流体在管中作稳定流动时，若管路条件改变(如变位、变径、转向等)，位能、动能和静压能这三种机械能就会相互转化。其关系可由机械能衡算方程(伯努利方程)描述(以单位质量流体为基准)：

$$gz_1+\frac{u_1^2}{2}+\frac{p_1}{\rho}=gz_2+\frac{u_2^2}{2}+\frac{p_2}{\rho}+\sum h_{f(1-2)} \tag{3-2-5}$$

式中：gz_1、gz_2 为流体具有的位能，J/kg；$u_1^2/2$、$u_2^2/2$ 为流体具有的动能，J/kg；p_1/ρ、p_2/ρ 为流体具有的静压能，J/kg；$\sum h_{f(1-2)}$ 为流体在流经 1、2 两截面过程中的阻力损失，J/kg。

式(3-2-5)各项均除以 g，则有

$$z_1+\frac{u_1^2}{2g}+\frac{p_1}{\rho g}+h_e=z_2+\frac{u_2^2}{2g}+\frac{p_2}{\rho g}+h_f \tag{3-2-6}$$

式中：各项均具有长度的量纲，m；z 为位头；$u_1^2/(2g)$、$u_2^2/(2g)$ 为动压头(速度头)；$p_1/(\rho g)$、$p_2/(\rho g)$ 为静压头(压力头)；h_e 为有效压头；h_f 为压头损失。

因此，由于管路截面和位置发生变化会引起流速变化，致使部分静压头转化成动压头，它的变化可由测压管中水柱高度指示出来。

关于上述机械能衡算方程的讨论如下。

(1) 理想流体的伯努利方程。

无黏性的即没有黏性摩擦损失的流体称为理想流体，就是说，理想流体的 $h_f=0$，若此时又无外功加入，则机械能衡算方程变为

$$z_1+\frac{u_1^2}{2g}+\frac{p_1}{\rho g}=z_2+\frac{u_2^2}{2g}+\frac{p_2}{\rho g} \tag{3-2-7}$$

式(3-2-7)为理想流体的伯努利方程。该式表明，理想流体在流动过程中，总机械能保持不变，位能、静压能、动能互相转化。

(2) 若流体静止，则 $u=0$，$h_e=0$，$h_f=0$，于是机械能衡算方程变为

$$z_1+\frac{p_1}{\rho g}=z_2+\frac{p_2}{\rho g} \tag{3-2-8}$$

式(3-2-8)即为流体静力学方程，可见流体静力学方程是伯努利方程的特例。

【实验装置、流程与参数】

1. 实验装置

本实验装置流程如图 3-2-1、图 3-2-2 和图 3-2-3 所示。主要由实验管、低位储水槽、循环泵和测压管等几部分组成，实验导管为有机玻璃管，其上装有测压管、变径段(文丘里管)、弯头、测速管等。装置Ⅰ实验管内径为 30 mm，节流件最细处内径为 15 mm。

2. 实验流程

以装置Ⅱ为例：水由泵 P 输送经阀 C 进入实验管，在管中因截面大小不同而引起的静压头变化由测压管指示，出口阀 D 用于控制流量大小，从实验管流出的水返回水槽中循环使用。

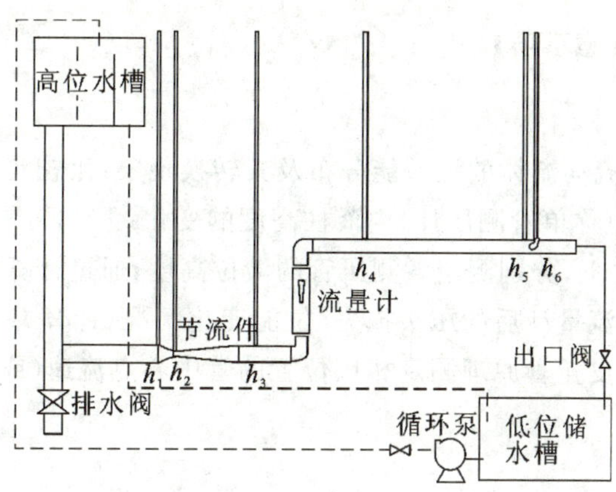

图 3-2-1　机械能转化装置流程示意图(装置Ⅰ)

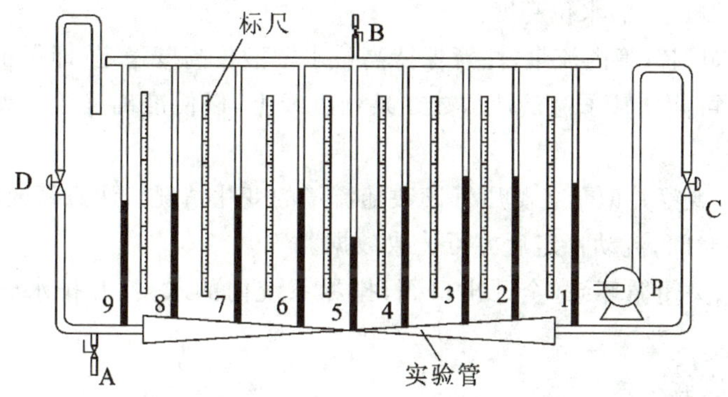

图 3-2-2　伯努利能量转换演示仪流程图(装置Ⅱ)

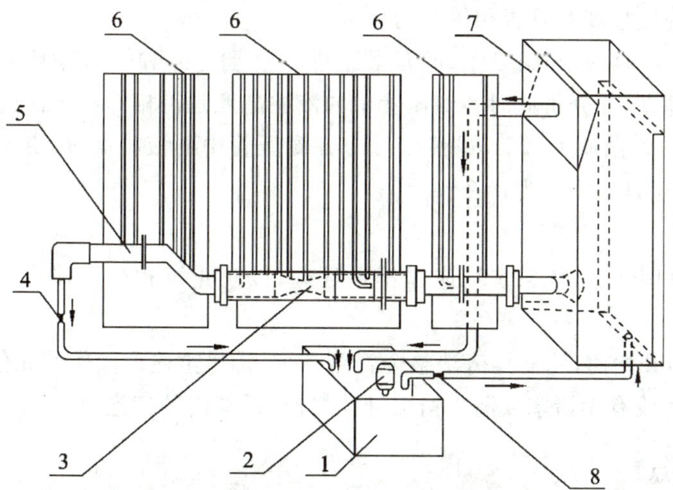

图 3-2-3　伯努利能量转换演示仪流程图(装置Ⅲ)

1—低位储水器；2—水泵；3—文丘里管段；4—出口调节阀 D；5—皮托管；
6—演示板；7—高位溢流水槽；8—泵出口阀 C

【实验内容、步骤及注意事项】

1. 实验内容

(1) 观察静止流体、流动流体的机械能分布及其转换现象；比较实验管内流体静止和稳定流动时玻璃管(测压管，也称单管测压计)内液柱高度的变化。

(2) 在稳态流动条件下，分别测定各测压管的液位高度，通过计算比较流体经节流件后的压头损失，流体经弯头和流量计后的压头损失、位能变化情况；计算并验证直管段雷诺数与流体阻力系数的关系；根据皮托管原理测定相应位置的管中心点流速(或平均流速)。

2. 实验步骤

1) 装置Ⅰ实验步骤

(1) 在低位储水槽中加足清水(约 80%容积)，保持管路排水阀、出口阀关闭状态，通过循环泵将水打入高位水槽中，使整个管路中充满水并保持高位水槽液位达一定高度，观察并记录流体静止状态时各测压管的水位高度。

(2) 通过出口阀调节管内流量，注意保持高位水槽液位高度稳定(即保证整个系统处于稳定流动状态)，并尽可能使转子流量计示数在某刻度线上，以便准确读数。观察并记录各测压管读数和流量值。

(3) 改变流量，观察并记录各测压管读数随流量的变化情况。注意每改变一次流量，需给予系统一定的稳流时间，流动稳定后方可读取数据。

(4) 实验结束，关闭循环泵，全开出口阀，排尽系统内的水，打开排水阀排空管内沉积段的水。

2) 装置Ⅱ、Ⅲ实验步骤

(1) 将水箱充水到一定高度，让实验管路充满水，将阀 C、D 全部关闭，系统内的液体处于静止状态，从实验管上的所有测压管中即可看到液柱。观察(记录)各测压管中的液柱高度，并分析各测压管中的液柱高度是否相等？为什么？

(2) 开启泵 P 后，再打开阀 C、D，即有水经阀 C、实验管路和阀 D 循环流动，观察(记录)各测压管中的液柱高度，并分析此时各测压管中的液柱高度是否相等？为什么？

(3) 全开阀 C，逐渐调大阀 D，观察(记录)各测压管中的液柱高度，并分析各测压管中的液柱高度是增加，还是减小？为什么？

3. 注意事项

(1) 若长期停用装置，全系统均应作排空处理，以防止沉积尘土或滋生微生物而堵塞测速管。

(2) 每次实验开始前，均需先清洗整个管路系统，排尽尘埃。操作前先使管内流体流动数分钟，检查阀门、管段有无堵塞或漏水情况，同时排尽系统内的气泡。

【实验报告要点】

(1) 参考表格示例完成实验记录和数据处理表(见表 3-2-1、表 3-2-2)，并以其中一组数据为例详列计算过程。

(2) 列出变径管(亦称文氏喉)处及其上游一测压点(如装置Ⅰ的测点 1、3，装置Ⅱ的 1、5 两点)之间的伯努利方程，分别求出两点的流速，代入式(3-2-4)验证连续性方程。

(3) 定量计算流体流经节流件(如装置Ⅰ的测点 1、3,装置Ⅱ的 1、9 两点)的压头损失量。

(4) 定量计算流体流经变位管段(如装置Ⅰ的测点 3、4)过程的压头损失量,并分析此过程的机械能转换关系。

(5) 定量计算流体流经皮托管相应位置的管中心点流速(或平均流速),并与以定义式求得的平均流速进行比较,分析讨论。(装置Ⅰ、Ⅲ)

【思考题】

(1) 在伯努利能量转换演示仪正常运转(即开启泵 P 和阀 C、D)时,慢慢关闭阀 D,各测压管内液柱高度 h 有何变化?这种现象说明了什么?此时 h 的物理意义是什么?

(2) 当液体处于静止状态时,实验管上的所有测压管中的液柱高度是否相等?为什么?

(3) 试分析流体由测量点 1 流经测量点 2 时机械能之间的转换关系。(装置Ⅰ)

(4) 测压管 5 和 6 配合测定,实际上是利用了什么原理?测定的是哪个截面上的什么流速?(点速度还是平均速度?)。(装置Ⅰ)

【数据表格参考示例】

表 3-2-1　机械能转化实验数据记录表(一)

学号:________　姓名:__________　同组:______________________　实验装置编号:_______________

水温:______℃　水密度:________ kg/m³　水黏度:________ Pa·s　实验日期:______年___月___日

序号	流量/(L/h)	测压管中的液注高度/mm								
		h_1	h_2	h_3	h_4	h_5	h_6	h_7	h_8	h_9
1										
2										
3										
⋮										
10										

表 3-2-2　机械能转化实验数据处理表(二)

序号	流量/(L/h)	静压头差/mm								u/(m/s)	u_{max}/(m/s)
		h_1-h_2	h_2-h_3	h_3-h_4	h_4-h_5	h_5-h_6	h_6-h_7	h_7-h_8	h_8-h_9		
1											
2											
3											
⋮											
10											

实验 3　流体流动阻力的测定

【实验目的】

(1) 掌握测定流体流经直管、管件和阀门时阻力损失的一般实验方法。

(2) 测定直管阻力摩擦系数 λ 与雷诺数 Re 的关系，验证在一般湍流区内 λ 与 Re 的关系曲线。

(3) 测定流体流经管件、阀门时的局部阻力系数 ξ。

(4) 学会压差计和涡轮流量计的使用方法。

(5) 识辨组成管路的各种管件、阀门，并了解其作用。

【实验原理】

流体通过由直管、管件（如三通和弯头等）和阀门等组成的管路系统时，由于黏性剪应力和涡流应力的存在，要损失一定的机械能。流体流经直管时造成的机械能损失称为直管阻力损失。流体通过管件、阀门时因流体运动方向和速度改变所引起的机械能损失称为局部阻力损失。

1. 直管阻力摩擦系数 λ 的测定

流体在水平等径圆形直管中稳定流动时，阻力损失计算公式（范宁公式）为

$$h_f=\frac{\Delta p_f}{\rho}=\frac{p_1-p_2}{\rho}=\lambda\frac{l}{d}\frac{u^2}{2} \tag{3-3-1}$$

即

$$\lambda=\frac{2d\Delta p_f}{\rho l u^2} \tag{3-3-2}$$

式中：h_f 为单位质量流体流经长度为 l(m)的直管的机械能损失，J/kg；Δp_f 为流体流经长度为 l(m)的水平等径直管的压降，Pa；ρ 为流体密度，kg/m³；p_1、p_2 分别为测压点 1、2 处的压强，Pa；λ 为直管阻力摩擦系数，量纲为 1；d 为直管内径，m；l 为直管长度，m；u 为流体在管内流动的平均流速，m/s。

层流（滞流）时，有

$$\lambda=\frac{64}{Re} \tag{3-3-3}$$

$$Re=\frac{du\rho}{\mu} \tag{3-3-4}$$

式中：Re 为雷诺数，量纲为 1；μ 为流体黏度，Pa·s。

湍流时，λ 是雷诺数 Re 和相对粗糙度(ε/d)的函数，须由实验确定。

由式(3-3-2)可知，欲测定 λ，需确定 l、d，测定 Δp_f、u、ρ 等参数。l、d 为已知的装置参数；ρ 通过测定流体温度，再查有关手册得到；u 通过测定流体流量，再由管径计算得到。例如，本装置采用涡轮流量计测得流量 V(m³/h)，则流速 u(m/s)为

$$u=\frac{V}{900\pi d^2} \tag{3-3-5}$$

Δp_f 可用 U 形管、倒 U 形管、测压直管等液柱压差计测定，或采用差压变送器和二次仪表显示。本实验所测压降直接由数显仪读取。

2. 局部阻力系数 ξ 的测定

局部阻力损失通常有两种表示方法，即当量长度法和阻力系数法。

(1) 当量长度法。

流体流过某管件或阀门时造成的机械能损失可看做与某一长度为 l_e 的等径圆形直管所产生的机械能损失相当，此折合直管长度称为当量长度，用符号 l_e 表示。这样，就可以用直管阻力的公式来计算局部阻力损失，而且在管路计算时可将管路中的直管长度与管件、阀门的当量长度合并在一起计算，则流体在管路中流动时的总机械能损失 $\sum h_f$ 为

$$\sum h_f = \lambda \frac{l+\sum l_e}{d}\frac{u^2}{2} \tag{3-3-6}$$

(2) 阻力系数法。

流体通过某一管件或阀门时的机械能损失表示为流体在产生阻力处小截面管内流动时平均动能的某一倍数，局部阻力的这种计算方法称为阻力系数法。即

$$h'_f = \frac{\Delta p'_f}{\rho} = \xi \frac{u^2}{2} \tag{3-3-7}$$

故

$$\xi = \frac{2\Delta p'_f}{\rho u^2} \tag{3-3-8}$$

式中：ξ 为局部阻力系数，量纲为 1；$\Delta p'_f$ 为局部阻力压降，Pa（装置Ⅰ：所测得的压降应扣除两测压口间长度为 95 cm 的直管段的压降，直管段的压降由直管阻力实验测得。装置Ⅲ：因管件两侧与测压口间的直管长度很短，引起的摩擦阻力忽略不计）；ρ 为流体密度，kg/m^3；u 为所研究管段内流体平均流速的较大者（即流体在小截面管中的平均流速），m/s。

根据连接管件或阀门两端管径中小截面管的直径 d、指示液密度 ρ_0、流体温度 t_0（查流体物性 ρ、μ 的定性温度），以及实验时测定的流量 V、压差计的读数 Δp_f，通过式(3-3-5)、式(3-3-7)或式(3-3-8)求取管件或阀门的局部阻力系数 ξ。

本实验装置中，直管段管长 l 和管径 d 都已固定。若水温一定，则水的密度 ρ 和黏度 μ 也是定值。所以本实验实质上是测定直管段（或阀门、管件）流体阻力引起的压降 Δp_f 与流速 u（流量 V）之间的关系。

【实验装置、流程与参数】

1. 实验装置

实验装置如图 3-3-1 至图 3-3-3 所示。

2. 实验流程

实验对象部分由储水箱、离心泵，不同管径、材质的水管，各种阀门、管件，涡轮流量计和压差计等所组成。管路部分有三段并联的长直管，分别用于测定局部阻力系数、光滑管直管阻力摩擦系数和粗糙管直管阻力摩擦系数。测定时，待测管段和主管路保持畅通而其他管段则关闭。水的流量由涡轮流量计测量，管路和管件的阻力采用差压变送器将差压信号传递给无纸记录仪记录或由倒 U 形管压差计测定（装置Ⅲ）。

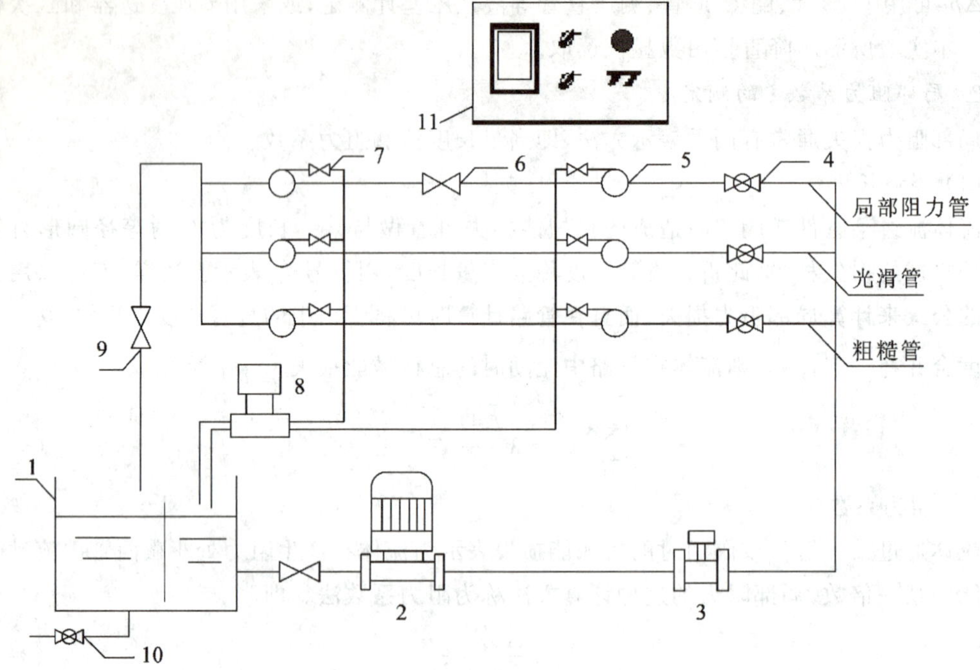

图 3-3-1 流体流动阻力测定实验装置流程示意图(装置Ⅰ)

1—水箱;2—管路泵;3—涡轮流量计;4—进口阀;5—均压阀;6—闸阀;

7—引压阀;8—压力变送器;9—出口阀;10—排水阀;11—电气控制箱

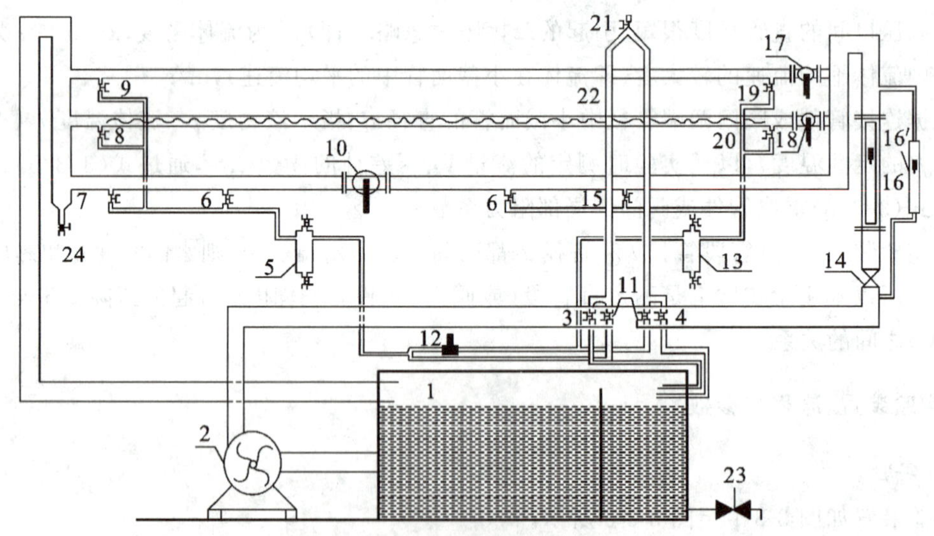

图 3-3-2 流体流动阻力测定实验装置流程示意图(装置Ⅱ)

1—水箱;2—离心泵;3、4—放水阀;5、13—缓冲罐;6—局部阻力近端测压阀;7、15—局部阻力远端测压阀;

8、20—粗糙管测压阀;9—回水阀;10—局部阻力管阀;11—倒 U 形管进水阀;12—压力传感器;

14—流量调节阀;16、16′—转子流量计;17—光滑管阀;18—粗糙管阀;19—光滑管测压进水阀;21—倒 U 形管放空阀;

22—倒 U 形管;23—水箱放水阀;24—管路放水阀

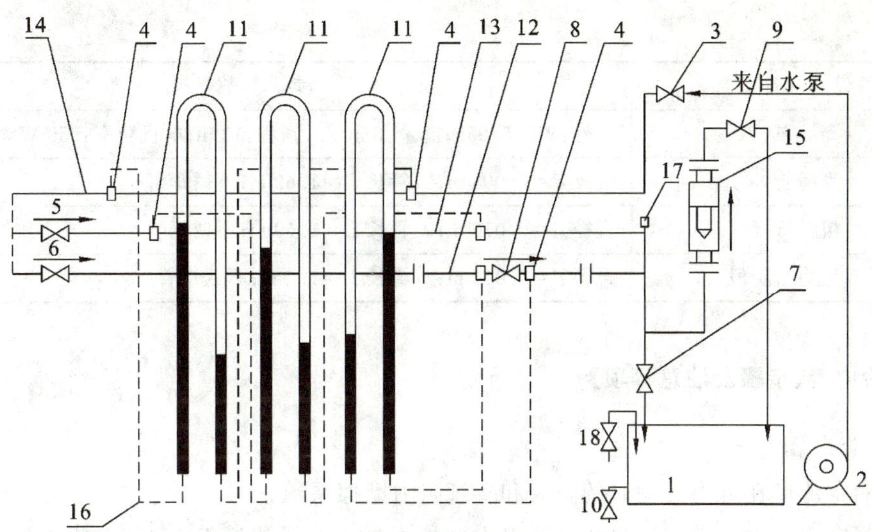

图 3-3-3　流体流动阻力测定实验装置流程示意图(装置Ⅲ)

1—水箱；2—管路泵；3、5、6—球阀；4—均压环；7—系统排水阀；8—闸阀；9—流量调节阀；10—排污阀；11—倒U形管压差计；12—不锈钢管；13—粗糙管；14—光滑管；15—转子流量计；16—导压管；17—温度计；18—进水阀

3. 主要设备及仪表参数

各装置参数如表3-3-1至表3-3-3所示。

表 3-3-1　流体流动阻力实验装置主要参数(装置Ⅰ、Ⅲ)

测定项目	材料	管内径		测量段长度/cm
		管路号	管内径/mm	
局部阻力	闸阀	1A	20.0(Ⅰ) 25.98(Ⅲ)	95
光滑管阻力	不锈钢管	1B	20.0(Ⅰ) 25.98(Ⅲ)	100
粗糙管阻力	镀锌铁管	1C	21.0(Ⅰ) 27.50(Ⅲ)	100
层流管阻力	不锈钢管	1D	2.0(Ⅰ)	96

表 3-3-2　流体流动阻力实验装置转子流量计参数表(装置Ⅱ)

型号	测量范围/(m^3/h)	精度
LZB-40	0.1～1	1.5%
LZB-10	0.01～0.1	2.5%

表 3-3-3　流体流动阻力实验装置主要设备参数表(装置Ⅱ)

设备	参数
压力传感器	型号：LXWY；测量范围：0～200 kPa
直流数字电压表	型号：PZ139；测量范围：0～200 kPa

续表

设　备	参　数
离心泵	型号：WB70/055；流量：8 m^3/h；扬程：12 m；电机功率：550 W
光滑管	直径 d=0.008 m；　管长 L=1.69 m；不锈钢管
粗糙管	直径 d=0.010 m；　管长 L=1.69 m；不锈钢管
局部阻力直管段	直径 d=0.015 m；　管长 L=1.2 m；不锈钢管

【实验内容、步骤及注意事项】

1. 实验内容

(1) 测定流体在管内流动时的阻力和直管阻力摩擦系数 λ。

(2) 测定流体在管内流动时的直管阻力摩擦系数 λ 与雷诺数 Re 和相对粗糙度之间的关系曲线。

(3) 测量管件或阀门的局部阻力系数。

2. 实验步骤及注意事项

1) 装置Ⅰ实验步骤及注意事项

(1) 启动泵。首先对水箱灌水至容量为80%左右，然后关闭出口阀，打开总电源和仪表开关，启动水泵，待电机运转平稳后(<0.5 min)，把出口阀缓缓开到最大。

(2) 选择实验管路。在局部阻力管、光滑管、粗糙管、层流管中选择其一，把对应管路的进口阀打开，并在出口阀最大开度下，保持全流量流动 5～10 min。

(3) 排气。在计算机监控界面点击“引压室排气”按钮，则差压变送器实现排气。同时注意一定要全管路都排尽气体，然后进行下一步操作。

(4) 引压。打开对应实验管路的手动阀门，然后在计算机监控界面点击该管路对应的按钮，则差压变送器检测该管路压差。

(5) 流量调节。可根据需要分别进行手动或自动操作。

① 手控状态。变频器输出选择“100”，然后开启管路出口阀，调节流量，使流量在 0.5～4.0 m^3/h 范围内递增变化(建议每次调节幅度为 0.5 m^3/h 左右)。每次改变流量，待流动达到稳定后，记录对应的压差值。

② 自控状态。在流量控制界面设定流量值或设定变频器输出值，待流量稳定后记录相关数据即可(每次流量调节幅度同上)。

(6) 计算。对同一装置，根据 Δp 和 u 的实验测定值，可计算 λ 和 ξ，在等温条件下，雷诺数 $Re=du\rho/\mu=ku$，其中 $k=d\rho/\mu$ 为常数，因此只要调节管路流量，即可测得一系列 λ 和 Re 的实验点，从而绘出 λ-Re 曲线。

(7) 实验结束，关闭出口阀，关闭水泵和仪表电源，排尽管路中的水，清理装置。(注意：若长时间不用装置，则排干水箱)

2) 装置Ⅱ实验步骤及注意事项

(1) 向水箱内注水，直到水满为止。(最好用蒸馏水，以保持流体清洁)

(2) 大流量状态下的压差测量系统，应先接电源预热 10～15 min，调好数字表的零点，然后启动泵进行实验。

(3) 光滑管摩擦阻力损失测定。

① 关闭粗糙管和局部阻力管上所有阀门，将光滑管上所有阀门打开。

② 在流量为零(关闭转子流量计)的条件下，打开光滑管测压进水阀 19 和回水阀 9，旋开倒 U 形管进水阀 11，检查导压管内是否有气泡存在。若倒 U 形管内液柱高度差不为零，则表明导压管内存在气泡，需要进行排气泡操作。导压系统如图 3-3-2 所示。

排气操作方法如下：旋开转子流量计，开大流量，旋开倒 U 形管进水阀 11，使倒 U 形管内液体充分流动，大约 1min 后，关闭倒 U 形管进水阀 11，打开倒 U 形管放空阀 21，再缓慢打开放水阀 3、4，待倒 U 形管两边液柱降至零点(标尺刻度的中间)时马上关闭，管内形成气-水柱，然后关闭倒 U 形管放空阀 21，最后关闭转子流量计，打开倒 U 形管进水阀 11，观察倒 U 形管两边液柱高度是否一致，若此时管内液柱高度差为零，则气泡排尽；若此时管内液柱高度差不为零，则重新进行排气操作。

③ 该装置的两个转子流量计量程不同、并联连接，根据流量大小选用适当的流量计。

④ 差压变送器与倒 U 形管是并联连接的，测量直管段小流量的压差时，用倒 U 形管压差计，大流量时用差压变送器。应在最大流量和最小流量之间进行实验，一般测取 15～20 组数据。建议当流量小于 100 L/h 时，使用倒 U 形管压差计来测量。

注意，在测量光滑管压差时，阀 9 和 19 总是打开的。

(4) 粗糙管阻力测定。

① 关闭光滑管和局部阻力管上所有阀门，将粗糙管上所有阀门打开。

② 进行管路的排气，排气操作与测光滑管时的操作步骤一样。

③ 测定不同流量下的阻力损失。

注意，光滑管和粗糙管直管阻力的测定使用同一差压变送器，当测量光滑管直管阻力时，要将通向粗糙管直管阻力的阀门关闭；同样当测量粗糙管直管阻力时，要将通向光滑管直管阻力的阀门关闭。

(5) 局部阻力测定。

关闭光滑管和粗糙管的所有阀门，打开局部阻力管的阀门。改变流量，用压力测量装置测量同一流量和同一阀门开度下的远点、近点压差。远点、近点压差的测量使用同一差压变送器。当测量远点压差时，要将通向近点压差的阀门关闭；同样当测量近点压差时，要将通向远点压差的阀门关闭。

(6) 读取水箱温度。

(7) 待数据测量完毕后，关闭流量调节阀，切断电源。

(8) 注意事项。

① 启动离心泵之前，以及从光滑管阻力测量过渡到其他测量之前，都必须检查所有流量调节阀是否关闭。

② 利用压力传感器测量大流量下 Δp 时，应关闭空气-水倒 U 形管进水阀 11，否则将影响测量数值。

③ 在实验过程中，每调节一个流量，应待流量和直管压降的数据稳定以后，方可记录

数据。

④ 并联的两个转子流量计不能同时打开测量，只能单独使用。

⑤ 当较长时间未做实验时，启动离心泵之前应先用手转动泵轴，以防烧坏电机。

3）装置Ⅲ实验步骤及注意事项

(1) 熟悉实验装置系统。

(2) 打开进水阀 18，给水箱补充水，水位以比水箱上边缘低 5～8 cm 为宜。注意，必须保证管路出水口浸没在水中。

(3) 启动管路泵(切记泵禁止无水空转)。

(4) 打开阀 3、5、6、7、9，排尽管路中的空气，然后关闭阀 7、9。

(5) 在管路内水静止(零流量)时，按倒 U 形管压差计的使用方法，将三个倒 U 形管压差计调节到测量压差正常状态。

(6) 关闭阀 6，打开阀 9，并调节流量，使转子流量计的流量示值(转子最大截面处对应的刻度值)分别为 1.8、2.4、2.8、3.2、3.6、4.0、4.4、4.8、5.2 m^3/h，测得每个流量下对应的光滑管和粗糙管的阻力(以压差表示，单位为 mmH_2O，1 mmH_2O＝9.8 Pa)，分别记下倒 U 形管压差计读数。注意：每次调节好流量后，须等一段时间，待水流稳定后才能读数，测完后关闭阀 9。

(7) 关闭阀 5，打开阀 6，测得闸阀全开时的局部阻力。(流量设定为 1、1.8、2.6 m^3/h，测三个点对应的压差，以求得平均的阻力系数)

(8) 实验结束后打开系统排水阀 7，排尽水，以防锈和冬天防冻。

(9) 注意事项：开启、关闭管路上的各阀门及倒 U 形管压差计上的阀门时，一定要缓慢开关，切忌用力过猛、过大，防止测量仪表因突然受压、减压而损坏(如玻璃管断裂，阀门滑丝等)。

【实验报告要点】

(1) 参考表格示例，完成实验记录和数据处理表(见表 3-3-4 至表 3-3-9)，并以其中一组数据为例详列计算过程。

(2) 根据粗糙管实验结果，在双对数坐标纸上标绘出 λ-Re 曲线，对照化工原理教材上有关曲线图，估算出该管的相对粗糙度和绝对粗糙度。

(3) 根据光滑管实验结果，对照化工原理教材介绍的柏拉修斯(Blasius)方程，计算其相对误差(以柏拉修斯方程计算值为基准)。

(4) 根据局部阻力实验结果，求出闸阀全开、半开时的平均 ξ 和 l_e 值。

(5) 对实验结果进行分析讨论。

【思考题】

(1) 以水为介质所测得的 λ-Re 关系能否适用于其他流体？若能，如何应用？

(2) 本实验是测定水平等径圆形直管的流动阻力，若将水平管改为流体自下而上流动的垂直管，从测量两取压点间压差的倒 U 形管压差计读数 R 到 Δp 的计算过程和公式是否与水平管完全相同？为什么？

(3) 对倒 U 形管压差计，若测压口、孔边缘有毛刺或安装不垂直，对静压的测量有何影响？

(4) 在不同设备上(含不同管径)、不同水温下测定的 λ-Re 数据能否关联在同一条曲线上？说明理由。

附：摩擦系数与雷诺数、相对粗糙度关系图

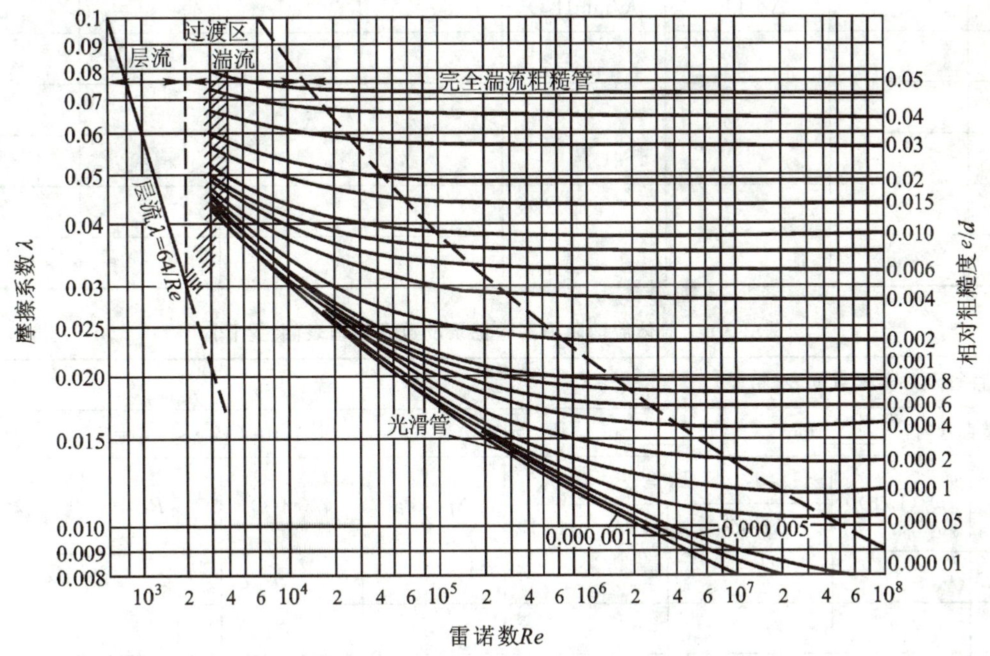

【数据表格参考示例】

表 3-3-4　流体流动阻力实验记录及数据处理表(装置Ⅰ)

学号：________　姓名：________　同组：________　实验装置编号：________

光滑管内径：________mm　粗糙管内径：________mm　局部阻力管内径：________mm

光滑管长度：________mm　粗糙管长度：________mm　局部阻力管长度：________mm

水温：________℃　水密度：________kg/m^3　水黏度：________Pa·s

层流管径：________mm　层流管长：________mm　实验日期：________年____月____日

序号	流量 /(m^3/h)	压差/kPa				流速 /(m/s)		Re		λ		ξ	
		光滑管	粗糙管	局部阻力管									
				全开	半开	光滑	粗糙	光滑	粗糙	光滑	粗糙	全开	半开
1													
2													
3													
⋮													
10													

表 3-3-5　流体流动阻力实验记录及数据处理表(装置Ⅱ)

一、直管阻力实验数据表(光滑)

光滑直管内径______mm　管长______m　t=______℃　μ=______$\times 10^{-3}$ Pa·s　ρ=______kg/m³

序号	Q/(L/h)	压差		Δp/kPa	u/(m/s)	Re	λ
		Δp/kPa	R/mmH_2O				
1							
2							
3							
⋮							
12							

表 3-3-6　流体流动阻力实验记录及数据处理表(装置Ⅱ)

二、直管阻力实验数据表(粗糙)

粗糙直管内径______mm　管长______m　t=______℃　μ=______$\times 10^{-3}$ Pa·s　ρ=______kg/m³

序号	Q/(L/h)	压差		Δp/kPa	u/(m/s)	Re	λ
		Δp/kPa	R/mmH_2O				
1							
2							
3							
⋮							
14							

表 3-3-7　流体流动阻力实验记录及数据处理表(装置Ⅱ)

三、局部阻力实验数据表(闸阀全开)

局部阻力管内径______mm　管长______m　t=______℃　μ=______$\times 10^{-3}$ Pa·s　ρ=______kg/m³

序号	Q /(L/h)	近端压差			远端压差			u /(m/s)	局部阻力压差/kPa	阻力系数 ξ
		R/mmH_2O		Δp /kPa	R/mmH_2O		Δp /kPa			
		左	右		左	右				
1										
2										
3										
⋮										
14										

表 3-3-8　流体流动阻力实验记录及数据处理表(装置Ⅱ)

四、局部阻力实验数据表(闸阀半开)

局部阻力管内径______ mm　管长______ m　t=______℃　μ=______$\times10^{-3}$ Pa·s　ρ=______ kg/m³

序号	Q /(L/h)	近端压差			远端压差			u /(m/s)	局部阻力压差/kPa	阻力系数 ξ
		R/mmH_2O		Δp /kPa	R/mmH_2O		Δp /kPa			
		左	右		左	右				
1										
2										
3										
⋮										
14										

表 3-3-9　流体流动阻力实验记录及数据处理表(装置Ⅲ)

测压段管长 L=1 m；水温：______℃

序号	流量/(m³/h)	光滑管阻力/mmH_2O			粗糙管阻力/mmH_2O			局部阻力/mmH_2O		
		左	右	压差	左	右	压差	左	右	压差
1										
2										
3										
⋮										
14										

实验 4　流量计校正及性能测定实验

【实验目的】

(1) 了解几种常用流量计的构造和工作原理。

(2) 掌握流量计的校正方法。

(3) 了解孔板流量计、文丘里流量计和转子流量计的流量系数随雷诺数 Re 的变化规律，掌握流量系数 C_0 和 C_V 的确定方法。

(4) 学习比较各种流量计的优缺点及其在化工生产中的应用。

【实验原理】

化工生产中较常用的流量计是利用流体流动过程中机械能转化原理而设计的。

1. 孔板流量计

流体通过孔板流量计(见图 3-4-1)时，在流量计的上、下游两取压口之间将产生压差，它与流量的关系为

$$V_s=C_0A_0\sqrt{\frac{2(p_1-p_2)}{\rho}}=C_0A_0\sqrt{\frac{2gR(\rho_A-\rho)}{\rho}} \tag{3-4-1}$$

式中：V_s 为被测流体(水)的体积流量，m^3/s；C_0 为流量系数，无量纲；A_0 为孔板小孔的截面积，m^2；p_1-p_2 为流量计上、下游两取压口之间的压差，Pa；ρ 为被测流体(水)的密度，kg/m^3；ρ_A 为指示液的密度，kg/m^3；R 为 U 形管压差计指示液高度差，m。

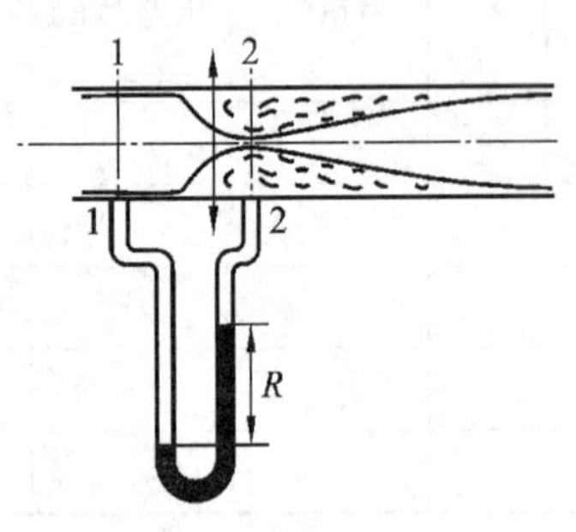

图 3-4-1　孔板流量计

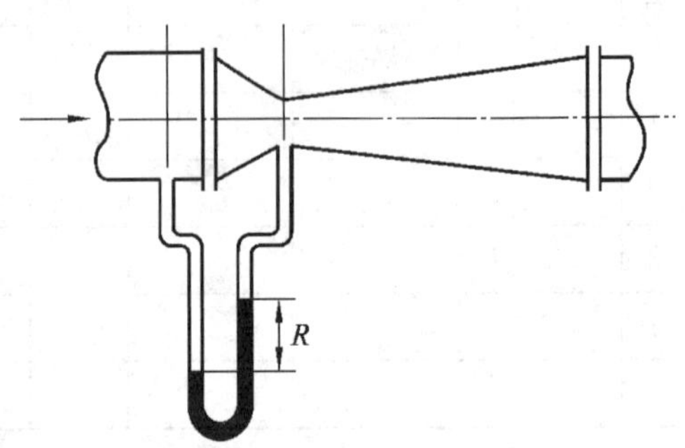

图 3-4-2　文丘里流量计

2. 文丘里流量计

孔板流量计的能量损失较大，为了减少能量损失，可以采用文丘里流量计(见图 3-4-2)，文丘里流量计的工作原理与孔板流量计相同，其计算公式如下：

$$V_s=C_VA_V\sqrt{\frac{2gR(\rho_A-\rho)}{\rho}} \tag{3-4-2}$$

式中：C_V 为文丘里流量计的流量系数，无量纲；A_V 为喉管处的截面积，m^2。

3. 转子流量计

转子流量计(见图 3-4-3)的计算公式为

$$V_s=C_RA_R\sqrt{\frac{2gV_f(\rho_f-\rho)}{A_f\rho}} \tag{3-4-3}$$

式中：C_R 为流量系数，无量纲；A_R 为转子与玻璃管间的环隙面积，m^2；V_f 为转子的体积，m^3；A_f 为转子最大部分的截面积，m^2；ρ_f 为转子材料的密度，kg/m^3。

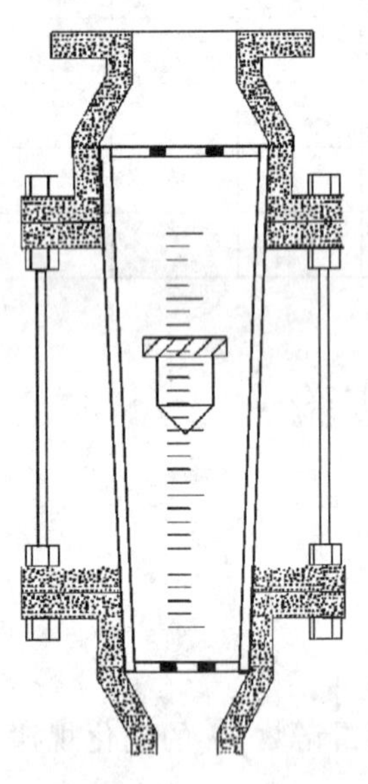

图 3-4-3　转子流量计

4. 流量计的校正

工厂生产的流量计大多数是按标准规范生产的，出厂时一般都在 101325 Pa 和 20 ℃条件下，以水或空气为介质进行校正，给出流量曲线。若使用时的温度、压强和介质与校正时不同，还应该在现场进行校正。即使校正过的流量计，由于在使用过程中磨损较大，也需要再校正。

流量计的校正有量体积法、称重法和基准流量计法等多种。量体积法和称重法都是以测量一定时间间隔内排出的流体体积或质量来实现的，而基准流量计法则是用精度较高且事先已被校正过的流量计作为比较标准，对精度低些的流量计进行校正的方法。

本实验用涡轮流量计为标准流量计校正孔板流量计、文丘里流量计和转子流量计。孔板流量计和文丘里流量计的每一个流量在压差计上都有一个对应的读数，将压差计读数 Δp 和

流量 V_s 在双对数坐标纸上绘制成一条曲线，即得孔板流量计和文丘里流量计的流量校正曲线。用涡轮流量计流量与相应的转子流量计读数作图，可得转子流量计的流量曲线。同时用式(3-4-1)和式(3-4-2)整理数据可进一步得到 C_0-Re 和 C_V-Re 关系曲线。

【实验装置、流程与参数】

1. 实验装置

涡轮流量计、孔板流量计、文丘里流量计和转子流量计四种流量计均可用于液体流量的测定，本实验以精度为 0.5 级的涡轮流量计作为标准流量计来校正转子流量计、文丘里流量计和孔板流量计，并测定孔板流量计、文丘里流量计的流量系数与雷诺数 Re 的关系曲线。实验所用的流体为水。图 3-4-4 和图 3-4-5 为相关实验装置流程示意图。

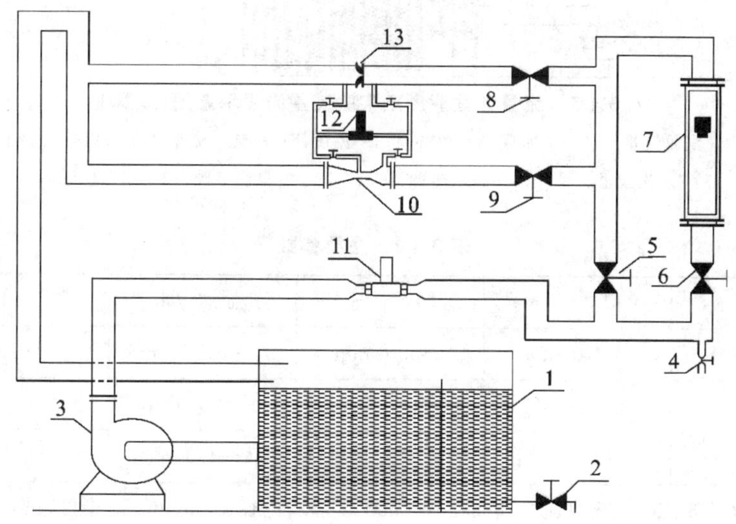

图 3-4-4　LLB-B 型流量计校正实验装置流程示意图(装置Ⅰ)

1—水箱；2—放水阀；3—离心泵；4—排水阀；5—文丘里、孔板流量计调节阀；6—转子流量计调节阀；7—转子流量计；8—孔板阀门；9—文丘里阀门；10—文丘里流量计；11—涡轮流量计；12—压力传感器；13—孔板流量计

2. 实验流程

装置Ⅰ：如图 3-4-4 所示，流体在离心泵 3 的作用下经过涡轮流量计 11，然后分别经过孔板流量计 13、文丘里流量计 10 和转子流量计 7，最后回到水箱 1。

装置Ⅱ：如图 3-4-5 所示，用离心泵 3 将储水槽 8 的水直接送到实验管路中，经涡轮流量计计量后分别进入转子流量计、孔板流量计、文丘里流量计，最后返回储水槽 8。测量孔板流量计时把阀 9、11 打开，阀 10、12 关闭；测量文丘里流量计时把阀 9、10 打开，阀 11、12 关闭；测量转子流量计时把阀 12、10、11 打开，阀 9 关闭。水流量由调节阀 10、11、12 调节。温度由铜电阻温度计测量。

3. 主要设备及仪表参数

本实验所用的实验装置及附属设备主要参数如表 3-4-1 所示。

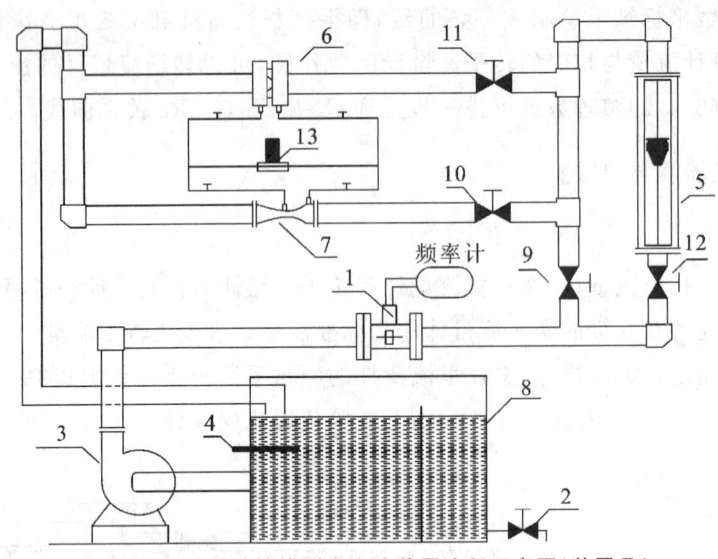

图 3-4-5 流量计性能测定实验装置流程示意图(装置Ⅱ)

1—涡轮流量计；2—放水阀；3—离心泵；4—温度计；5—转子流量计；6—孔板流量计；7—文丘里流量计；8—储水槽；9、10、11、12—流量调节阀；13—压差传感器

表 3-4-1 主要参数表

名　称	型　号	转　速	流　量	扬　程
离心泵	WB70/055	2800 r/min	20～120 L/min	19～13.5 m
涡轮流量计	LWY-15C		最大 6 m^3/h	
转子流量计	LZB-40		0.4～4.0 m^3/h	
孔板流量计孔径 ϕ15 mm；文丘里流量计喉径 ϕ15 mm；实验管内径 40 mm(装置Ⅱ：26 mm)				
装置Ⅱ：储水槽：550 mm×400 mm×450 mm(其他未标注参数均与装置Ⅰ相同)				

【实验内容、步骤及注意事项】

1. 实验内容

(1) 校正孔板流量计、文丘里流量计和转子流量计，绘制压差与流量的关系曲线。

(2) 测定孔板流量计、文丘里流量计和转子流量计的雷诺数 Re 和流量系数的关系。

(3) 比较孔板流量计和文丘里流量计的永久压强损失。

2. 实验步骤

(1) 向水箱 1 中注入蒸馏水或去离子水，直到注满为止。

(2) 关闭离心泵出口流量调节阀 5、6，启动离心泵后，再逐渐调大排出管路阀 5、6、8、9 及取压管路阀门，进行管路的排气(约需 3 min)。

(3) 测量孔板流量计的性能。关闭阀 6、9，全开阀 8，用流量调节阀 5 调节流量，待流量稳定(约需 3 min)后，读取涡轮流量计的流量和孔板流量计的压差。

(4) 在最大流量范围内，从小流量至大流量或从大流量至小流量测取 10 组左右数据(即同时测量压差和流量)，并在开始和结束测量孔板流量计数据时分别记录水温。对所取涡轮流量计每一示值，应该重复测定两次，然后改变流量，直到完成流量计的校正为止。

(5) 测量文丘里流量计的性能。关闭阀 6、8，全开阀 9，用流量调节阀 5 调节流量，待流量稳定后，读取涡轮流量计的流量和文丘里流量计的压差，并在开始和结束测量文丘里流量计数据时分别记录水温。

(6) 测量转子流量计的性能。在阀 5 全关闭的情况下，全开阀 8、9，用转子流量计流量调节阀 6 调节流量，待流量稳定后，读取涡轮流量计和转子流量计读数，并在开始和结束测量转子流量计数据时分别记录水温。

(7) 实验结束后，关闭流量调节阀 5、6，停泵，并切断电源。

3. 注意事项

(1) 在离心泵启动前应关闭阀 5、6(装置Ⅱ阀 9、12)，以减小启动电流，保护电机，同时，避免由于压力过大将转子流量计的玻璃管打碎。待电机运转正常后，再缓缓打开阀 5、6。

(2) 测量转子流量计性能时，调节阀 5(装置Ⅱ阀 9)必须关闭；同样测量文丘里或孔板流量计性能时，调节阀 6 必须关闭。(装置Ⅱ测量文丘里流量计性能时全关阀 11、全开阀 10；测量孔板流量计性能时全关阀 10、全开阀 11)

(3) 水必须清洁，以免影响涡轮流量计的测量精度。

(4) 涡轮流量计和压差计读数的精确度直接影响 C_0 和 C_V 值，应注意正确使用涡轮流量计。

【实验报告要点】

(1) 将实验原始数据和整理结果分别列入表 3-4-2 及表 3-4-3 中，并以其中一组数据为例详列计算过程。

(2) 绘制曲线图。

① 在双对数坐标纸上，标绘出孔板流量计、文丘里流量计的流量 V_s(纵坐标)与压差 Δp(横坐标)的关系曲线(即流量校正曲线)。

② 在半对数坐标纸(横坐标为对数)上标绘出流量系数 C_0 和 C_V(纵坐标)与雷诺数 Re(横坐标)的关系曲线。

③ 以转子流量计读数 $V_{转子}$ 为横坐标，涡轮流量计的流量 $V_{涡轮}$ 为纵坐标，标绘 $V_{涡轮}$-$V_{转子}$ 曲线(即转子流量计流量校正曲线)。

(3) 就实验过程中发现的问题、实验结果进行分析讨论。

【思考题】

(1) 为什么要排除实验管路及导压管中积存的空气？

(2) 在什么情况下，流量计需要校正？校正方法有几种？本实验用的是哪一种？

(3) 转子流量计安装不垂直时，对流量测量有何影响？

(4) 实验求得的流量系数校正了哪些内容？

(5) 孔板流量计、文丘里流量计的 V_s-Δp 关系曲线各自呈直线还是曲线？为什么？

【数据表格参考示例】

表 3-4-2　流量计校正实验原始数据记录表

学号:________　姓名:________　同组:______________　实验装置编号:________

序号	孔板流量计 开始水温:　℃ 结束水温:　℃		文丘里流量计 开始水温:　℃ 结束水温:　℃		转子流量计 开始水温:　℃ 结束水温:　℃	
	涡轮流量计读数 /(m^3/h)	压差 /kPa	涡轮流量计读数 /(m^3/h)	压差 /kPa	涡轮流量计读数 /(m^3/h)	转子流量 /(m^3/h)
1						
2						
3						
⋮						
12						

表 3-4-3　流量计校正实验数据整理表

序号	孔板流量计 平均水温:______℃ 平均温度下黏度 μ:________ Pa·s 平均温度下密度 ρ:________ kg/m^3			文丘里流量计 平均水温:______℃ 平均温度下黏度 μ:________ Pa·s 平均温度下密度 ρ:________ kg/m^3		
	流速 u/(m/s)	Re	流量系数 C_0	流速 u'/(m/s)	Re'	流量系数 C_V
1						
2						
3						
⋮						
12						

实验 5　离心泵特性曲线的测定实验

【实验目的】

(1) 了解离心泵的结构与特性,学会离心泵的操作。

(2) 掌握离心泵特性曲线和管路特性曲线的测定方法,加深对离心泵性能的了解。

(3) 掌握离心泵流量调节、轴功率的测量方法及涡轮流量计的工作原理、使用方法。

(4) 了解电动调节阀的工作原理和使用方法。

【实验原理】

1. 离心泵特性曲线的测定

离心泵的特性曲线是在恒定转速下泵的扬程 H、轴功率 N、效率 η 与泵的流量 Q 之间的关系曲线，是流体在泵内流动规律的外部表现形式，是选择和使用离心泵的重要依据之一。由于泵内部流动情况复杂，其特性曲线主要靠实验测定。

(1) 流量 Q 的测定与计算。

采用涡轮流量计测量流量，智能流量积算仪显示流量值 Q，单位 m^3/h。

(2) 扬程 H 的测定与计算。

取泵进口真空表和出口压力表处为1、2两截面，列伯努利方程，即

$$H=z_2-z_1+\frac{p_2-p_1}{\rho g}+\frac{u_2^2-u_1^2}{2g}+h_{f(1-2)} \tag{3-5-1}$$

式中：p_1、p_2 分别为泵进、出口的压强，Pa；ρ 为流体密度，kg/m^3；u_1、u_2 分别为泵进、出口的流速，m/s；g 为重力加速度，m/s^2；$h_{f(1-2)}$ 为泵的吸入口和压出口之间管路内的流体流动阻力(不包括泵体内部的流动阻力所引起的压头损失)。由于两截面间的管长较短，通常忽略 $h_{f(1-2)}$，速度平方差也很小，可忽略，或当泵进、出口管径相同时，$u_1=u_2$，则式(3-5-1)简化为

$$H=(z_2-z_1)+\frac{p_2-p_1}{\rho g}=H_0+\frac{p_2-p_1}{\rho g}=H_0+H_1+H_2 \tag{3-5-2}$$

式中：$H_0=z_2-z_1$ 为两测压截面之间的垂直距离，m；H_1、H_2 分别为泵进口真空度、出口表压对应的压头，m。

若压力表和真空表等高安装，只要直接读出真空表和压力表的数值，就可由下式计算出泵的扬程：

$$H=\frac{p_2-p_1}{\rho g}=H_1+H_2 \tag{3-5-3}$$

(3) 轴功率 N 的测量与计算。

① 马达天平测量法。轴功率可按下式计算：

$$N=M\omega=M\,\frac{2\pi n}{60}=9.81PL\,\frac{2\pi n}{60} \tag{3-5-4}$$

式中：N 为泵的轴功率，W；M 为泵的转矩，N·m；ω 为泵的角速度，1/s；n 为泵的转速，r/min；P 为测功臂上所加砝码的质量，kg；L 为测功臂长，本实验 $L=0.4867$ m。

由式(3-5-4)可知：要测定泵的轴功率，需要同时测定泵轴的转矩 M 和转速 n，泵轴的转矩采用马达天平法测量，泵轴的转速由数字式转速表直接读出。

② 功率表测量法。功率表测得的功率为电动机的输入功率 $N_{入}$。因泵由电动机直接带动，传动效率可视为1，所以电动机的输出功率 $N_{出}$ 等于泵的轴功率。设电动机效率为 $\eta_{电}$，功率表的读数为 $N_{电}$，则

$$N=N_{出}=N_{入}\,\eta_{电}=N_{电}\,\eta_{电} \tag{3-5-5}$$

(4) 效率 η 的计算。

泵的效率 η 是泵的有效功率 N_e 与轴功率 N 的比值。有效功率 N_e 是单位时间内流体自泵得到的功，轴功率 N 是单位时间内泵从电机得到的功，两者的差异反映了泵内水力损失、容

积损失和机械损失总和的大小。

泵的有效功率 N_e 可用下式计算：

$$N_e=\frac{HQ\rho g}{1000}=\frac{HQ\rho}{102} \tag{3-5-6}$$

故
$$\eta=\frac{N_e}{N}=\frac{HQ\rho}{102N} \tag{3-5-7}$$

式中：η 为泵的效率；N 为泵的轴功率，kW；N_e 为泵的有效功率，kW；H 为泵的压头，m；Q 为泵的流量，m^3/s；ρ 为水的密度，kg/m^3。

(5) 转速改变时的换算。

泵的特性曲线是在指定转速下的数据，就是说在某一特性曲线上的一切实验点，其转速都是相同的。但是，实际上感应电动机在转矩改变时，其转速会有变化，这样随着流量的变化，多个实验点的转速将有所差异，因此在绘制特性曲线之前，须将实测数据换算为平均转速下的数据。这种换算关系称为离心泵的比例定律，使用条件是泵转数变化不大于20%。

$$\left.\begin{aligned}
&\text{流量} && Q'=Q\frac{n'}{n}\\
&\text{扬程} && H'=H\left(\frac{n'}{n}\right)^2\\
&\text{轴功率} && N'=N\left(\frac{n'}{n}\right)^3\\
&\text{效率} && \eta'=\frac{Q'H'\rho g}{N'}=\frac{QH\rho g}{N}=\eta
\end{aligned}\right\} \tag{3-5-8}$$

此外，有的实验装置安装了变频器，以改变离心泵的转速，实现测定变转速时离心泵的特性曲线和管路特性曲线的目的，转速改变不大于±20%时的换算关系也适用比例定律(3-5-8)。

2. 管路特性曲线的测定(装置Ⅳ)

当离心泵在特定的管路系统中工作时，实际的工作压头和流量不仅与离心泵本身的性能有关，还与管路特性有关。

对于一定开度的阀门和特定的管路系统，管路特性方程 $H_e=K+BQ_e^2$ 中的 K、B 均为常数，故压头 H_e 与流量 Q_e^2 成正比，若将此关系标绘在相应的坐标纸上，得到的 H_e-Q_e 曲线称为管路特性曲线。本实验特定条件下，压头 H_e 的计算仍然用式(3-5-2)。

在一定的管路上，泵所提供的压头和流量要与管路所需的压头和流量一致。若将泵的特性曲线与管路特性曲线绘在同一坐标图上，两曲线交点即为泵在该管路的工作点。本实验的管路特性曲线测定是在出口阀门开度一定的条件下，通过改变泵的转速来实现的。

【实验装置、流程与参数】

1. 实验装置

本实验装置如图 3-5-1 至图 3-5-4 所示。

本实验由被测离心泵、进出口管路、涡轮流量计、出口调节阀、真空表和压力表组成一个回

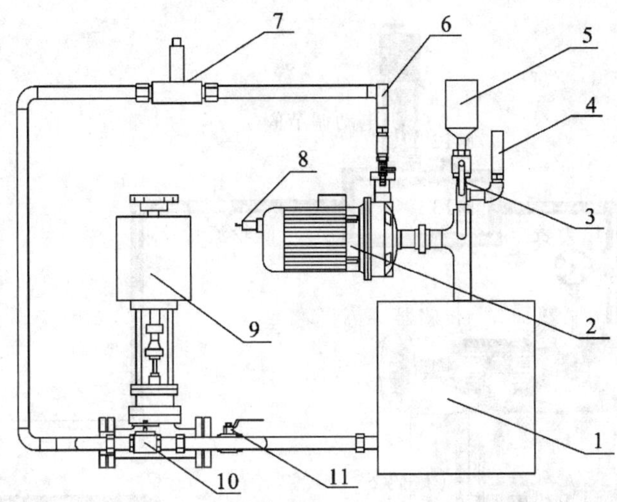

图 3-5-1 BQ101D **型离心泵性能实验装置流程示意图(装置Ⅰ)**

1—水箱;2—离心泵;3—温度传感器;4—泵进口压力传感器;5—灌泵口;6—泵出口压力传感器;
7—涡轮流量计;8—转速传感器;9—电动调节阀;10—旁路闸阀;11—泵出口调节阀

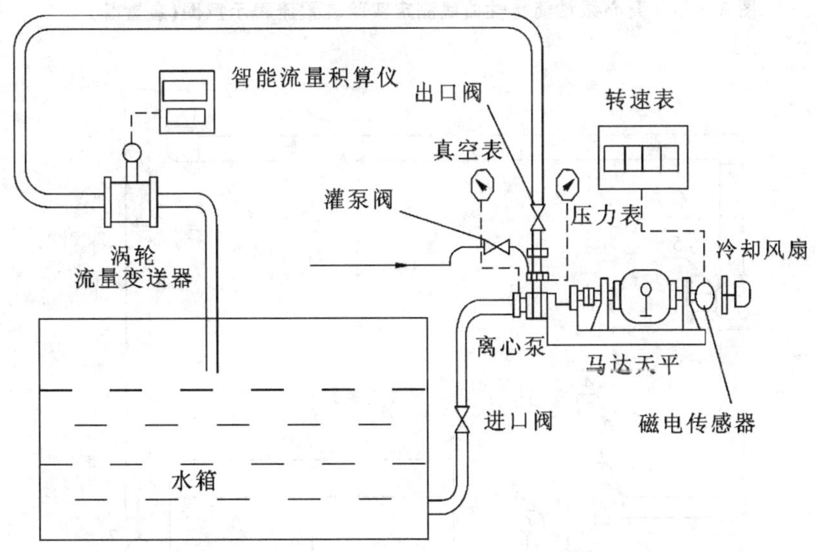

图 3-5-2 离心泵性能特性曲线测定实验装置流程示意图(装置Ⅱ)

路,用标准涡轮流量计测量流量,用真空表和压力表测量泵的入口真空度和出口压力,用功率表来测量电动机输入功率或用马达天平测离心泵的轴功率。

2. 实验流程

水泵将水箱内的水输送到实验系统,用出口调节阀调节流量,水流经涡轮流量计计量后,流回水箱。装置Ⅰ、Ⅲ还能实现计算机数据在线采集和自动控制。

3. 主要设备及仪表参数

本实验所用的实验装置及附属设备主要参数如表 3-5-1 所示。

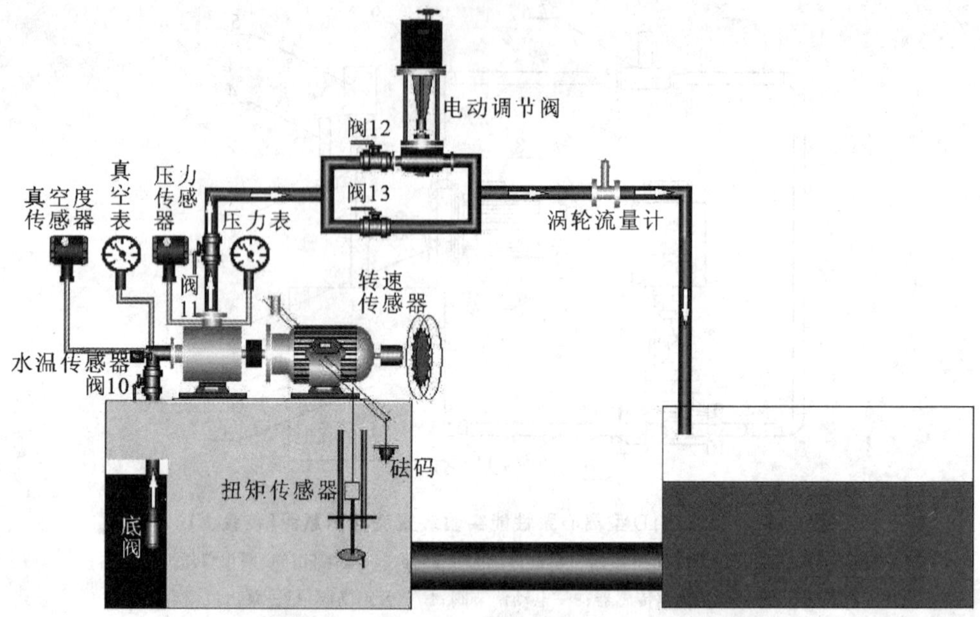

图 3-5-3 离心泵性能特性曲线测定实验装置流程示意图(装置Ⅲ)

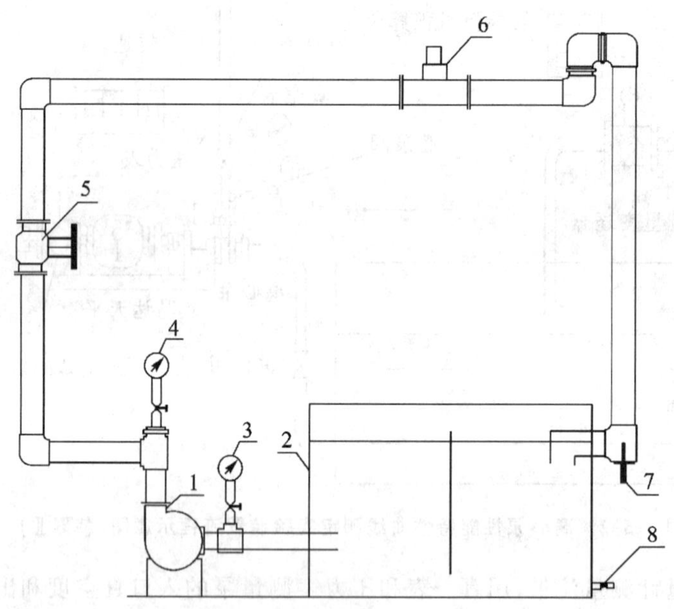

图 3-5-4 离心泵性能特性曲线测定实验装置流程示意图(装置Ⅳ)

1—离心泵;2—水箱;3—入口真空表;4—出口压力表;5—出口调节阀;6—涡轮流量计;7—温度计;8—放水阀

表 3-5-1 装置Ⅰ、Ⅳ主要设备参数

装 置 号	Ⅰ	Ⅳ
两取压口垂直高度差/mm	150	250
离心泵入口管径/mm		25

续表

装置号	Ⅰ	Ⅳ
离心泵出口管径/mm		25
离心泵型号	MS60/0.55	WB70/0.55
离心泵额定转速/(r/min)	2850	2800
轴功率/kW	0.55	0.55
电机效率	95%	60%
扬程/m	14～19.5	14～19
流量/(m^3/h)	4.8	410

注：装置Ⅱ、Ⅲ的泵额定转速取 2900 r/min。装置Ⅰ长×宽×高：133 mm×50 mm×180 mm。

【实验内容、步骤及注意事项】

1. 实验内容

(1) 测定离心泵在一定转速下 H(扬程)、N(轴功率)、η(效率)与 Q(流量)之间的特性曲线。

(2) 在流量调节阀的某一开度下，测定管路特性曲线(装置Ⅳ)。

2. 实验步骤

1) 装置Ⅰ实验步骤

(1) 清洗水箱，并加装实验用水。通过灌泵口给离心泵灌水，排出泵内气体。

(2) 检查各阀门开度和仪表自检情况，试开状态下检查电机和离心泵运转是否正常。开启离心泵之前先将泵出口调节阀 11 打开，电动调节阀 9 的开度置于 0，当泵达到额定转速后方可逐步调节电动调节阀的开度。

(3) 实验时，通过组态软件或仪表按钮逐渐增加电动调节阀 9 的开度以增大流量，待各仪表读数显示值稳定后，读取相应数据。本实验主要获取数据为流量 Q、泵进口压力 p_1、泵出口压力 p_2、电机功率 $N_{电}$、泵转速 n，以及流体温度 t 和两测压点间高度差 H_0(H_0=0.15 m)。

(4) 测取 10～12 组数据后，可以停泵(注意停泵前先将出口阀关闭)，同时记录下设备的相关数据(如离心泵型号，额定流量、额定转速、扬程和功率等)。

(5) 旁路闸阀 10 可以在电动调节阀失灵时作“替补”，工业上应用广泛，保证了装置的正常运转。

2) 装置Ⅱ、Ⅲ、Ⅳ实验步骤

(1) 仪表上电：打开总电源开关，打开仪表电源开关，打开三相空气开关，这时离心泵停止按钮灯亮(装置Ⅲ要把离心泵电源转换开关旋到“直接”位置，即为由电源直接启动)。

(2) 打开离心泵出口阀门(装置Ⅱ要先关闭进口阀)，打开离心泵灌水阀，对水泵进行灌水，注意在打开灌水阀时要慢慢打开，不要开得太大(装置Ⅳ可关闭通向压力表及真空表的阀门)，否则会损坏真空表。灌好水后关闭泵的出口阀与灌水阀。

(3) 装置Ⅲ：检查扭矩传感器的挂绳有没有脱离水泵(如没有脱离，一定要让挂绳脱离水泵，否则会拉坏扭矩传感器。）

（4）装置Ⅲ实验软件的开启：打开“离心泵性能特性曲线测定实验. MCG”组态软件，出现提示输入工程密码对话框，输入密码“1121”后，进入组态环境，按“F5”键进入软件运行环境。按提示输入班级、姓名、学号、装置号后按“确定”进入“离心泵性能特性测定实验软件”界面，点击“恒定转速下的离心泵性能特性曲线测定”按钮，进入实验界面。

（5）当一切准备就绪后，按下离心泵启动按钮，启动离心泵，这时离心泵启动按钮绿灯亮。启动离心泵后把出口阀开到最大（装置Ⅱ要先打开进口阀，再打开出口阀；装置Ⅳ待流体流动稳定后，打开压力表和真空表的开关），开始进行离心泵实验。

（6）流量调节：流量调节的方法有手动调节和自动调节，对于装置Ⅱ、Ⅳ采用手动调节，对于装置Ⅲ则既可用手动调节又可用自动调节。

① 仪表手动调节：在仪表面板上进行，将仪表调到手动操作模式，按上下键（∧、∨）调节输出信号的大小来控制电动调节阀开度的大小，以达到调节流量的目的。

② 仪表自动调节：在“恒定转速下的离心泵性能特性曲线测定”实验界面中，单击“手动调节”按钮，则进入自动调节状态，直接单击设定输出按钮，输入调节阀开度值即可自动由调节阀控制流量。

（7）手动调节实验方法：调节出口闸阀开度，使阀门全开。待流量稳定时，在马达天平上添加砝码，使平衡臂与准星对准，读取砝码质量。在仪表台上读出电机转速 n、流量 Q、水温 t、真空表读数 p_1 和出口压力表读数 p_2 并记录；关小阀门，减小流量，重复以上操作，测得另一流量下对应的各个数据，一般以重复 8～9 个点为宜。

（8）自动调节实验方法：关闭流量手动调节阀，打开电动调节阀前面的阀门，打开电动调节阀电源开关，给电动调节阀上电。流量自动调节仪的使用方法如下。①仪表手动调节：在仪表手动状态下按向上键（∧）增大输出到最大，使调节阀开到最大。然后待流量稳定时，把扭矩传感器的挂钩挂在电机力臂上，旋转下面的圆盘，使平衡臂对准准星。待数据稳定后，按下软件的“数据采集”按钮采集数据。采集完数据，把扭矩传感器的挂钩摘下。用向下键（∨）减小流量，在不同流量下分别按下“数据采集”按钮采集数据。②仪表自动调节：在软件界面中单击“手动调节中”按钮，则进入自动调节状态（“自动调节中”），单击“设置输出”按钮，输入 100，把调节阀开到最大。待流量稳定后，把扭矩传感器的挂钩挂在电机平衡臂上，旋转下面的圆盘，使平衡臂对准准星。待数据稳定后，按下软件的“数据采集”按钮采集数据。采集完数据，把扭矩传感器的挂钩取下。改变设置输出的大小，改变不同的流量，采集不同流量下的数据。

（9）实验完毕，一定先把扭矩传感器（马达天平挂砝码）的挂钩取下，让挂钩与力臂脱离，按下仪表台上的水泵停止按钮，停止水泵的运转。关闭水泵出口阀。自动采集的装置Ⅲ则需单击“退出实验”，回到“离心泵性能特性曲线测定实验软件”界面，再单击“退出实验”按钮退出实验系统。

（10）如果要改变离心泵的转速，测定另一转速下的性能特性曲线，则可以用变频器来调节离心泵的转速，启动实验装置总电源，用变频调速器上“∧”、“∨”及“＜”键设定频率后，按“run”键启动离心泵，其余步骤同上述步骤（2）～（9）。

（11）测量管路特性曲线时，先置出口调节阀为某一状态，使系统流量为某一固定值。调节离心泵电机频率，使管路特性改变，调节范围为 20～50 Hz，测取 9～10 组数据并记录泵入口真空度、泵出口压强、流量计读数和水温。

（12）关闭已打开的所有设备电源。

3. 注意事项

(1) 实验开始时，均需对泵进行灌泵操作，以防止离心泵气缚。灌泵用的进水阀开度要小(装置Ⅳ必须关闭压力表和真空表的开关)，以防进水压力过大损坏真空表。

(2) 在实验开始时扭矩传感器(或马达天平)挂砝码的钩子要取下，在测数据时再装上，每测量一组数据后立刻取下，当测下一组数据时再装上。

(3) 使用变频调速器时一定注意 FWD 指示灯亮，切忌按“FWD REV”键使 REV 指示灯亮，电机反转。

(4) 泵运转过程中，勿触碰泵主轴部分，因其高速转动，可能缠绕并伤害身体接触部位。

(5) 不要在出口阀关闭状态下(或电动调节阀开度为 0 时)长时间使泵运转，一般不超过 3 min，否则泵中液体循环温度升高，易产生气泡，使泵抽空。

【实验报告要点】

(1) 将实验数据和计算结果列入表 3-5-2 至表 3-5-4 中，并以一组数据为例详列计算过程。

(2) 在同一张坐标纸上绘制一定转速下的 H-Q、N-Q、η-Q 曲线。

(3) 在同一张坐标纸上绘制管路特性曲线(H_e-Q_e 曲线)。

(4) 分析实验结果，判断泵较为适宜的工作范围。

【思考题】

(1) 试从所测实验数据分析，离心泵在启动时为什么要关闭出口阀门？

(2) 启动离心泵之前为什么要引水灌泵？如果灌泵后依然启动不起来，可能的原因是什么？

(3) 为什么用泵的出口阀门调节流量？这种方法有什么优缺点？是否还有其他方法调节流量？

(4) 泵启动后，出口阀如果不打开，压力表读数是否会逐渐上升？为什么？

(5) 在生产实际中正常工作的离心泵，在其吸入管路上安装阀门是否合理？为什么？

【数据表格参考示例】

表 3-5-2　离心泵特性曲线测定原始数据记录表

学号：________　姓名：__________　同组：________________________　实验装置编号：__________

实验开始时的水温：________℃　实验结束时的水温：________℃　平均水温：________℃

平均温度下的黏度 μ：________ Pa·s　平均温度下的密度 ρ：________ kg/m^3　离心泵型号：________

额定转速：____________ r/min　额定扬程：____________ m　额定功率：__________ kW

泵进出口测压点高度差 H_0：______ m　实验日期：_____年____月____日

序号	流量/(m^3/h)	$p_{真空表}$/MPa	$p_{压力表}$/MPa	转速/(r/min)	砝码质量/kg	电机功率/kW
1						
2						
3						
⋮						
11						

表 3-5-3 离心泵特性曲线测定数据处理表(按额定转速校正后的数据)

序号	流量 $Q/(m^3/h)$	扬程 H/m	轴功率 N/kW	泵效率 $\eta/(\%)$
1				
2				
3				
⋮				
11				

表 3-5-4 离心泵管路特性曲线测定原始数据和处理结果记录表

实验装置编号:________ 实验开始时的水温:________℃ 实验结束时的水温:________℃

平均水温:________℃ 平均温度下的黏度 μ:________ Pa·s 平均温度下的密度 ρ:________ kg/m^3

序号	电机频率/Hz	涡轮流量计流量 $V/(m^3/h)$	$p_{入口}/MPa$	$p_{出口}/MPa$	压头 H/m
1					
2					
3					
⋮					
11					

实验 6 恒压过滤实验

【实验目的】

(1) 熟悉板框压滤机的基本构造、工艺流程和操作方法。

(2) 通过恒压过滤实验,验证过滤基本理论。

(3) 学会过滤常数 K、q_e、τ_e,压缩性指数 s,以及物料特性常数 k 的测定方法。

(4) 了解过滤压力对过滤速率的影响及压力定值调节阀的工作原理和使用方法。

【实验原理】

过滤是以某种多孔物质(如滤布、致密筛网、多孔陶瓷等)为介质来处理悬浮液,以达到固、液分离的一种操作过程,即在外力的作用下,悬浮液中的液体通过固体颗粒层(即滤渣层)及多孔介质的孔道,而固体颗粒被截留下来形成滤渣层,从而实现固、液两相的分离。因此,过滤操作本质上是流体通过固体颗粒层的流动。在过滤过程中,由于固体颗粒不断地被截留在介质表面上,滤饼(滤渣层)厚度也不断增加,液体流过固体颗粒之间的孔道加长,从而使流体流动阻力增加。故恒压过滤时,过滤速率逐渐下降。显然,随着过滤操作的进行,得到相同滤液量的过滤时间将逐渐增加。

1. 恒压过滤常数 K 的测定

恒压过滤方程为

$$(q+q_e)^2=K(\tau+\tau_e) \tag{3-6-1}$$

式中：q 为通过单位过滤面积的滤液体积，m^3/m^2；q_e 为通过单位过滤面积的虚拟滤液体积（也称当量滤液体积），m^3/m^2；τ 为实际过滤时间，s；τ_e 为虚拟过滤时间（也称当量过滤时间），s；K 为过滤常数，m^2/s。K、q_e、τ_e 三者总称为过滤常数。利用恒压过滤方程进行计算时，必须首先知道 K、q_e、τ_e，它们只有通过实验才能确定。

微分式(3-6-1)，得

$$\frac{d\tau}{dq}=\frac{2}{K}q+\frac{2}{K}q_e \tag{3-6-2}$$

处理实验数据时，只要各数据点间的时间间隔不大，$d\tau/dq$ 可用增量之比 $\Delta\tau/\Delta q$ 来代替，则式(3-6-2)的差分形式为

$$\frac{\Delta\tau}{\Delta q}=\frac{2}{K}\bar{q}+\frac{2}{K}q_e \tag{3-6-2a}$$

式中：Δq 为每次测定的单位过滤面积的滤液体积（在实验中一般等量分配），m^3/m^2；$\Delta\tau$ 为每次测定的滤液体积所对应的时间，s；$\bar{q}$ 为相邻两个 q 值的平均值，m^3/m^2。

在恒压条件下实验时，用秒表和量筒分别测定一系列时间间隔 $\Delta\tau_i(i=1,2,3,\cdots)$ 及对应的滤液体积 $\Delta V_i(i=1,2,3,\cdots)$，由此算出一系列 $\Delta\tau_i$、Δq_i，以 $\Delta\tau/\Delta q$ 对 $\bar{q}$ 在普通坐标纸上作图，可得一直线。其斜率为 $2/K$，截距为 $(2/K)q_e$，从而求出 K 和 q_e。而 τ_e 可由下式求得：

$$q_e^2=K\tau_e \tag{3-6-3}$$

2. 滤饼的压缩性指数 s 和物料特性常数 k 的测定

过滤常数的定义式为

$$K=2k\Delta p^{1-s} \tag{3-6-4}$$

式中：K 为过滤常数，m^2/s；k 为物料特性常数，$m^3\cdot s/kg$；s 为滤饼的压缩性指数，无量纲；Δp 为压差，MPa。

对式(3-6-4)两边取对数，得

$$\lg K=(1-s)\lg\Delta p+\lg(2k) \tag{3-6-5}$$

因 k 为常数，故 K 与 Δp 的关系在双对数坐标纸上标绘时应是一条直线，其斜率为 $1-s$，由此可得滤饼的压缩性指数 s；然后代入式(3-6-4)，即可求得物料特性常数 k。

【实验装置、流程与参数】

1. 实验装置

实验装置流程如图 3-6-1 至图 3-6-3 所示。

2. 实验流程

装置Ⅰ：滤浆槽 1 中的 $CaCO_3$ 水悬浮液流经阀 3，经过旋涡泵 5 和阀 8 进入板框过滤机 10 中过滤，滤液经阀 12 进入计量桶 13，滤渣留在板框过滤机中。

装置Ⅱ、Ⅲ：$CaCO_3$ 的悬浮液在配料槽 1 内配制成一定浓度后利用位差送入压力储槽 2 中，用压缩空气加以搅拌使 $CaCO_3$ 不致沉降，同时利用压缩空气的压力将料浆送入板框过滤机 3 过滤，滤液流入量筒或其他液体测量容器，压缩空气从压力储槽上方排空管中排出。

3. 主要设备及仪表参数

本实验三套装置的主要参数汇总列于表 3-6-1。

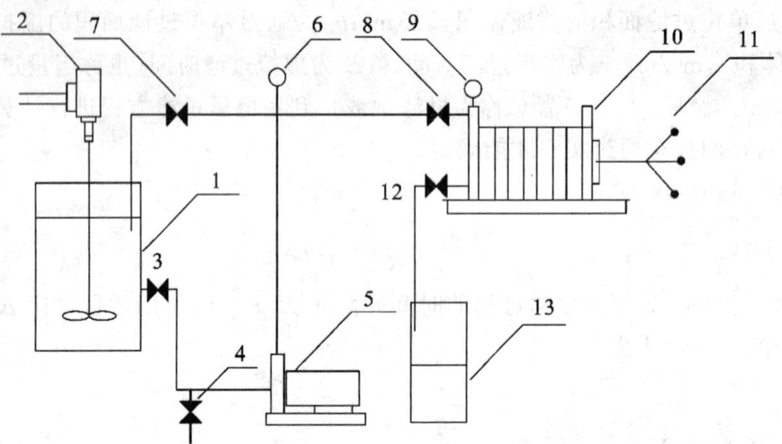

图 3-6-1　HGL-B 型板框式恒压过滤实验装置流程示意图(装置Ⅰ)

1—滤浆槽；2—电动搅拌器；3、4、7、8、12—阀门；5—旋涡泵；
6、9—压力表；10—板框过滤机；11—压紧装置；13—计量桶

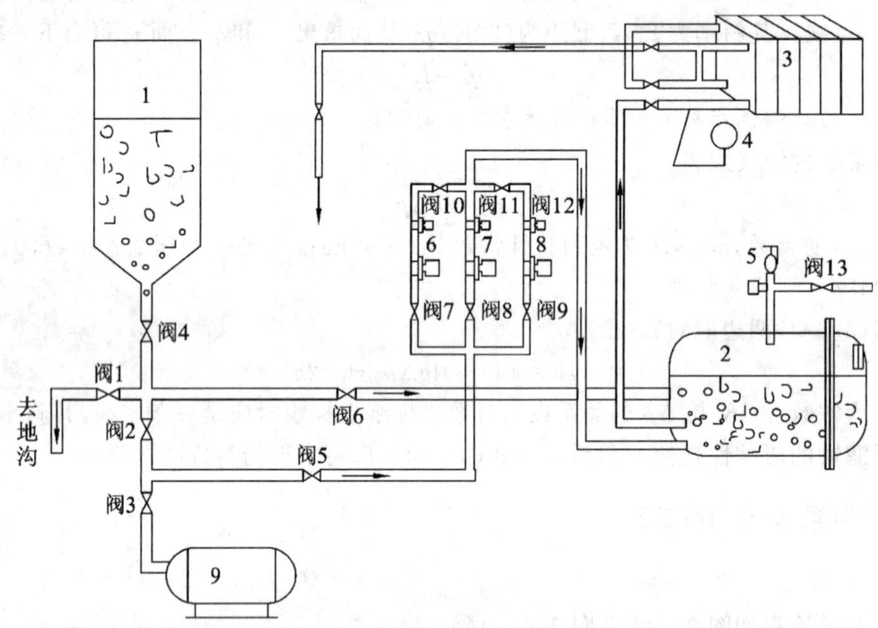

图 3-6-2　恒压过滤常数测定实验装置流程示意图(装置Ⅱ)

1—配料槽；2—压力储槽；3—板框过滤机；4—压力表；5—安全阀；6、7、8—压力定值调节阀；9—空气压缩机

表 3-6-1　过滤装置主要参数表

装置	滤框尺寸 /mm	$CaCO_3$ 质量分数/(%)	过滤面积 /m^2	搅拌器		
				功率/W	转速/(r/min)	规格型号
装置Ⅰ	160×180×11	2～3	0.0475	160	3200	KDZ-1 型
装置Ⅱ	框厚度 25	6～10(体积)	0.024×2			2VS-0.06/7 型
装置Ⅲ	框厚度 20	10～30	0.038×2			风量/风压：0.6/8

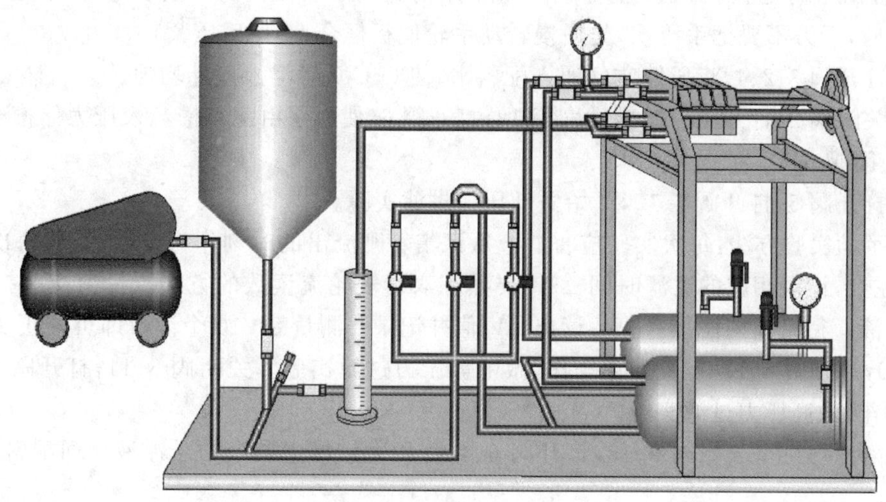

图 3-6-3　GL100B 型板框过滤机实验装置流程示意图(装置Ⅲ)

【实验内容、步骤及注意事项】

1. 实验内容

(1) 测定不同压差下恒压过滤操作的过滤常数 K、虚拟滤液体积 q_e 及虚拟过滤时间 τ_e。

(2) 确定滤饼的压缩性指数 s 和物料特性常数 k。

2. 实验步骤

1) 装置Ⅰ实验步骤

(1) 在滤浆槽中加入 $CaCO_3$ 和一定量的水,配成 $CaCO_3$ 质量分数为 2%～3%的滤浆。打开搅拌器电源开关,启动电动搅拌器,将滤液槽内浆液搅拌均匀。

(2) 排好板和框的位置和顺序,装好滤布,压紧板框待用。板、框的排列顺序为:固定头—非洗涤板(下侧左、右各有一液体通道)—框—洗涤板(一侧上、下各有一液体通道)—框—非洗涤板—可动头。

(3) 在计量桶中加水到 60 mm 刻度处,全开阀 3 和阀 7,全关阀 4、8、12,启动旋涡泵,调节阀 7 使压力表 6 达到 0.05 MPa 并稳定不变。

(4) 打开悬浮液入口阀 8,待压力表 9 稳定在 0.05 MPa 后,开始过滤。打开阀 12 的同时按秒表计时。记录滤液每增高 10 mm 时所用的时间。当计量桶标尺读数由 60 mm 增加至 160 mm 时停止计时,并立即关闭入口阀 8,停泵。

(5) 打开阀 7 使压力表 6 指示值下降至常压。开启压紧装置,卸下过滤框内的滤饼并捣碎后放回滤浆槽内,将滤布清洗干净。放出计量桶内的滤液并倒回槽内,以保证滤浆浓度恒定。

(6) 分别将压力变为 0.10 MPa、0.15 MPa,从步骤(2)开始重复上述实验。

(7) 实验结束后,将泵及滤浆进出口管冲洗干净。

2) 装置Ⅱ实验步骤

(1) 配制含 $CaCO_3$ 6%～10%(质量分数)的悬浮液。

(2) 熟悉实验装置流程。

(3) 仪表上电:打开总电源空气开关,打开仪表电源开关,打开 24 V 电源开关。

(4) 开启空气压缩机。

(5) 正确装好滤板、滤框及滤布。滤布使用前先用水浸湿。滤布要绑紧，不能起皱褶(用丝杆压紧时，千万不要把手压伤，先慢慢转动手轮使板框合上，然后压紧)。

(6) 打开阀 3、2、4，将压缩空气通入配料水，使 $CaCO_3$ 悬浮液搅拌均匀。

(7) 关闭阀 2，打开压力储槽排气阀 13，打开阀 6，使料浆由配料槽流入压力储槽至 1/2～2/3 处，关闭阀 6。

(8) 打开阀 5，打开阀 7、10，开始做低压力过滤实验。

(9) 手动实验方法：每次实验应将滤液从汇集管刚流出的时刻作为开始时刻，每次 ΔV 取 800 mL 左右，记录相应的过滤时间 $\Delta\tau$。要熟练双秒表轮流读数的方法。量筒交替接液时不要流失滤液。待量筒内滤液静止后读出 ΔV 值并记录。测量 8～10 个读数即可停止实验。关闭阀 7、10，打开阀 8、11，重复上述操作，做中等压力过滤实验。关闭阀 8、11，打开阀 9、12，重复上述操作，做高压力过滤实验。

(10) 实验完毕，关闭阀 9、12，打开阀 6、4，将压力储槽中剩余的悬浮液压回配料槽，关闭阀 4、6。

(11) 打开排气阀 13，卸除压力储槽内的压力。然后卸下滤饼，清洗滤布、滤框及滤板。

(12) 关闭空气压缩机电源，关闭仪表电源及总电源开关。

3) 装置Ⅲ实验步骤

(1) 实验准备。

① 配料。在配料罐内配制成质量分数为 10%～30%的 $CaCO_3$ 悬浮液，碳酸钙由天平称重，水位高度按标尺示意，筒身内径为 35 mm。配制时，应将配料罐底部阀门关闭。

② 搅拌。开启空气压缩机，将压缩空气通入配料罐(空气压缩机的出口小球阀保持半开，进入配料罐的两个阀门保持适当开度)，使 $CaCO_3$ 悬浮液搅拌均匀。搅拌时，应将配料罐的顶盖合上。

③ 设定压力。分别打开进压力罐的三路阀门，来自空气压缩机的压缩空气经各压力定值调节阀分别设定为 0.1MPa、0.2 MPa 和 0.3 MPa(出厂已设定，每个间隔压力大于 0.05 MPa。若欲进行 0.3 MPa 以上压力过滤，需调节压力罐安全阀)。设定定值调节阀时，压力罐泄压阀可略开。

④ 装板框。正确装好滤板、滤框及滤布。滤布使用前用水浸湿，滤布要绷紧，不能起皱。滤布紧贴滤板，密封垫贴紧滤布。(注意：用螺旋压紧时，千万不要把手指压伤，先慢慢转动手轮使板框合上，然后压紧)

⑤ 灌清水。向清水罐通入自来水至液面达视镜 2/3 高度左右。灌清水时，应将安全阀处的泄压阀打开。

⑥ 灌料。在压力罐泄压阀打开的情况下，打开配料罐和压力罐间的进料阀门，使料浆自动由配料槽流入压力罐至其视镜 1/3～1/2 高度处，关闭进料阀门。

(2) 过滤过程。

① 鼓泡，通压缩空气至压力罐，使容器内料浆被不断搅拌。压力储槽的排气阀应不断排气，但又不能喷浆。

② 过滤，将中间双面板下通孔切换阀开到畅通状态。打开进板框前的两个料液进口阀门，打开出板框后清液出口球阀。此时，压力表指示过滤压力，清液出口流出滤液。

③ 对于基本型，每次实验应在滤液从汇集管刚流出的时刻开始计时，每次 ΔV 取 800 mL 左右。记录相应的过滤时间 $\Delta\tau$。每个压力下，测量 10 组数据即可停止实验。若欲得到干而

厚的滤饼，则应在每个压力下做到没有清液流出为止。

量筒交换接滤液时不要流失滤液。等量筒内滤液静止后读出 ΔV 值。（注意：ΔV 约为 800 mL 时替换量筒，这时量筒内滤液量并非正好 800 mL。要事先熟悉量筒刻度，不要打碎量筒）此外，要熟练双秒表轮流读数的方法。

④对于数字型装置，滤液量采用电子天平结合计算机自动计时方式自动测量。（此时把滤液密度视作等同于水）

⑤ 每次滤液及滤饼均收集在小桶内，滤饼弄细后重新倒入料浆槽内搅拌配料，进入下一个压力实验。注意，若清水罐中水量不足，要补足，补水时仍应打开该罐的泄压阀。

(3) 清洗过程。

① 关闭板框过滤机的进出阀门。将中间双面板下通孔切换阀开到关闭状态。

② 打开清洗液进入板框的进出阀门（板框前 2 个进口阀，板框后 1 个出口阀）。此时，压力表指示清洗压力，清液出口流出清洗液。清洗液速度比同压力下过滤速度小很多。

③ 清洗液流动约 1 min，根据其由混浊变清澈来判断清洗结束。清洗过程结束时，同样先关闭清洗液进出板框的阀门，再关闭定值调节阀后的进气阀门。

(4) 实验结束。

① 先关闭空气压缩机出口球阀，关闭空气压缩机电源。

② 打开安全阀处泄压阀，使压力罐和清水罐泄压至常压。

③ 冲洗滤框、滤板，滤布不要折叠、揉搓，可用刷子刷洗。

④ 将压力罐内物料反压到配料罐内，以备下次实验使用。若长时间不做实验，则将这两罐中的物料直接排空后用清水冲洗干净。

3. 注意事项

(1) 电动搅拌器为无级调速，使用时首先接上系统电源，打开调速器开关，调速钮一定要由小到大缓慢调节，切勿反方向调节或调节过快，以免损坏电机。同时注意，用电动搅拌器搅拌滤浆时不要使滤浆旋涡太大，以免将空气混入溶液。

(2) 用旋涡泵将滤浆槽内的悬浮液送入板框过滤机时，要防止板框过滤机中的压力过高，可用阀门调节将压力控制在规定范围内。

(3) 过滤板与框之间的密封垫应注意放正，过滤板与框的滤液进出口对齐。用摇柄把过滤设备压紧，以免漏液。

(4) 计量桶的流液管口应紧贴桶内壁，使液体沿壁面流淌，否则液面波动会影响读数。

(5) 实验结束时关闭阀 3，对泵及滤浆进出口管进行冲洗。切忌将自来水灌入储料槽中。

(6) 滤饼、滤液要全部回收到配料槽，节约资源。

(7) 压力定值调节阀后端阀门要及时关闭，否则液体流入压力定值调节阀会造成漏气。

(8) 安装板框用螺旋压紧时，千万不要把手指压伤。

【实验报告要点】

(1) 参考表格示例，完成实验记录及数据整理表（见表 3-6-2 至表 3-6-4），并以一组数据为例详列计算过程。

(2) 以 $\bar{q}$ 为横坐标，$\Delta\tau/\Delta q$ 为纵坐标作图（每一个压差作一条直线），由直线斜率求出 K 值，由直线截距求出 q_e，再由 $q_e^2=K\tau_e$ 求出 τ_e。

(3) 在双对数坐标纸上作出 K-Δp 图，由直线的斜率求出 s，再读取 K-Δp 曲线上任一点

的 K 值和 Δp 值，代入公式(3-6-4)求出物料特性常数 k。

(4) 分析讨论。

① 比较几种压差下的 K、q_e、τ_e 值，讨论压差变化对过滤常数数值的影响。

② 写出完整的过滤方程式，弄清其中各个参数的符号及意义。

【思考题】

(1) 过滤压差由小到大时，实验测得的 K、q_e、τ_e 值有什么变化规律？为什么？

(2) 影响过滤速率的因素有哪些？

(3) 滤浆浓度和过滤压强对 K 有何影响？

(4) 过滤刚开始时，为什么滤液经常是混浊的？

【数据表格参考示例】

表 3-6-2 恒压过滤实验原始数据记录表(装置Ⅰ)

学号：________ 姓名：________ 同组：________________ 实验装置编号：________

序号	滤液高度 h/mm	滤液体积 V/m^3	过滤时间 τ/s		
			$\Delta p_1=0.05$ MPa 时	$\Delta p_2=0.10$ MPa 时	$\Delta p_3=0.15$ MPa 时
1					
2					
3					
⋮					
10					

表 3-6-3 恒压过滤实验数据整理表(装置Ⅰ)

序　号		1	2	3	4	5	6	7	8	9
滤液量/mL										
$q/(m^3/m^2)$										
$\bar{q}/(m^3/m^2)$										
$\Delta q/(m^3/m^2)$										
$\Delta p_1=0.05$ MPa	τ/s									
	$\Delta\tau$/s									
	$\Delta\tau/\Delta q/(s\cdot m^2/m^3)$									
$\Delta p_2=0.10$ MPa	τ/s									
	$\Delta\tau$/s									
	$\Delta\tau/\Delta q/(s\cdot m^2/m^3)$									
$\Delta p_3=0.15$ MPa	τ/s									
	$\Delta\tau$/s									
	$\Delta\tau/\Delta q/(s\cdot m^2/m^3)$									

表 3-6-4　恒压过滤常数、物料特性常数和压缩性指数汇总表(装置Ⅰ)

过滤压差/MPa	0.05	0.10	0.15
斜率			
截距			
$K/(m^2/s)$			
$q_e/(m^3/m^2)$			
τ_e/s			
$k/(m^3 \cdot s/kg)$			
s			

实验 7　固体流态化实验

3.7.1　固体流态化演示实验

【实验目的】

(1) 了解固体流态化装置的基本结构和原理,观察聚式和散式流态化的实验现象。

(2) 学会流体通过颗粒层时流动特性的测量方法。

(3) 测定临界流化速度,并作出流态化曲线图。

【实验原理】

固体流态化是一种使大量固体颗粒悬浮于流动的流体中而呈现类似于液体沸腾状态的操作。借助于固体的流态化来实现某种处理过程的技术,称为流态化技术。设备中填充的固体颗粒群所占据的堆积空间称为床层,通过固体床层的流体称为流态化介质。

近年来,流态化技术发展很快,许多工业部门在处理粉粒状物料的输送、混合、涂层、换热、干燥、吸附、煅烧和气-固反应(多为催化反应)等过程中,都广泛应用了流态化技术。

1. 固体流态化过程的基本概念

当流体自下而上地流过颗粒层时,根据流速的不同,会出现三种不同的阶段:固定床阶段、流化床阶段和颗粒输送阶段,如图 3-7-1 所示。

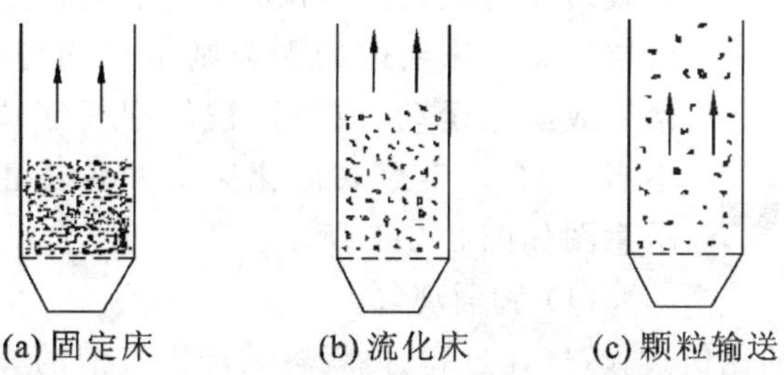

图 3-7-1　固体流态化过程的三个阶段

(1) 固定床阶段。

如果流体通过颗粒床层的表观速度(即空床速度)u 较小,使颗粒空隙中流体的真实速度 u_1 小于颗粒的沉降速度 u_t,则颗粒基本上保持静止不动,该颗粒层称为固定床,此时床层高度为静床高度 L_0,如图 3-7-1(a)所示。

(2)流化床阶段。

当流体的表观速度 u 增大到某一数值时,其真实速度 u_1 大于某些颗粒的沉降速度 u_t,此时床层内较小的颗粒将松动或浮动,颗粒层高度也明显增大,但颗粒仍不能自由运动,这时床层处于起始流态化或临界流化状态,此时床层高度为临界床高 L_{mf},对应的 $u=u_{mf}$,称为起始流化速度或临界流化速度;继续增大流速则床层高度 L 随之升高。但随着床层的膨胀,床内空隙率 ε 也增大,而 $u_1=u/\varepsilon$,所以流体的真实速度 u_1 随后又下降,直至 $u_1=u_t$ 为止。也就是说,在一定的表观速度下,颗粒床层膨胀到一定程度后将不再膨胀,这时颗粒悬浮于流体中并形成明显的床层上界面,与沸腾水的表面相似,这种床层称为流化床,如图 3-7-1(b)所示。

因流化床的空隙率随流体表观速度增大而增大,故能够维持流态化状态的表观速度 u 可有一个较宽的范围,床层高度 L 也有一个较宽的范围。实际流态化操作的流体的表观速度 u 原则上既要大于起始流态化速度 u_{mf},又要小于带出速度(恰好可把颗粒带走的流体速度称为带出速度,即沉降速度 u_t)。通常 u_{mf} 和 u_t 均由实验测定。

(3) 颗粒输送阶段。

如果继续提高流体的表观速度 u,使其真实速度 u_1 大于颗粒的沉降速度 u_t,则颗粒将被流体带走,此时床层上界面消失,这种状态称为颗粒输送,也称稀相输送、气力输送或液力输送,如图 3-7-1(c)所示。

2. 固体流态化的分类

固体流态化按其性状的不同,可分成聚式流态化和散式流态化两类,其根本区别在于流体和固体两相密度差的大小,而不在于气-固体系还是液-固体系。

散式流态化一般发生在两相密度差较小的液-固体系。此种床层从开始膨胀直到液力输送,床内颗粒的扰动程度是平缓地变大的,床层上界面较清晰,两相混合均匀,故也称均匀流化。通常,两相密度差小的体系趋向于散式流态化。

聚式流态化一般发生在两相密度差较大的气-固体系,是目前工业上应用较多的流化床形式。从临界流化开始,床层的波动逐渐加剧,但其膨胀程度不大。因气体与固体的密度差很大,气流要将固体颗粒悬浮起来较困难,所以只有小部分气体在颗粒间通过,大部分气体则汇成气泡穿过床层;而气泡穿过床层上升过程中逐渐长大和相互合并,到达床层顶部则破裂而将该处的颗粒溅散,使得床层上界面起伏不定,造成床层波动。床层内的颗粒则很难均匀散开各自运动,而多是聚结成团地运动,成团地被气泡托起或挤开。若设计或操作不当,就会产生聚式流化床的两种不正常现象。聚式流态化示意图如图 3-7-2 所示。

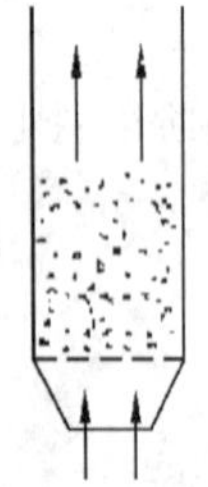

图 3-7-2　聚式流态化示意图

(1) 腾涌现象。

当床层高度与直径的比值过大,气速过高时,就容易产生气泡的相互聚合而形成大气泡,在气泡直径长大到与床径相等时,就将床层分成几段,床内物料以活塞推进的方式向上运动,在达到一定高度后气泡破裂,部分颗粒又重新回落,这种现象称为腾涌(节涌)。腾涌严重地降低床层的稳定性，床层压降剧烈波动，使气-固之间的接触状况恶化，加剧颗粒的磨损与带出，并使床体发生震动，严重时会损坏内部构件。

(2) 沟流现象。

在大直径床层中，由于颗粒堆积不匀或气体初始分布不良，可在床内形成局部沟流（短路）。此时，大量气体经局部通道上升，而床层的其余部分仍处于固定床阶段而成为“死床”，此时床层压降明显减小。显然，当发生沟流现象时，气体不能与全部颗粒良好接触，导致工艺过程严重恶化。

3. 流化床压降与流速的关系

床层一旦流态化，全部颗粒处于悬浮状态。现取床层为控制体，并忽略流体与容器壁面间的摩擦力，对控制体作力的衡算，则

$$\Delta pA = m_s g + m_l g \tag{3-7-1}$$

式中：Δp 为床层进出口的压差，Pa，可由 U 形管压差计计算公式求得；A 为空床截面积，m^2；m_s 为床层颗粒的总质量，kg；m_l 为床层内流体的质量，kg。而

$$m_l = \left(AL - \frac{m_s}{\rho_s}\right)\rho \tag{3-7-2}$$

式中：L 为床层高度，m；ρ 为流体密度，kg/m^3；ρ_s 为固体颗粒的密度，kg/m^3。

将式(3-7-2)代入式(3-7-1)，并引用广义压差 $\Delta\Gamma$ 的概念，整理得

$$\Delta\Gamma = \Delta p - L\rho g = \frac{m_s}{A\rho_s}(\rho_s - \rho)g \tag{3-7-3}$$

由于流化床中颗粒总质量保持不变，故广义压差 $\Delta\Gamma$ 恒定不变，与流体速度无关，在图3-7-3中呈一水平线，如 BC 段所示。注意，图中 BC 段末端略向上倾斜是由流体与器壁及分布板间的摩擦阻力随流速增大而增大造成的。由流体的机械能衡算方程可证明，$\Delta\Gamma$ 在数值上等于流体通过床层的阻力损失。

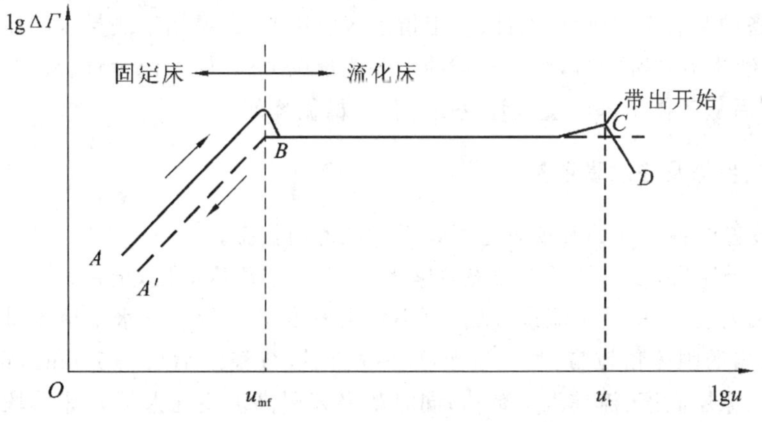

图 3-7-3 流化床广义压差与气速关系示意图

图中 AB 段为固定床阶段，由于流体在此阶段流速较低，通常处于层流状态，广义压差与表观速度的一次方成正比，因此在双对数坐标系中该段为斜率等于 1 的直线。图中 $A'B$ 段表示从流化床恢复到固定床时的广义压差变化关系，由于颗粒由上升流体中落下所形成的床层较人工装填的疏松一些，因而广义压差也小一些，故 $A'B$ 线段处在 AB 线段的下方。

图中 CD 段向下倾斜，表示此时由于某些颗粒开始被上升流体带走，床内颗粒量减少，平

衡颗粒重力所需的压力自然不断下降,直至颗粒全部被带走。

根据流化床恒定压差的特点,在流化床操作时可通过测量床层广义压差来判断床层流态化的优劣。若床内出现腾涌,广义压差将有大幅度的波动;若床内发生沟流,则广义压差较正常时明显低些。

【实验装置、流程与参数】

1. 实验装置

本实验装置由气-固、液-固两个体系组成,其装置流程如图 3-7-4 所示。两个体系各有一透明二维床,床底部为多孔板分布器,床内的固体颗粒为石英砂。

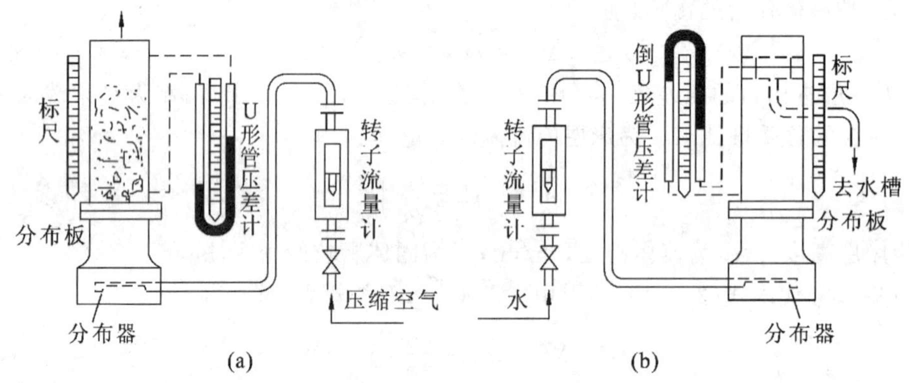

图 3-7-4 固体流态化装置流程图

2. 实验流程

用空气-石英砂体系做实验时,空气由风机供给,经过流量调节阀、转子流量计、气体分布器进入分布板,流经床层后由床体顶部排出。通过调节空气流量,可以进行不同流动状态下的实验测定。设备中装有 U 形管压差计,用于指示床层压差,标尺用于测量床层高度的变化。

用水-石英砂体系做实验时,由泵输送的水经流量调节阀、转子流量计、液体分布器送至分布板,流经床层后从床体顶部经溢流管返回低位水槽循环使用。

【实验内容、步骤及注意事项】

(1) 检查装置中各个开关及仪表是否处于正常备用状态。

(2) 用手轻敲床层,使固体颗粒填充较紧密,然后测定静床高度,记录。

(3) 启动风机或泵,从最小流量开始,由小到大改变进气量或进水量至流量最大为止(注意,不要把床层内的固体颗粒带出!),每改变一次流量,待稳定后(3～5 min),记录流量计读数、压差计读数、床层高度、流体温度数值;同时观察床层高度变化及固定床阶段、临界流化状态、流化床阶段的流化现象。注意同时开启聚式流化床和散式流化床,比较两种流化类型的流化现象。(也可把观察现象和测定分别进行)

(4) 由大到小改变气(或液)流量,重复步骤(3),操作要平稳细致。

(5) 关闭电源,测量静床高度,比较始末静床高度的变化。

(6) 实验中需注意,在临界流化点之前至少应有 5 组数据,在临界流化点附近宜多测几组数据。

【实验报告要点】

(1) 参考表格示例，完成实验记录和数据处理表(见表 3-7-1、表 3-7-2)，并以一组数据为例详列计算过程。

(2) 在双对数坐标纸上分别绘出聚式流化床的 $\Delta\Gamma\text{-}u$ 曲线和散式流化床的 $\Delta p\text{-}u$ 曲线，并标出临界流化速度。(注意每张图上应有 2 条曲线)

(3) 对实验中观察到的现象，运用气(液)体与颗粒运动的规律加以解释。

【思考题】

(1) 实际流态化时，由压差计测得的广义压差为什么会波动?

(2) 由小到大改变流量与由大到小改变流量测定的流态化曲线是否重合? 为什么?

(3) 流化床底部流体分布器和分布板的作用是什么?

(4) 气-固流化床的主要用途是什么? (至少答 3 点)

【数据表格参考示例】

表 3-7-1　聚式流化床实验记录及数据处理表

学号:________　姓名:__________　同组:__________________________　实验装置编号:____________

室温:______℃　$L_{0始}$:______ m　$L_{0末}$:______ m　u_{mf}:______ m/s　实验日期:______年___月___日

序号	床层高度/m	流量计读数/(m^3/h)	U 形管压差计读数/mmH_2O			空气温度/℃	空气密度/(kg/m^3)	压差/Pa	广义压差/Pa	表观流速/(m/s)
			左	右	差值					
1										
2										
3										
⋮										
18										

表 3-7-2　散式流化床实验记录及数据处理表

室温:______℃　$L_{0始}$:______ m　$L_{0末}$:______ m　u_{mf}:______ m/s　实验日期:______年___月___日

序号	床层高度/m	流量计读数/(L/h)	倒 U 形管压差计读数/mmH_2O			水温/℃	水密度/(kg/m^3)	压差/Pa	表观流速/(m/s)
			左	右	差值				
1									
2									
3									
⋮									
18									

3.7.2　固体流态化实验

【实验目的】

(1) 观察聚式和散式流态化现象。

(2) 掌握流体通过颗粒床层时流动特性的测量方法。

(3) 测定床层的欧根系数 K_1、K_2。

(4) 测定流态化曲线(Δp-u 曲线)和临界流化速度 u_{mf}。

【实验原理】

1. 固体流态化过程的基本概念

基本概念及两种流态化类型的划分以及装置流程图等,参考 3.7.1。

床层高度 L、床层压降 Δp 与流化床表观流速 u 的变化关系如图 3-7-5(a)、图 3-7-5(b)所示。图中 b 点是固定床与流化床的分界点,也称临界点,这时的表观流速称为临界流速(最小流态化速度、起始流态化速度),以 u_{mf} 表示。

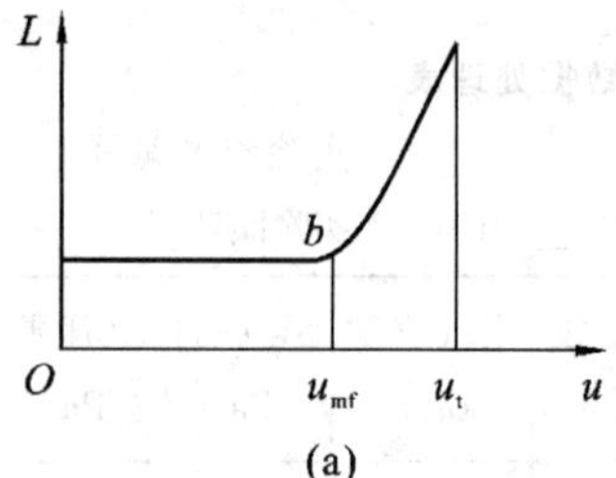

(a)

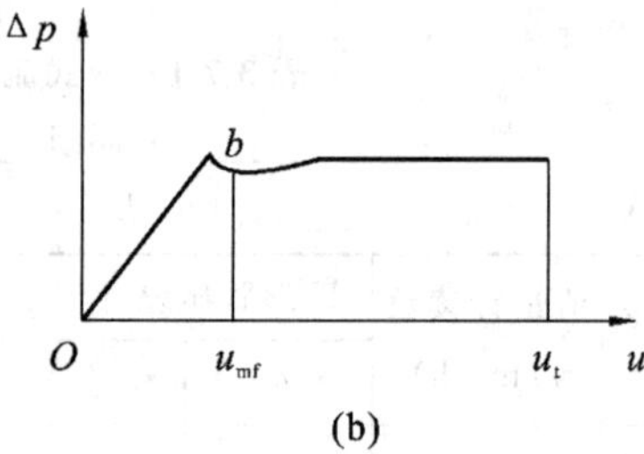

(b)

图 3-7-5　流化床的床层高度 L、床层压降 Δp 与流化床表观速度 u 的变化关系

2. 床层的静态特性

床层的静态特性是研究动态特征和规律的基础,其主要特征(如密度和床层空隙率)的定义和测法如下。

(1) 堆积密度(静床密度)ρ_b(kg/m^3)。

$$\rho_b=\frac{m}{V} \tag{3-7-4}$$

式中:m 为床层中颗粒质量,kg;V 为床层体积,m^3。

堆积密度可由床层中的颗粒质量和体积算出,它与床层的堆积松紧程度有关,要求测算出最松散和最紧密两种极限状况下的数值。

(2) 静床空隙率 ε,量纲为 1。

$$\varepsilon=1-\frac{V_s}{V}=1-\frac{\rho_b}{\rho_s} \tag{3-7-5}$$

式中:ρ_s 为颗粒的真实密度,kg/m^3;ρ_b 为颗粒的堆积密度(亦称床层密度),kg/m^3;V_s 为颗粒的真实体积,m^3。

3. 床层的动态特征和规律

(1) 固定床阶段。

在固定床阶段,床高基本保持不变,但接近临界点时有所膨胀。床层压降可用欧根(Ergun)公式表示,即

$$\frac{\Delta p}{L}=K_1\frac{(1-\varepsilon)^2}{\varepsilon^3}\frac{\mu u}{(\varphi_s d_p)^2}+K_2\frac{1-\varepsilon}{\varepsilon^3}\frac{\rho u^2}{\varphi_s d_p} \tag{3-7-6}$$

式中：Δp 为床层进出口压差，Pa；L 为床层高度，m；μ 为流体的黏度，Pa・s；u 为流体的表观流速，m/s；φ_s 为颗粒的球形度，量纲为 1；d_p 为颗粒平均直径，m；ρ 为流体的密度，kg/m³。式中等号右边第一项为黏性阻力，第二项为空隙收缩放大而导致的局部阻力。欧根采用的系数 $K_1=150$、$K_2=1.75$，公式适用于床层雷诺数 Re_b 在 0.17～330 之间。当雷诺数较小时，流动基本为层流，式中第二项可忽略；当雷诺数较大时，流动为湍流，式中右边第一项可忽略。

数据处理时，要求根据所测数据确定 K_1、K_2 值并和欧根系数比较，将欧根公式改成

$$\frac{\Delta p}{uL}=K_1\frac{(1-\varepsilon)^2}{\varepsilon^3}\frac{\mu}{(\varphi_s d_p)^2}+K_2\frac{1-\varepsilon}{\varepsilon^3}\frac{\rho u}{\varphi_s d_p} \tag{3-7-7}$$

以 $\frac{\Delta p}{uL}$、u 分别为纵、横坐标作图，从而求得 K_1、K_2。

(2) 流化床阶段。

流化床阶段的压降可由下式表示：

$$\Delta p=L(1-\varepsilon)(\rho_s-\rho)g=W/A \tag{3-7-8}$$

式中：W 为床层中颗粒所受的净重力，N；A 为床层空塔截面积，m²。

数据处理时要求将计算值绘在曲线图上对比讨论。

(3) 临界流化速度 u_{mf}。

u_{mf} 可通过实验测定，目前有许多计算 u_{mf} 的经验公式。当颗粒雷诺数 $Re_p<5$ 时，可用李伐公式计算，即

$$u_{mf}=0.00923\frac{d_p^{1.82}[\rho(\rho_s-\rho)]^{0.94}}{\mu^{0.88}\rho} \tag{3-7-9}$$

【实验装置、流程与参数】

1. 实验流程

该实验设备是由水、气两个系统组成，其流程如图 3-7-4 所示。每个系统有透明二维床，床底部各设有气、液分布板，由玻璃（或铜）颗粒烧结而成，床层内的固体颗粒是石英砂（或玻璃球）。此外设有温度计、流量调节阀、转子流量计、风机、压差计、标尺等仪表附件。

2. 主要设备及仪表参数

颗粒特性及设备参数列于表 3-7-3 中。

表 3-7-3　装置的颗粒特性及设备参数表

空床截面积 A/mm²	平均粒径/mm	颗粒总质量 m_s/g	球形度 φ_s	颗粒密度 ρ_s/(kg/m³)
188×30	0.70	1000	1.0	2490

【实验内容、步骤及注意事项】

1. 实验内容

(1) 用空气系统做实验时，空气由风机供给，经过流量调节阀、转子流量计（或孔板流量计），再经气体分布器进入分布板，空气流经二维床中颗粒石英砂（或玻璃球）后从床层顶部排出。通过调节空气流量，可以进行不同流动状态下的实验测定。设备中装有压差计，用于指示床层压降，标尺用于测量床层高度的变化。

(2)用水系统做实验时,用泵输送的水经流量调节阀、转子流量计,再经液体分布器送至分布板,水经二维床层后从床层上部溢流至下水槽。

2. 实验步骤

(1) 熟悉实验装置流程。

(2) 检查装置中各个开关及仪表是否处于备用状态。

(3) 用木棒轻敲床层,测定静床高度。

(4) 启动风机或水泵。

(5) 由小到大改变气(或液)量(注意:不要把床层内固体颗粒带出!),记录各压差计及流量计读数,注意观察床层高度变化及临界流化状态时的现象,记录温度。

(6) 再由大到小改变气(或液)量,重复步骤(5),操作应平稳细致。

(7) 关闭电源,测量静床高度,比较两次静床高度的变化。

3. 注意事项

在临界流化点之前必须保证有六个点以上的数据,且在临界流化点附近应多测几个点。

【实验报告要点】

(1) 参考表格示例,完成实验记录及数据整理表(见表 3-7-4),并以其中一组数据为例详列计算过程。

(2) 在直角坐标纸上作出 Δp-u 曲线。

(3) 求取实测的临界流化速度 u_{mf},并与理论值进行比较。

(4) 利用固定床阶段实验数据,求取欧根系数,并进行讨论分析。

(5) 对实验中观察到的现象,运用气(液)体与颗粒运动的规律加以解释。

【思考题】

(1) 从观察到的现象,判断属于何种流态化?

(2) 实际流态化时,Δp 为什么会波动?

(3) 由小到大改变流量与由大到小改变流量测定的流态化曲线是否重合? 为什么?

(4) 流体分布板的作用是什么?

【数据表格参考示例】

表 3-7-4 固体流态化实验记录表

学号:________ 姓名:__________ 同组:______________ 实验装置编号:__________

实验温度:__________℃ 静床高度:__________m 起始流化高度:__________m

序号	气体流量 V_1 /(m^3/h)	床层高度 /m	Δp_1/mmH_2O		液体流量 V_2 /(m^3/h)	床层高度 /m	Δp_2/mmH_2O	
			左	右			左	右
1								
2								
3								
⋮								
8								

实验 8　旋风分离器性能测定实验

【实验目的】

(1) 观察含尘气体在旋风分离器切向进入和径向进入时的运行情况,加深对旋风分离器工作原理的认识。

(2) 演示含尘气体通过旋风分离器时,含尘气体、固体尘粒和除尘后气体的运动路线,以正确理解和描述旋风分离器的工作原理。

(3) 测定旋风分离器内静压强的分布,认清出灰口和集尘室良好密封的必要性。

(4) 测定进口气速对旋风分离器分离性能的影响,理解适宜操作气速的计算方法。

(5) 观察固定床、流化床和气力输送等状态。

【实验原理】

由于在离心力场中颗粒可以获得比重力大得多的离心力,因此,对两相密度相差较小或颗粒粒度较细的非均相物系,利用离心沉降分离要比重力沉降有效得多。气-固体系的离心分离一般在旋风分离器中进行,液-固体系的分离一般在旋液分离器或离心沉降机中进行。

旋风分离器主体上部是圆形筒,下部是圆锥形筒,进气管在圆筒的旁侧,与圆筒正切。对比模型(下述装置Ⅱ)的外形与旋风分离器相同,且在径向及切向方向均有进气管,二者之间可以切换。

含尘气体在旋风分离器的进气管沿切线方向进入分离器内作旋转运动,尘粒在随气流旋转过程中受到离心力的作用而被甩向器壁,沿器壁下落,自锥底排出。由于操作时旋风分离器底部处于密封状态,所以,被净化的气体到达底部后折向上,沿中心轴旋转着从顶部的中央排气管排出,从而达到分离的目的。如果含尘气体从对比模型的径向进入管内,则气体不产生旋转运动,因而分离效果很差。

含尘气体在旋风分离器中旋转时,径向上受到三个力的作用,即惯性离心力、向心力和阻力(与颗粒运动方向相反,其方向为沿半径指向中心)。上述三个力表达式分别为

$$\text{惯性离心力}=\frac{\pi}{6}d^3\rho_s\frac{u_T^2}{R} \tag{3-8-1}$$

$$\text{向心力}=\frac{\pi}{6}d^3\rho\frac{u_T^2}{R} \tag{3-8-2}$$

$$\text{阻力}=\zeta\frac{\pi}{4}d^2\rho\frac{u_r^2}{2} \tag{3-8-3}$$

式中:d 为颗粒直径,m;ρ_s 为颗粒密度,kg/m^3;ρ 为流体密度,kg/m^3;R 为颗粒与分离器中心轴的距离,m;u_T 为切向速度,m/s;u_r 为颗粒与流体在径向上的相对速度,即离心沉降速度,m/s。

若上述三个力达到平衡,则有

$$\frac{\pi}{6}d^3\rho_s\frac{u_T^2}{R}-\frac{\pi}{6}d^3\rho\frac{u_T^2}{R}-\zeta\frac{\pi}{4}d^2\rho\frac{u_r^2}{2}=0 \tag{3-8-4}$$

求解得
$$u_r=\sqrt{\frac{4d(\rho_s-\rho)}{3\rho\zeta}\frac{u_T^2}{R}} \tag{3-8-5}$$

由式(3-8-5)可知，由于颗粒密度远大于气体密度，且沿切向进入时 $u_T\gg 0$，则 u_r 足够大，故其在径向方向会发生离心沉降。但若含尘气体沿径向进入旋风分离器时，因非沿切向进入($u_T=0$)，则 $u_r=0$，故在径向方向上并没有惯性离心力的作用，进而也不存在向心力和阻力，所以在径向方向不会发生离心沉降，也不会发生气固分离。

【实验装置、流程与参数】

1. 实验装置

本实验装置主要由鼓风机、稳压罐、转子流量计、加料系统、U 形管压差计、旋风分离器等组成，装置流程如图 3-8-1、图 3-8-2、图 3-8-3 所示，标准型旋风分离器及其相对尺寸如图 3-8-4 所示。

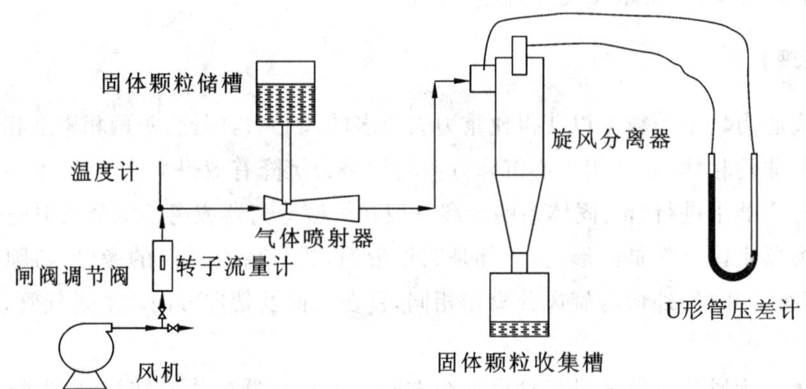

图 3-8-1　FF100Y 型旋风分离实验装置流程图(装置Ⅰ)

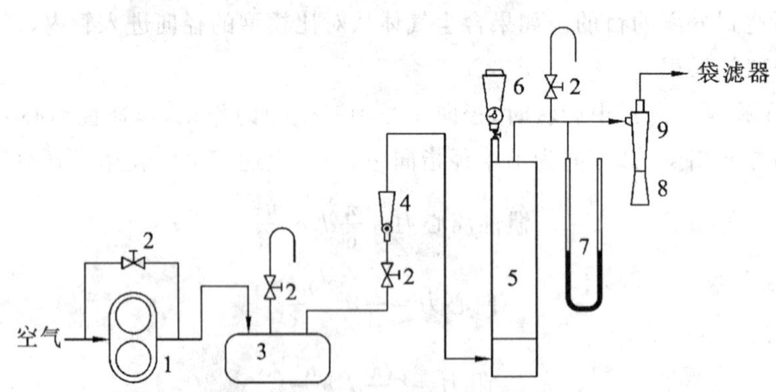

图 3-8-2　旋风分离实验流程图(装置Ⅱ)

1—鼓风机；2—流量调节阀；3—稳压罐；4—转子流量计；5—流化床；
6—颗粒加料器；7—U 形管压差计；8—颗粒收集器；9—旋风分离器

2. 实验流程

装置Ⅰ：空气经风机送出，由调节旁路闸阀控制风量，由转子流量计计量，流经气体喷射器(抽吸器)时，由于节流负压效应，将固体颗粒储槽内的有色颗粒吸入气流中；随后，含尘气流进入旋风分离器，颗粒经旋风分离落入下部的固体颗粒收集槽，气流由器顶排气管旋转排出；U

形管压差计可显示旋风分离器出入口的压差。

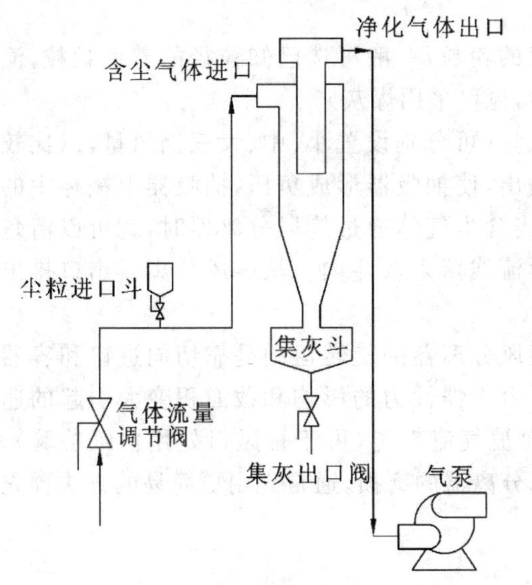

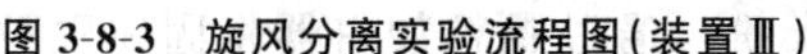

图 3-8-3　旋风分离实验流程图(装置Ⅲ)

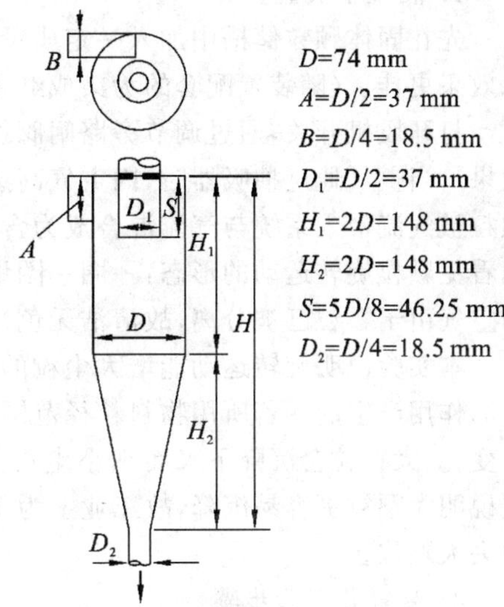

图 3-8-4　标准型旋风分离器示意图

装置Ⅱ:实验前,通过颗粒加料器将定量的固体颗粒(煤粉)加入床层中;空气经鼓风机送至稳压罐,通过流量调节阀控制空气流量;采用转子流量计测定空气流量 V_s,经计量后的空气从流化床的底部加入,通过气体分布板后进入床层;从床层顶部出来的气体通过旋风分离器分离固体颗粒,再进入袋滤器除尘。其中,旋风分离器 9 有两个进口,一个沿切向方向,一个沿径向方向,可用入口阀门切换,在旋风分离器内部设有可移动测压探头(图中未示出)。

装置Ⅲ:空气经气体流量调节阀调节流量后与硅胶颗粒混合,从旋风分离器圆筒上部矩形口沿切线方向进入,由于离心力的作用,颗粒沿壁面下行落入灰斗,净化后的气体则沿管中心上行自出口管排出。

3. 主要设备及仪表参数

实验物料:装置Ⅰ为着色石英砂,粒径为 0.07～0.15 mm;装置Ⅱ为煤粉;装置Ⅲ为硅胶。装置Ⅱ有关参数如表 3-8-1 所示。

表 3-8-1　设备参数汇总

稳压罐 3 尺寸/mm	流化床 5 尺寸/mm	旋风分离器 9 尺寸/mm
300×900	200×500	标准 $D=150$

旋风分离器为有机玻璃制作;切向进风口为矩形 25 mm×50 mm,升气管 ϕ40 mm,插入深度 60 mm,带集尘斗。风量范围 60～140 m^3/h,除尘效率约 95%。电源:单相三线 220 V。功率:370 W。

【实验内容、步骤及注意事项】

1. 实验内容

(1) 观测切向进料时旋风分离器的分离效果。

(2) 测定旋风分离器的压降。

(3) 观察不同操作流速下的床层状态;观测径向进料时旋风分离器的分离效果(装置Ⅱ)。

2. 实验步骤

1) 装置Ⅰ实验步骤

先在固体颗粒储槽中加入一定质量、一定粒度的粉粒，一般可选已知粒径的着色颗粒，演示效果更佳。(随装置配套的为染成红色的石英砂，也可采用煤灰)

打开风机开关，通过调节旁路闸阀控制适当风量(可分别设置小、中、大三挡风量，以比较效果)，当空气通过抽吸器时，因空气高速从喷嘴喷出，使抽吸器形成负压，抽吸器上端杯中的颗粒被气流带入系统与气流混合成为含尘气体。当含尘气体通过旋风分离器时，就可以清楚地看见颗粒旋转运动的形态：一圈一圈地沿螺旋形流线落入灰斗内。从旋风分离器出口排出的空气由于颗粒已被分离，故清洁无色。

本实验说明旋转运动能增大尘粒的沉降力，旋风分离器的旋转运动是靠切向进口和容器壁的作用产生的。若所用物料粒径范围相差较大，由于惯性力的影响和截面积变大引起的速度变化，大颗粒会沉降下来而细小尘粒无法沉降而被气流带走(可于排风口处用白纸检验)。这说明大颗粒更容易沉降，故工业上为了减小旋风分离器的磨损，通常先用更简易的方法预先除去大颗粒。

2) 装置Ⅱ实验步骤

(1) 用分析天平称量一定质量(m_1)的固体颗粒(煤粉)，通过颗粒加料器将固体颗粒(煤粉)加入床层中，使床层出口处于放空状态。

(2) 打开旋风分离器切向入口阀门。

(3) 让流量调节阀处于全开状态。接通鼓风机的电源开关，启动鼓风机。

(4) 逐渐关小流量调节阀到一定开度，增大通过床层的风量。记录转子流量计的读数、U形管压差计读数。当床层中无可见的固体颗粒(煤粉)时，称量颗粒收集器中固体颗粒(煤粉)的质量 m_2。也可用白纸测试出口除尘后气体，观察白纸颜色。

(5) 重复步骤(1)～(3)，测定其他风量下的各参数，并记录。

(6) 打开旋风分离器径向入口阀门，重复步骤(4)，这时会发现白纸变黑。

(7) 在旋风分离器圆筒部分中部用静压测量探头考察静压强在径向上的分布情况(测定三个点的压降，沿径向向圆周方向分别记为 p_{r1}、p_{r2}、p_{r3})。

(8) 在旋风分离器的轴线上，从气体出口管的上端面至出灰管的上端面用静压测量探头，考察静压强在轴线上的分布情况(测定五个点的压降，从上到下方向分别记为 p_{A1}、p_{A2}、p_{A3}、p_{A4}、p_{A5})。

(9) 静压测量探头紧贴器壁，从圆筒部分的上部至圆锥部分的下端面，考察沿器壁表面从上到下静压强的分布情况(测定五个点的压降，从上到下方向分别记为 p_{W1}、p_{W2}、p_{W3}、p_{W4}、p_{W5})。

(10) 实验结束时，先将流量调节阀全开，后切断鼓风机的电源开关。

3) 装置Ⅲ实验步骤

(1) 将固体颗粒(硅胶颗粒)放入尘粒进口斗中，微微打开尘粒进口阀，启动气泵。

(2) 调节气体流量调节阀，观察空气流速大小对旋风分离效果的影响。

(3) 观察颗粒被离心力甩至器壁并沿壁面落下并汇集于锥形底部集灰斗中的现象，观察被净化后的气体沿分离器管中心上行并从分离器上部排出的现象。

(4) 更换不同的固体颗粒(如面粉、咖啡豆等)，观察分离现象。

3. 注意事项

(1) 开车和停车时，均应先让流量调节阀处于全开状态，后接通或切断鼓风机的电源开关，防止U形管内的水被冲出。

(2) 旋风分离器的排灰管与集尘器的连接应比较严密，以免因内部负压漏入空气而将已分离下来的尘粒重新吹起并被带走。

(3) 实验时，若气体流量足够小且固体粉粒比较潮湿，则固体粉粒会沿着向下螺旋运动的轨迹黏附在器壁上。若想去掉黏附在器壁上的粉粒，可在大流量下向床层内加入固体粉粒，用从含尘气体中分离出来的高速旋转的新粉粒将原来黏附在器壁上的粉粒冲刷掉。

(4) 若长时间不使用装置，停止实验后应从集尘室内取出固体粉粒。

【实验报告要点】

(1) 参考表格示例，完成实验记录和数据处理表(见表 3-8-2)。

(2) 根据 V_s，计算旋风分离器入口流速；根据 m_1 和 m_2 的值，计算旋风分离器的总效率($\eta=\frac{m_1-m_2}{m_1}\times 100\%$)。以一组实验数据为例详列计算过程。

(3) 根据实验现象，讨论为什么旋风分离器入口为径向时没有分离效果；根据切向入口时的计算结果，讨论入口气速对旋风分离器分离效果的影响因素；根据旋风分离器内的压强分布测定结果，分析其形成原因。

【思考题】

(1) 颗粒在旋风分离器内沿径向沉降的过程中，其沉降速度是否为常数？

(2) 离心沉降与重力沉降有何异同？

(3) 评价旋风分离器性能的主要指标是什么？影响性能的因素有哪些？

【数据表格参考示例】

以装置Ⅱ为例，装置Ⅰ、Ⅲ可参照示例自制。

表 3-8-2 旋风分离器实验记录及数据处理表(装置Ⅱ)

学号：______ 姓名：______ 同组：______ 实验装置编号：______

水温：______℃ 水密度：______ kg/m^3 水黏度：______ Pa·s 实验日期：______年____月____日

实验次数	转子流量计读数 $V_s/(m^3/h)$	旋风分离器入口气速 $u/(m/s)$	U形管压差计读数 $/mmH_2O$	进入旋风分离器固体颗粒(煤粉)质量 m_1/g	颗粒收集器内固体颗粒(煤粉)质量 m_2/g	旋风分离器总效率 $\eta/(\%)$
1						
2						
3						
4						
5						

压力分布测定记录/Pa

p_{r1}				p_{r2}				p_{r3}	
p_{A1}		p_{A2}		p_{A3}		p_{A4}		p_{A5}	
p_{W1}		p_{W2}		p_{W3}		p_{W4}		p_{W5}	

*实验9　传热系数测定综合实验

【实验目的】

(1) 观察蒸汽在水平管外壁上的冷凝现象。

(2) 测定空气(或水)在圆形直管内的强制对流传热系数,并应用线性回归分析确定关联式 $Nu=ARe^{m}Pr^{0.4}$ 中的常数 A、m。

(3) 测定蒸汽在水平管外的冷凝传热系数。

(4) 测定强化套管换热器的对流传热系数,确定其特征数关联式 $Nu=BRe^{m}$ 中常数 B、m 和强化比 Nu/Nu_0。(装置Ⅳ)

【实验原理】

1. 普通套管换热器对流传热系数的测定

在套管换热器中,环隙通以蒸汽,内管管内通以空气(或水),蒸汽冷凝放热以加热空气(或水),在传热过程达到稳定后,有如下关系式:

$$\begin{aligned}Q&=V\rho c_p(t_2-t_1)\\&=\alpha_o S_o(T-T_w)_m=\alpha_i S_i(t_w-t)_m\\&=K_o S_o\Delta t_m=K_m S_m\Delta t_m=K_i S_i\Delta t_m\end{aligned}\tag{3-9-1}$$

式中:V 为被加热流体体积流量,m^3/s;ρ 为被加热流体密度,kg/m^3;c_p 为被加热流体平均比热容,J/(kg·℃);α_o、α_i 分别为蒸汽对内管外壁的冷凝传热系数和流体对内管内壁的对流传热系数,W/(m^2·℃);K_o、K_m、K_i 分别为基于换热管的外壁、平均、内壁传热面积的总传热系数,W/(m^2·℃);t_1、t_2 分别为被加热流体进、出口温度,℃;S_o、S_m、S_i 分别为内管的外壁、平均、内壁传热面积,m^2;$(T-T_w)_m$ 为蒸汽与外壁间的对数平均温度差,℃;$(t_w-t)_m$ 为内壁与流体间的对数平均温度差,℃;Δt_m 为蒸汽与空气(或水)之间的对数平均温度差,℃。

$$(T-T_w)_m=\frac{(T_1-T_{w1})-(T_2-T_{w2})}{\ln\dfrac{T_1-T_{w1}}{T_2-T_{w2}}}\tag{3-9-2}$$

$$(t_w-t)_m=\frac{(t_{w1}-t_1)-(t_{w2}-t_2)}{\ln\dfrac{t_{w1}-t_1}{t_{w2}-t_2}}\tag{3-9-3}$$

$$\Delta t_m=\frac{(T_1-t_2)-(T_2-t_1)}{\ln\dfrac{T_1-t_2}{T_2-t_1}}\tag{3-9-4}$$

式中:T_1、T_2 分别为蒸汽进、出口温度,℃;T_{w1}、T_{w2} 分别为内管外壁上进、出口壁温,℃;t_{w1}、t_{w2} 分别为内管内壁上进、出口壁温,℃。

当内管材料导热性能很好,且导热系数 λ 值很大,且管壁厚度很薄时,可认为 $T_{w1}=t_{w1}$、$T_{w2}=t_{w2}$ 即为所测得的该点的壁温。

由式(3-9-1)可得

$$\alpha_o=\frac{V\rho c_p(t_2-t_1)}{S_o(T-T_w)_m}\tag{3-9-5}$$

$$\alpha_i=\frac{V\rho c_p(t_2-t_1)}{S_i(t_w-t)_m} \tag{3-9-6}$$

若能测得被加热流体的 V、t_1、t_2，内管的换热面积 S_o 或 S_i，以及蒸汽温度 T，壁温 T_{w1}、T_{w2}，则可由式(3-9-5)求得蒸汽(平均)冷凝传热系数 α_o，由式(3-9-6)求得流体在管内的(平均)对流传热系数 α_i。

在水平管外，蒸汽冷凝传热系数(膜状冷凝)可由下列半经验公式求得：

$$\alpha_o=0.725\left(\frac{\rho^2 g\lambda^3 r}{\mu d_o \Delta t}\right)^{1/4} \tag{3-9-7}$$

式中：α_o 为蒸汽在水平管外的冷凝传热系数，W/(m^2·℃)；λ 为水的导热系数，W/(m·℃)；g 为重力加速度，其值为 9.81m/s^2；ρ 为水的密度，kg/m^3；r 为饱和蒸汽的冷凝潜热，J/kg；μ 为水的黏度，Pa·s；d_o 为内管外径，m；Δt 为蒸汽的饱和温度 t_s 和壁温 t_w 之差，℃。

式(3-9-7)中，定性温度除冷凝潜热为蒸汽饱和温度 t_s 外，其余均取液膜平均温度，即 $t_m=(t_s+t_w)/2$，其中：$t_w=(T_{w1}+T_{w2})/2$。

当 $Re=1.0\times10^4\sim1.2\times10^5$，$Pr=0.7\sim120$，管长与管内径之比 $L/d_i\geqslant60$ 时，流体在直管内强制对流时的传热系数可按下列半经验公式求得：

湍流时

$$\alpha_i=0.023\frac{\lambda}{d_i}Re^{0.8}Pr^{0.4} \tag{3-9-8}$$

式中：α_i 为流体在直管内强制对流时的传热系数，W/(m^2·℃)；λ 为流体的导热系数，W/(m·℃)；d_i 为内管内径，m；Re 为流体在管内的雷诺数，量纲为 1；Pr 为被加热流体的普朗特数，量纲为 1。

上式中，定性温度均为流体的平均温度，即 $t_m=(t_1+t_2)/2$。

过渡流时

$$\alpha_i'=\varphi\alpha_i \tag{3-9-8a}$$

式中：φ 为修正系数，$\varphi=1-\frac{6\times10^5}{Re^{1.8}}$。

在壁阻和垢阻均可忽略时，可直接用总传热系数估算对流传热系数：就本实验装置而言，$\alpha_o\gg\alpha_i$、紫铜管壁很薄且其导热系数很大[383.8 W/(m·℃)]，此时由式(3-9-1)可得

$$\alpha_i\approx K_i=\frac{Q}{S_i\Delta t_m} \tag{3-9-9}$$

2. 普通套管换热器对流传热系数特征数关联式的实验确定(装置Ⅰ、Ⅱ、Ⅲ、Ⅳ)

流体在管内作强制湍流并被加热时，特征数关联式的形式为

$$Nu=ARe^m Pr^k \tag{3-9-10}$$

式中：$Nu=\frac{\alpha d}{\lambda}$为努塞尔数；$Re=\frac{ud\rho}{\mu}$为雷诺数；$Pr=\frac{c_p\mu}{\lambda}$为普朗特数。

物性数据 λ、c_p、ρ、μ 可根据定性温度 t_m 查得。经过计算可知，对于管内被加热的空气，普朗特数 Pr 变化不大，可以认为是常数，则关联式可以简化为

$$Nu=ARe^m Pr^{0.4} \tag{3-9-10a}$$

整理上式得

$$\frac{Nu}{Pr^{0.4}}=ARe^m \tag{3-9-10b}$$

两边取对数得

$$\lg \frac{Nu}{Pr^{0.4}} = m\lg Re + \lg A \tag{3-9-11}$$

令 $Y=\lg \frac{Nu}{Pr^{0.4}}$，$X=\lg Re$，$b=\lg A$，则有

$$Y = mX + b \tag{3-9-12}$$

显然，根据式(3-9-12)，在直角坐标系中以 X 为横坐标，以 Y 为纵坐标作图为一条直线。在双对数坐标系中，以 Re 为横坐标，以$\frac{Nu}{Pr^{0.4}}$为纵坐标作图，直线斜率为 m，截距为 b。

3. 强化套管换热器对流传热系数、特征数关联式及强化比的测定(装置Ⅳ)

强化传热能够减小传热面积，故能够减少换热的阻力，降低换热过程的动力消耗，并可使换热器在较低温差下工作。强化传热的方法有多种，本实验装置是采用在换热器内管插入螺旋线圈的方法来强化传热的。

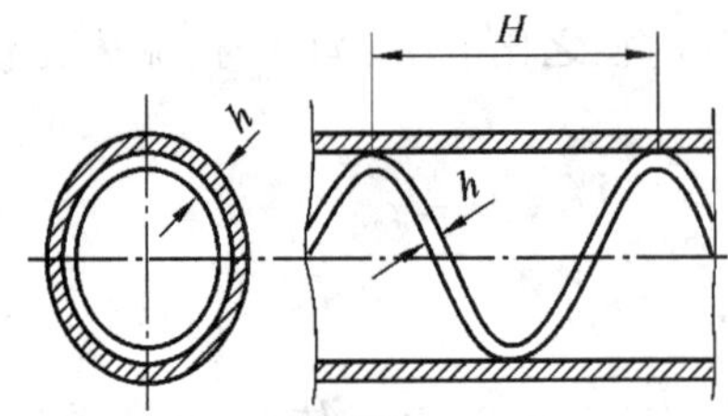

图 3-9-1　螺旋线圈强化管内部结构

螺旋线圈的结构如图 3-9-1 所示，螺旋线圈由直径 3 mm以下的铜丝和钢丝按一定节距绕成。将金属螺旋线圈插入并固定在管内，即可构成一种强化传热管。流体在近壁区域流动时，由于螺旋线圈的作用而发生旋转，同时还周期性地受到线圈的螺旋金属丝的扰动，因而可以使传热强化。由于绕制线圈的金属丝很细，流体旋流强度也较弱，所以阻力仍较小，有利于节省能源。通过实验研究总结了形式为 $Nu=BRe^m$ 的经验公式，其中 B 和 m 的值因螺旋丝尺寸不同而不同。

在本实验中，采用普通套管换热器对流传热系数及其特征数关联式的实验测定方法确定不同流量下的 Re_i 与 Nu_i，再用线性回归方法确定 B 和 m 的值。

单纯研究强化手段的强化效果(不考虑阻力的影响)，可以用强化比的概念作为评判准则，它的形式是 Nu/Nu_0，其中 Nu 是强化管的努塞尔数，Nu_0 是普通管的努塞尔数，显然，强化比 $Nu/Nu_0>1$，而且它的值越大，强化效果越好。需要说明的是，如果评判强化方式的真正效果和经济效益，则必须考虑阻力因素，阻力系数和传热系数均随雷诺数的增加而增大，简单地追求传热效果，将导致能耗增加；只有强化比较高且阻力系数较小的强化方式，才是最佳的强化方法。

4. 总传热系数的测定

为了合理选用或设计换热器，应对其性能有充分的了解。传热系数是度量换热器性能的重要指标，除了查阅文献、公式计算外，换热器性能实测是重要的途径之一。

套管换热器是一种间壁式传热装置(内管壁为间壁)。冷热流体间的传热过程由热流体对壁面的对流传热、间壁的热传导，以及壁面对冷流体的对流传热这三个传热子过程组成。若忽略污垢热阻，则以管内侧传热面积为基准的传热系数 K_i 的计算式为

$$K_i = \frac{1}{\frac{1}{\alpha_i} + \frac{\delta S_i}{\lambda S_m} + \frac{S_i}{\alpha_o S_o}} \tag{3-9-13}$$

式中：δ 为内管壁厚，m。

对已知的物系和确定的换热器，可通过分别考察冷热流体流量对传热系数的影响，达到了解某个传热过程性能的目的。

总传热系数 K 可由式(3-9-13)求得，也可借助传热速率方程式和热衡算方程式求取。由式(3-9-1)可得

$$K_i=\frac{V\rho c_p(t_2-t_1)}{S_i\Delta t_m} \tag{3-9-14}$$

5. 空气物性与温度的关系式(常压、温度在 0～100 ℃之间)及有关公式

(1) 空气的密度(kg/m^3)与温度(℃)的关系式：

$$\rho=10^{-5}t^2-4.5\times10^{-3}t+1.2916$$

(2) 空气的比热容与温度(℃)的关系式：

$$t\leqslant60\ ℃,\quad c_p=1005\ \mathrm{J/(kg\cdot ℃)}$$

$$t\geqslant70\ ℃,\quad c_p=1009\ \mathrm{J/(kg\cdot ℃)}$$

(3) 空气的导热系数[W/(m·℃)]与温度(℃)的关系式：

$$\lambda=-2\times10^{-8}t^2+8\times10^{-5}t+0.0244$$

(4) 空气的黏度(Pa·s)与温度(℃)的关系式：

$$\mu=(-2\times10^{-6}t^2+5\times10^{-3}t+1.7169)\times10^{-5}$$

(5) 空气质量流量：

$$w_c=V\rho$$

式中：V 为空气进口处流量计读数，m^3/s；ρ 为空气进口温度下的密度，kg/m^3。

(6) 空气进口温度为 t_1 时的体积流量(m^3/h)：

$$V_{t1}=(21.9934\Delta p^{0.5})\times\frac{273+t_1}{273+20}$$

式中：Δp 为孔板流量计两端压差，kPa。(装置Ⅲ)

【实验装置、流程与参数】

1. 实验装置与流程

(1) 实验装置Ⅰ、Ⅱ、Ⅲ流程。

本实验装置由蒸汽发生器、流量计、套管换热器、温度传感器及智能显示仪表等构成。其实验装置流程如图 3-9-2、图 3-9-3、图 3-9-4 所示。

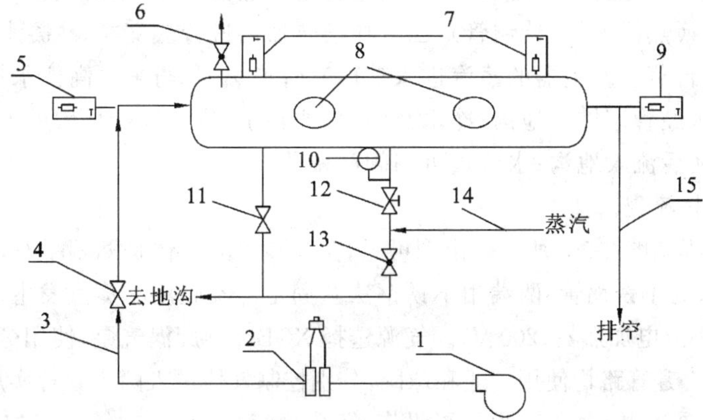

图 3-9-2　QQ200D 型空气-蒸汽换热装置流程示意图(装置Ⅰ)

1—风机；2—孔板流量计；3—空气管路；4—调节阀；5—空气进口温度计；6—惰性气体排空阀；7—蒸汽温度计；8—视镜；9—空气出口温度计；10—压力表；11、13—冷凝水排空阀；12—蒸汽进口阀；14—蒸汽源管路；15—空气出口管路

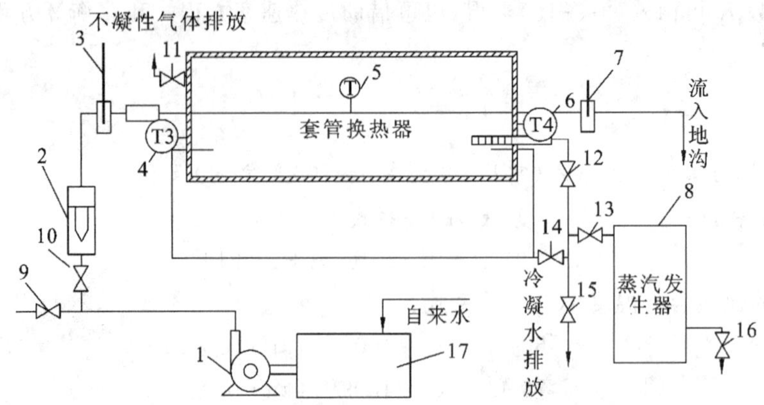

图 3-9-3　蒸汽-水对流传热系数测定实验装置流程示意图(装置Ⅱ)

1—泵;2—转子流量计;3—冷进测温点;4—蒸汽出端测温点;5—紫铜管壁面测温点;6—蒸汽进端测温点;7—冷出测温点;8—蒸汽发生器;9—冷流体旁路阀;10—冷流体流量调节阀;11—惰性气体排放阀;12—蒸汽压力调节阀;13—蒸汽总阀;14、15—冷凝水排放阀;16—蒸汽发生器污液排放阀;17—水箱

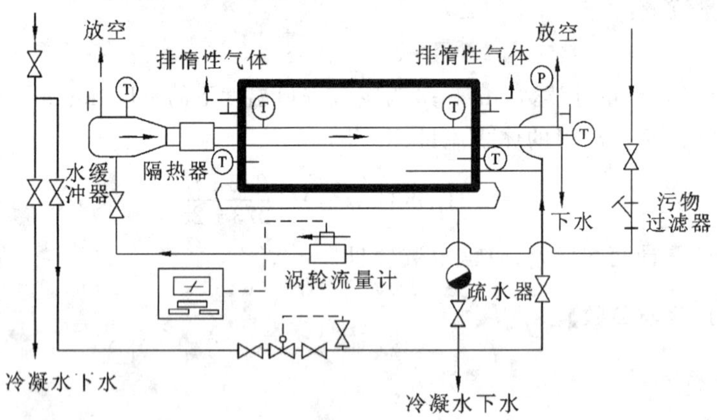

图 3-9-4　蒸汽-水对流传热系数测定实验装置流程示意图(装置Ⅲ)

装置Ⅰ:来自蒸汽发生器的蒸汽进入不锈钢套管换热器环隙;来自风机的空气经孔板流量计计量后进入套管换热器内管(紫铜管),二者在换热器内进行热交换,冷凝水排出装置外。

装置Ⅱ、Ⅲ:来自蒸汽发生器的蒸汽进入玻璃套管换热器,与来自高位水槽(或水泵)的水进行热交换,冷凝水经管道排入地沟;冷水经涡轮(或转子)流量计计量后进入套管换热器内管(紫铜管),经热交换后流入地沟;水流量可用阀门调节。

(2) 实验装置Ⅳ流程。

实验装置和流程如图 3-9-5 所示。由图可见,实验装置的主体是两根平行的套管换热器,内管为紫铜材质,外管为不锈钢管,两端用不锈钢法兰固定。实验用的蒸汽发生器为电加热釜,内有一根 2.5 kW 螺旋形电加热器(200 V)。气源选择 XGB-2 型旋涡气泵,使用旁路调节阀调节流量。蒸汽和空气的上升管路均使用三通和球阀,分别控制气体进入两个套管换热器。

空气由旋涡气泵送出,由旁路调节阀调节,经孔板流量计,由空气支路控制阀选择不同的支路进入套管换热器内管,由另一端放空。蒸汽由加热釜发生后自然上升,经蒸汽支路控制阀进入套管换热器环隙并与内管中的空气呈逆流流动,由另一端蒸汽出口自然喷出,达到逆流换热的效果。

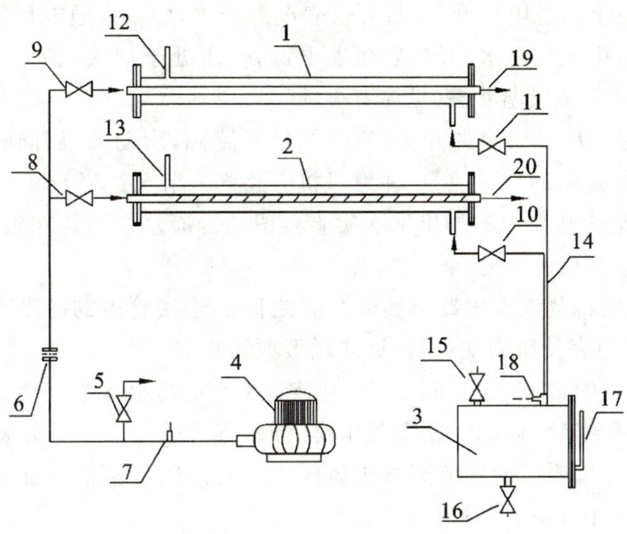

图 3-9-5　空气-蒸汽传热综合实验装置流程示意图(装置Ⅳ)

1—普通套管换热器；2—内插有螺旋线圈的强化套管换热器；3—蒸汽发生器；4—旋涡气泵；5—旁路调节阀；6—孔板流量计；7—风机出口温度测试点；8、9—空气支路控制阀；10、11—蒸汽支路控制阀；12、13—蒸汽放空口；14—蒸汽上升主管路；15—加水口；16—放水口；17—液位计；18—冷凝液回流口；19、20—空气放空口

2. 主要设备及仪表参数

本实验各装置参数见表 3-9-1。

表 3-9-1　实验装置参数汇总表

项目名称	型号、规格			
	装置Ⅰ	装置Ⅱ	装置Ⅲ	装置Ⅳ
紫铜管管径/mm 紫铜管有效长度/mm	$\phi21\times2.5$ $L=1000$	$\phi16\times1.5$ $L=1010$		$\phi22\times1$ $L=1200$
外套不锈钢管 a/mm 外套玻璃管 b/mm	a:$\phi100\times5$ $L=1000$	b:$\phi112\times6$ $L=1010$		a:$\phi57\times3.5$ $L=1200$
压力表	0～0.1MPa	0～0.1MPa		
流量计	孔板	涡轮,LWQ-15 型	涡轮,LW-10 型	孔板孔径 17 mm, $C_0=0.65$
流量积算仪		XSF-40 型		
强化内管内插物(螺旋线圈)				丝径 $h=1$ mm 节距 $H=40$ mm
加热釜	DZFZ-6D 型 蒸汽发生器			操作电压 150 V 操作电流≤10 A
旋涡风机	HG-550-C 型			XGB-2 型

【实验内容、步骤及注意事项】

1. 装置Ⅰ实验步骤及注意事项

(1) 实验步骤。

① 打开控制面板上的总电源开关，打开仪表电源开关，使仪表通电预热至正常、稳定。

② 在蒸汽发生器中灌足清水，开启发生器电源，使水处于加热状态。到达符合条件的蒸汽压力后，系统会自动处于保温状态(见注意事项①)。

③ 打开控制面板上的风机电源开关，打开风机旁路阀，启动风机，同时打开空气进、出口阀，让换热器内管有一定量的空气流量(注意风机旁路阀调节至适当开度)。

④ 打开冷凝水排空阀 11、13，排出上次实验残留的冷凝水。注意在整个实验过程中也保持一定开度(见注意事项②)。

⑤ 在通蒸汽前，先将蒸汽发生器与实验装置之间的连接管中的冷凝水排尽，否则夹带冷凝水的蒸汽会损坏压力表及压力变送器(见注意事项③)。

冷凝水排除方法：关闭蒸汽进口阀 12，打开装置下部的冷凝水排空阀 13，借蒸汽压力把管中的冷凝水排出，当听到蒸汽响时关闭冷凝水排空阀，方可进行下一步实验。

⑥ 开始通入蒸汽时，要缓慢调节蒸汽进口阀 12 的开度，让蒸汽徐徐流入换热器中，逐渐充满系统(此过程至少 10 min，见注意事项④)。

⑦ 上述准备工作结束，系统处于"热态"，调节蒸汽进口阀 12 和(或) 冷凝水排空阀 11、13 的开度，使蒸汽进口压力维持在 0.01 MPa(表压) (见注意事项⑤)。

⑧ 自动调节冷空气进口流量时，可通过组态软件或仪表调节风机转速频率来改变冷流体的流量到一定值，在每个流量条件下，均须待热交换过程稳定后(5～10 min) 方可记录实验数据。改变空气流量，记录不同流量下的实验数据(见注意事项⑥)。

⑨ 测取 6～8 组实验数据后，可结束实验。先关闭蒸汽发生器及其蒸汽出口阀，打开蒸汽进口阀 12，待系统逐渐冷却(＜50 ℃) 后关闭风机电源，关闭仪表电源。待冷凝水流尽，关闭冷凝水出口阀，关闭总电源。待蒸汽发生器内的水冷却(＜40 ℃) 后将水排尽，一切复原。

(2) 注意事项。

① 蒸汽发生器自动控温元件易损坏，实验时应注意其是否正常运转，如发现压力超过 0.5 MPa 仍未自动停止加热，或有蒸汽由减压阀喷出，应立即关闭加热开关，待压力降至 0.4 MPa 再开启加热开关，保持压强稳定于 0.4～0.5 MPa 之间。

② 打开冷凝水排空阀时，注意开度要适当，开度太大会使换热器中的蒸汽泄漏过多；开度太小会使换热器内的蒸汽压力过大，一旦超过其耐压上限则将导致换热器外管炸裂。

③ 一定要在换热器内管输入一定量的空气后，方可开启蒸汽进口阀 12，且必须在排尽蒸汽管线上原先积存的冷凝水后，方可把蒸汽通入换热器中。

④ 使系统由"冷态"渐变为"热态"的时间不得少于 10 min，防止换热器外管因突然受热、受压而爆裂。

⑤ 操作过程中，蒸汽压力必须控制在 0.02 MPa(表压) 以下，以免造成对装置的损坏(表压最好始终恒定在 0.01 MPa；建议由教师操控从实验开始排冷凝水至调整到适当压力阶段，并安排学生全程实时监控蒸汽发生器压力)；调节阀门时注意动作要平缓。

⑥ 在稳定传热状态下方可读取各参数，故必须随时注意蒸汽量的调节和压力表显示值的调整，维持稳态传热；每次改变流量后，应稳定 5～10 min。

2. 装置Ⅱ、Ⅲ实验步骤及注意事项

1) 实验步骤

(1) 手动操作。

① 检查仪表、泵(或风机)、蒸汽发生器及测温点是否正常，检查进系统的蒸汽压力调节阀

是否关闭。

② 打开总电源开关、仪表电源开关，由教师启动蒸汽发生器和打开蒸汽总阀。

③ 开启泵(或气泵)。

④ 调节手动调节阀的开度，阀门全开使冷流体流量达到最大。

⑤ 排除蒸汽管线中原先积存的冷凝水。

⑥ 冷凝水排净后，关闭蒸汽管冷凝水排放阀，打开进系统的蒸汽压力调节阀，使蒸汽缓缓进入换热器环隙(切忌猛开，防止玻璃爆裂伤人)以加热套管换热器，再打开换热器冷凝水排放阀，使环隙中冷凝水不断地排至地沟。

⑦ 仔细调节进系统蒸汽压力调节阀的开度，使蒸汽压力稳定保持在 0.05 MPa 以下(可通过微调惰性气体排放阀使压力达到需要的值)，以保证在恒压条件下操作。

⑧ 根据测试要求，由大到小逐渐调节冷流体流量调节阀的开度，合理确定 3～6 个实验点，待稳定后，分别读取温度、压力及流量计上各有关参数。

⑨ 实验结束，首先关闭蒸汽压力调节阀，切断设备的蒸汽来路，关闭蒸汽发生器(由教师完成)，让冷流体继续流动，冷却一段时间后再关闭泵(或气泵)。

⑩ 关闭仪表电源开关，切断总电源。

(2) 自动操作。

步骤①～⑦同手动操作。

⑧ 打开"对流传热系数测定实验.MCGS 组态"文件，出现提示输入工程密码对话框，输入密码"1121"后，进入组态环境，按"F5"键进入软件运行环境。按提示输入班级、姓名、学号、装置号后按"确定"进入"对流传热系数测定实验软件"界面，点击"对流传热系数测定实验"按钮，进入实验界面。当一切准备就绪后，单击"开始"按钮开始实验。根据测试要求，由大到小逐渐调节变频器，控制冷流体(水或空气)流量，合理确定 3～6 个实验点，待稳定后点击"数据自动采集"或分别从控制面板上读取各有关参数。当完成所有实验测定后，单击"停止"按钮停止实验。若实验完毕，单击"退出实验"，回到"对流传热系数测定实验软件"界面，再单击"退出实验"按钮退出实验系统。

⑨ 实验结束，首先关闭蒸汽源总阀，切断设备的蒸汽来路，经一段时间后，再关闭电动调节阀，并使之两端的手动阀门呈关闭状态，然后关闭蒸汽发生器(由教师完成)、仪表电源开关并切断总电源。

2) 注意事项

(1) 一定要在套管换热器内管输以一定量的空气(或水)，方可开启蒸汽阀门，且必须在排除蒸汽管线上原先积存的冷凝水后，方可把蒸汽通入套管换热器中。

(2) 开始通入蒸汽时，要缓慢打开蒸汽阀门，使蒸汽徐徐流入换热器中，逐渐加热，使由"冷态"转变为"热态"不少于 20 min，以防止玻璃管因突然受热、受压而爆裂。

(3) 操作过程中，蒸汽压力一般控制在 0.05 MPa(表压)以下，因为在此条件下压力比较容易控制。

(4) 测定各参数时，必须是在稳定传热状态下，并且随时注意惰性气体的排空和压力表读数的调整。每组数据应重复 2～3 次，以确认数据的再现性、可靠性。

3. 装置Ⅳ实验步骤及注意事项

1) 实验步骤

(1) 实验前的准备：向电加热釜加水至液位计上端处；检查空气流量旁路调节阀是否全开

(需全开);检查蒸汽支路各控制阀是否已打开;保证蒸汽和空气管线畅通;接通电源总闸,设定加热电压,启动电加热器开关,开始加热。

(2) 打开空气通向简单套管的空气支路控制阀 9,关闭空气通向强化套管的空气支路控制阀 8,打开蒸汽支路控制阀 10,关闭蒸汽支路控制阀 11。当简单套管换热器的蒸汽放空口 12 有蒸汽冒出时,可启动风机,此时要在整个实验过程中始终保持换热器放空口处有蒸汽冒出。

(3) 启动风机后用旁路调节阀 5 来调节流量,调好某一流量并稳定 5～10 min 后,分别测量空气的流量,空气进、出口的温度及壁面温度。然后,改变流量,测量下组数据,一般从小流量到最大流量之间,要测量 5～6 组数据。

(4) 测完简单套管换热器的数据后,要进行强化套管换热器实验。先打开蒸汽支路控制阀 10,关闭蒸汽支路控制阀 11;全开空气旁路调节阀 5,打开空气支路控制阀 8,关闭空气支路控制阀 9,进行强化套管传热实验。实验方法同步骤(3)。

(5) 实验结束后,依次关闭加热电源、风机和总电源。一切复原。

2) 注意事项

(1) 检查蒸汽加热釜中的水位是否在正常范围内。特别是每个实验结束后,进行下一实验之前,如果发现水位过低,应及时补足水量。

(2) 必须保证蒸汽上升管线的畅通,即在给蒸汽加热釜通电之前,两蒸汽支路阀门之一必须全开。在转换支路时,应先开启待测支路阀,再关闭另一支路阀(也可先关闭风机,切换完毕再打开)。注意,开启或关闭阀门必须缓慢,防止管线截断或蒸汽压力过大突然喷出。

(3) 必须保证空气管线的畅通,即在接通风机电源之前,两个空气支路控制阀之一和旁路调节阀必须全开。在转换支路时,应先关闭风机电源,然后开启和关闭支路阀。

(4) 调节流量后,应至少稳定 5～10 min 后再读取实验数据。

(5) 实验中保持上升蒸汽量的稳定,不应改变加热电压,且保证蒸汽放空口一直有蒸汽放出。

【实验报告要点】

(1) 将实验数据和计算结果列在数据表格中(见表 3-9-2 至表 3-9-7),并以一组数据为例详列计算过程。

(2) 将冷流体传热系数 α 的实验值与理论值、总传热系数 K 的理论值与实测值列表比较,计算各自相对误差(以理论值为基准),并分析讨论。

(3) 说明蒸汽冷凝传热系数的实验值和冷流体传热系数实验值的变化规律。

(4) 在双对数直角坐标系中,以 Re 为横坐标,以 $\frac{Nu}{Pr^{0.4}}$ 为纵坐标作图;用线性回归分析确定关联式 $Nu=ARe^{m}Pr^{0.4}$ 中的常数 A、m(装置Ⅰ、Ⅱ、Ⅲ)及关联式 $Nu=BRe^{m}$ 中的常数 B、m(装置Ⅳ)。

(5) 计算强化比 Nu/Nu_0,并分析讨论传热强化的途径。(装置Ⅳ)

【思考题】

(1) 实验中冷流体和蒸汽的流向对传热效果有何影响?

(2) 蒸汽冷凝过程中,若存在不冷凝气体,对传热有何影响?应采取什么改进措施?

(3) 实验过程中,冷凝水若不及时排除,会产生什么影响?如何及时排除冷凝水?

(4) 实验中,所测定的壁温是靠近蒸汽侧还是冷流体侧的温度?为什么?

(5) 如果采用不同压强的蒸汽进行实验,对 α 关联式有何影响?

【数据表格参考示例】

表 3-9-2　传热实验原始数据记录表(装置Ⅰ)

学号:________　姓名:________　同组:________________　实验装置编号:____________

水温:______℃　大气压:________ MPa　蒸汽压力:________ MPa　实验日期:______年___月___日

序号	空气流量 $V/(m^3/h)$	空气进口温度 t_1/℃	空气出口温度 t_2/℃	蒸汽进口温度 T_1/℃	蒸汽出口温度 T_2/℃	蒸汽平均温度 T_m/℃
1						
2						
⋮						
8						

表 3-9-3　传热实验数据处理表(装置Ⅰ)

序　　号	1	2	3	4	5	6	备注
空气进出口温差 Δt/℃							
空气平均温度 t_m/℃							
$\rho_{t1}/(kg/m^3)$							
$\rho_{tm}/(kg/m^3)$							
$\lambda_{tm}\times10^2$/[W/(m·℃)]							
c_{ptm}/[J/(kg·℃)]							
$\mu_{tm}\times10^4$/(Pa·s)							
空气流量 $V_{t1}/(m^3/h)$							
校正后空气流量 $V/(m^3/h)$							
空气流速 u/(m/s)							
蒸汽平均温度 T_m/℃							
传热推动力 Δt_m/℃							
传热量 Q/W							
K/[W/(m²·℃)]							
α_o/[W/(m²·℃)]							
α_i/[W/(m²·℃)]							
Re							
Nu							
$Nu/Pr^{0.4}$							

表 3-9-4 传热实验原始数据记录表(装置Ⅱ、Ⅲ)

实验体系______________ 实验压力：p=________ MPa

实验次数	流量 /(m^3/h)	冷流体进口温度 t_1/℃	冷流体出口温度 t_2/℃	进口壁温 t_{w1}/℃	出口壁温 t_{w2}/℃	蒸汽平均温度 T_m/℃
1						
2						
⋮						
6						

表 3-9-5 传热实验数据处理结果记录表(装置Ⅱ、Ⅲ)

实验体系______________ 实验压力：p=________ MPa

序号	冷流体流量 /(m^3/h)	传热系数管内理论值 /[W/(m^2·℃)]	传热系数管内实验值 /[W/(m^2·℃)]	总传热系数 /[W/(m^2·℃)]
1				
2				
⋮				
6				

表 3-9-6 传热实验普通套管换热器原始数据记录及整理结果表(装置Ⅳ)

序　　号	1	2	3	4	5	6	7
孔板流量计压差 Δp/kPa							
空气入口温度 t_1/℃							
空气出口温度 t_2/℃							
壁面温度 t_w/℃							
空气在 t_1 时的密度 ρ_{t1}/(kg/m^3)							
空气平均温度 t_m/℃							
ρ_m/(kg/m^3)							
$\lambda_m\times100$/[W/(m·℃)]							
c_{pm}/[kJ/(kg·℃)]							
$\mu_m\times10^5$/(Pa·s)							
空气出、入口温度差(t_2-t_1)/℃							
壁面与冷流体间的 Δt_m/℃							
V_{20}/(m^3/h)							
空气入口流量 V_{t1}/(m^3/h)							
管内平均流量 V_{tm}/(m^3/h)							
管内平均流速 u/(m/s)							

续表

序　　号	1	2	3	4	5	6	7
空气获得的热量 Q/W							
空气侧 α_i/[W/(m^2·℃)]							
Re							
Pr							
Nu							
$Nu/Pr^{0.4}$							

表 3-9-7　传热实验强化套管换热器原始数据记录及整理结果表(装置Ⅳ)

序　　号	1	2	3	4	5	6	7
孔板流量计压差 Δp/kPa							
空气入口温度 t_1/℃							
空气出口温度 t_2/℃							
壁面温度 t_w/℃							
ρ_{t1}/(kg/m^3)							
管内平均温度 t_m/℃							
ρ_m/(kg/m^3)							
$\lambda_m\times100$/[W/(m·℃)]							
c_{pm}/[kJ/(kg·℃)]							
$\mu_m\times10^5$/(Pa·s)							
空气出、入口温度差(t_2-t_1)/℃							
壁面与冷流体间的 Δt_m/℃							
空气入口流量 V_{t1}/(m^3/h)							
管内空气平均流量 V_{tm}/(m^3/h)							
管内空气平均流速 u/(m/s)							
空气获得的热量 Q/W							
空气侧 α_i/[W/(m^2·℃)]							
Re							
Nu							
Nu_0							
Nu/Nu_0							
$Nu/Pr^{0.4}$							

*实验10 筛板塔精馏实验

【实验目的】

(1) 了解筛板精馏塔及其附属设备的基本结构和工作原理,掌握精馏过程的基本操作方法。

(2) 学会判断系统达到稳定的方法,掌握测定塔顶馏出液、塔底釜残液浓度的实验方法。

(3) 学习测定精馏塔全塔效率和单板效率的实验方法,研究回流比对精馏塔分离效率的影响。

(4) 学习配套分析仪器(气相色谱仪或阿贝折射仪等)的正常操作方法,了解使用时注意事项。

*(5) 掌握常压精馏与减压精馏操作方法的异同、减压精馏的操作特点和主要用途。通过实验数据比较常压精馏与减压精馏的效果。

*(6) 设计原料物系、进料浓度、回流比等操作参数,进行连续精馏实验。

【实验原理】

蒸馏的目的是分离液体混合物而获得高纯度组分,蒸馏的依据是利用混合液中各组分挥发度的不同从而实现各组分的分离,蒸馏过程的极限是气液两相达到平衡状态。

精馏相当于多次蒸馏,是蒸馏的重复和发展。就分离液体混合物而言,精馏是目前工业上应用最广、技术最成熟的单元操作。精馏和普通蒸馏的本质区别是回流(精馏塔顶液相回流、塔底气相回流)。精馏原理概括地讲就是,体系内混合液体的多次部分汽化与混合气体的多次部分冷凝的同时联合操作。

1. 全塔效率 E_T

全塔效率又称总板效率,是指达到预定分离效果所需理论塔板数与实际塔板数的比值,即

$$E_T = \frac{N_T - 1}{N_P} \tag{3-10-1}$$

式中:N_T 为完成一定分离任务所需的理论塔板数,包括蒸馏釜;N_P 为完成一定分离任务所需的实际塔板数。

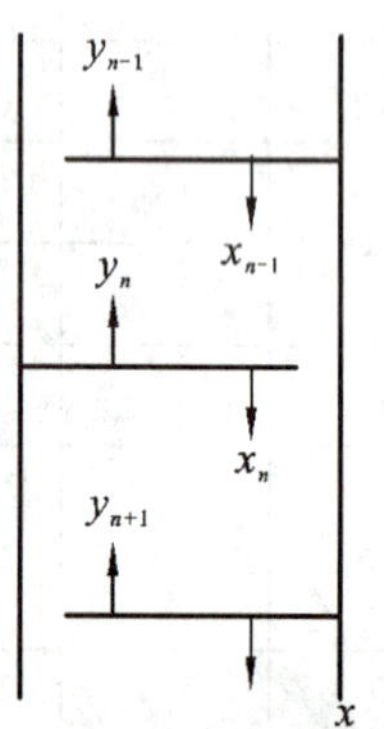

图 3-10-1 塔板气液流向示意图

全塔效率简单地反映了整个塔内塔板的平均效率,说明了塔板结构、物性系数、操作状况对塔分离能力的影响。对于塔内所需理论塔板数 N_T,可由已知的双组分物系平衡关系,以及实验中测得的塔顶馏出液、塔底釜残液的组成,回流比 R 和热状况 q 等用图解法求得。

2. 单板效率 E_M

单板效率又称莫弗里板效率,如图 3-10-1 所示,是指气相或液相经过一层实际塔板前后的组成变化值与经过一层理论塔板前后的组成变化值之比。

以气相组成变化表示的单板效率为

$$E_{MV} = \frac{y_n - y_{n+1}}{y_n^* - y_{n+1}} \tag{3-10-2}$$

以液相组成变化表示的单板效率为

$$E_{ML}=\frac{x_{n-1}-x_n}{x_{n-1}-x_n^*} \tag{3-10-3}$$

式中：y_n、y_{n+1}分别为离开第n、$n+1$块塔板的气相组成；x_{n-1}、x_n分别为离开第$n-1$、n块塔板的液相组成；y_n^*为与x_n呈平衡的气相组成；x_n^*为与y_n呈平衡的液相组成。气、液相组成均为摩尔分数(下同)。

3. 图解法求理论塔板数 N_T

图解法又称麦卡勃-蒂列(McCabe-Thiele)法，简称M-T法，其原理与逐板计算法完全相同，只是将逐板计算过程在y-x图上直观地表示出来。

精馏段的操作线方程为

$$y_{n+1}=\frac{R}{R+1}x_n+\frac{x_D}{R+1} \tag{3-10-4}$$

式中：y_{n+1}为精馏段第$n+1$块塔板上升的蒸汽组成；x_n为精馏段第n块塔板下降的液体组成；x_D为塔顶馏出液的组成；R为泡点回流下的回流比。

提馏段的操作线方程为

$$y_{m+1}=\frac{L'}{L'-W}x_m-\frac{Wx_w}{L'-W} \tag{3-10-5}$$

式中：y_{m+1}为提馏段第$m+1$块塔板上升的蒸汽组成；x_m为提馏段第m块塔板下降的液体组成；x_w为塔底釜液的组成；L'为提馏段内下降的液体量，kmol/s；W为釜液流量，kmol/s。

加料线(q线)方程可表示为

$$y=\frac{q}{q-1}x-\frac{x_F}{q-1} \tag{3-10-6}$$

其中

$$q=1+\frac{c_{p,F}(t_b-t_F)}{r_F} \tag{3-10-7}$$

$$c_{p,F}=c_{p1}M_1x_F+c_{p2}M_2(1-x_F) \tag{3-10-8}$$

$$r_F=r_1M_1x_F+r_2M_2(1-x_F) \tag{3-10-9}$$

式中：q为进料热状况参数；t_b为进料液的泡点温度，℃；t_F为进料液温度，℃；r_F为进料液在其泡点温度下的汽化潜热，kJ/kmol；$c_{p,F}$为进料液在定性温度$(t_b+t_F)/2$下的比热容，kJ/(kg·℃)；x_F为进料液组成；c_{p1}、c_{p2}分别为纯组分1和2在定性温度下的比热容，kJ/(kmol·℃)；r_1、r_2分别为纯组分1和2在泡点温度下的汽化潜热，kJ/kg；M_1、M_2分别为纯组分1和2的相对分子质量，kg/kmol。

回流比R的确定：

$$R=\frac{L}{D} \tag{3-10-10}$$

式中：L为回流液量，kmol/s；D为馏出液量，kmol/s。

实际操作时为了保证上升气流能完全冷凝，冷却水量一般比较大，回流液温度往往低于泡点温度，即冷液回流。

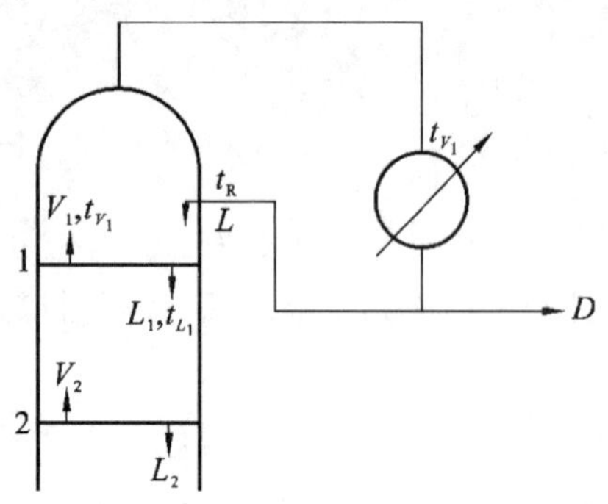

图 3-10-2　塔顶回流示意图

如图 3-10-2 所示，从全凝器出来的温度为 t_R、流量为 L 的液体回流进入塔顶第一块板，由于回流温度低于第一块塔板上的液相温度，离开第一块塔板的一部分上升蒸汽将被冷凝成液体，这样，塔内的实际流量将大于塔外回流量。

对第一块板作物料、热量衡算：

$$V_1+L_1=V_2+L \tag{3-10-11}$$

$$V_1 I_{V_1}+L_1 I_{L_1}=V_2 I_{V_2}+L I_L \tag{3-10-12}$$

对式(3-10-11)、式(3-10-12)整理、化简后，近似可得

$$L_1 \approx L\left[1+\frac{c_p(t_{L_1}-t_R)}{r}\right] \tag{3-10-13}$$

即实际回流比

$$R_1=\frac{L_1}{D}=L\left[1+\frac{c_p(t_{L_1}-t_R)}{r}\right]/D=R\left[1+\frac{c_p(t_{L_1}-t_R)}{r}\right] \tag{3-10-14}$$

式中：V_1、V_2 分别为离开第 1、2 块板的气相摩尔流量，kmol/s；L_1 为塔内实际液体流量，kmol/s；I_{V_1}、I_{V_2}、I_{L_1}、I_{L2} 指对应 V_1、V_2、L_1、L_2 下的焓值，kJ/kmol；r 为回流液组成下的汽化潜热，kJ/kmol；c_p 为回流液在 $(t_{L_1}+t_R)/2$ 平均温度下的比热容，kJ/(kmol·℃)。

4. 全回流操作

在精馏全回流操作时，操作线在 y-x 图上为对角线，如图 3-10-3 所示。在 x 轴上定出 x_D、x_w 两点，依次通过这两点作垂线分别交对角线于点 a、b；从点 a 开始在平衡线和对角线之间画阶梯，直至梯级跨过点 b 为止，所画的总阶梯数就是全塔所需的理论塔板数(含再沸器)。

在全回流操作时，其理论塔板数 N_T 即最小理论塔板数 N_{min}(不含再沸器)。除了用图解法求取外，也可用芬斯克方程计算：

$$N_{min}=\frac{1}{\ln\alpha_m}\ln\left[\left(\frac{x_D}{1-x_D}\right)\left(\frac{1-x_w}{x_w}\right)\right]-1 \tag{3-10-15}$$

式中：α_m 为全塔平均相对挥发度，通常可取塔顶、塔底的几何平均值，即 $\alpha_m=(\alpha_D\alpha_w)^{0.5}$。

5. 部分回流操作

部分回流操作时，如图 3-10-4 所示，图解法的主要步骤如下。

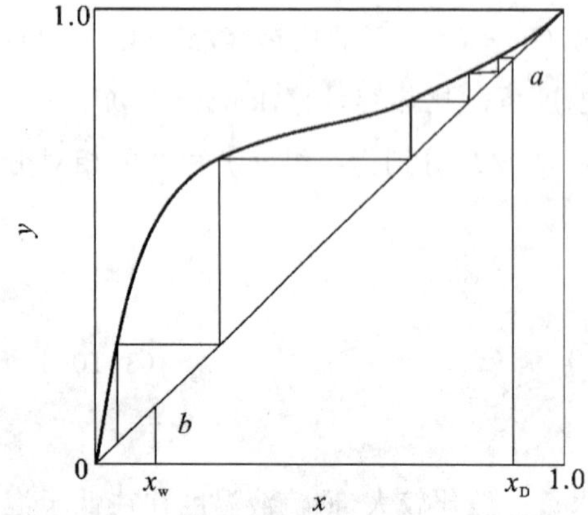

图 3-10-3　全回流时理论塔板数的确定

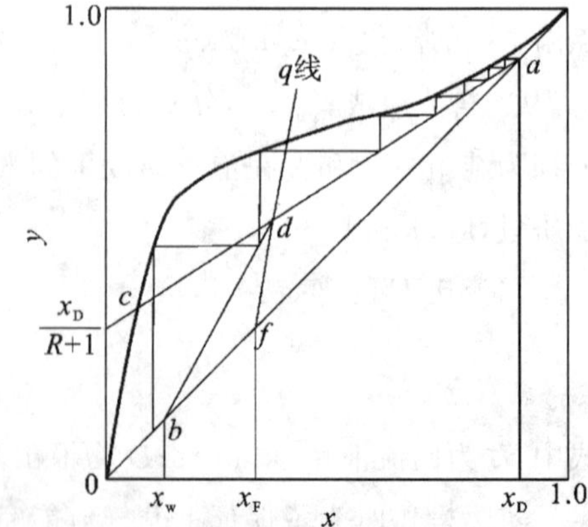

图 3-10-4　部分回流时理论塔板数的确定

(1) 根据物系和操作压力在 y-x 图上作出相平衡曲线,并画出对角线作为辅助线。

(2) 在 x 轴上定出 x_D、x_F、x_w 三点,依次通过这三点作垂线分别交对角线于点 a、f、b。

(3) 在 y 轴上定出 $y_c=x_D/(R+1)$的点 c,连接 a、c 作出精馏段操作线。

(4) 由进料热状况求出 q 线的斜率 $q/(q-1)$,过点 f 作出 q 线交精馏段操作线于点 d。

(5) 连接点 d、b,作出提馏段操作线。

(6) 从点 a 开始在平衡线和精馏段操作线之间画阶梯,当梯级跨过点 d 时,就改在平衡线和提馏段操作线之间画阶梯,直至梯级跨过点 b 为止。

(7) 所画的总阶梯数就是全塔所需的理论塔板数(含再沸器),跨过点 d 的那块板就是加料板,其上的阶梯数为精馏段的理论塔板数。加料板归提馏段。

6. 其他有关公式

进料体积流量 V 与蠕动泵转速 Z 的关系:

$$V=\frac{Z-0.2993}{21.41} \tag{3-10-16}$$

质量分数与折光指数的关系(30 ℃):

$$w=58.84-42.61n_D \tag{3-10-17}$$

质量分数和摩尔分数的换算关系:

$$x_A=\frac{w_A/M_A}{(w_A/M_A)+(1-w_A)/M_B} \tag{3-10-18}$$

式中:V 为流量,L/h;Z 为转速,r/min;w 为质量分数;n_D为折光指数;x 为摩尔分数;A、B 分别代表轻组分和重组分。

【实验装置、流程与参数】

1. 实验装置

本实验装置的主体设备是筛板精馏塔,配套的有加料系统,回流系统,产品出料管路,残液出料管路,进料泵和必要的测量、控制仪表等。

装置Ⅰ中还配置了真空泵,可以对塔、产品罐、残液罐抽真空,进行减压精馏实验,流程与常压精馏类似,操作时注意系统保持密闭。

装置Ⅱ、Ⅲ配置了回流比调节器,用于控制回流比大小。回流比是精馏操作的重要参数,在本装置中是用电磁漏斗分配器(即电磁铁吸合摆针式)来实现的。它实际上是一个装有软铁电磁线圈的玻璃漏斗,通过时间继电器控制线圈的通电时间。当线圈通电时,软铁线圈的磁力将电磁漏斗引向出料位置,将塔顶冷凝液从塔内采出;当线圈断电时,软铁的磁场消失,电磁漏斗复位,使塔顶冷凝液流回塔内。电磁漏斗分配器调节回流比实质上就是调节线圈断电与通电的时间比。

本实验装置流程如图 3-10-5 至图 3-10-7 所示。

2. 实验流程

装置Ⅰ实验物系为乙醇水溶液,装置Ⅱ、Ⅲ实验物系为乙醇-正丙醇混合液。基本流程类似:塔底釜内液体由电加热器加热产生蒸汽逐板上升,经与各板上的液体传热传质后,进入塔顶盘管式换热器(冷凝器)壳程,冷凝成液体后再从集液器流出,一部分作为回流液从塔顶流入塔内,另一部分作为产品(馏出液),进入产品储罐;釜残液经釜液转子流量计计量后流入釜

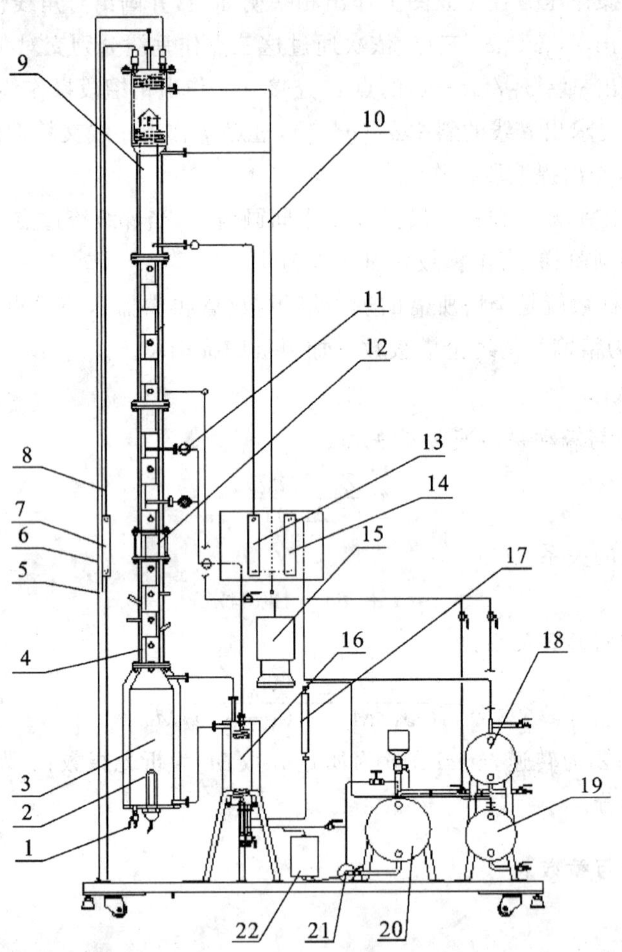

图 3-10-5　带减压系统的精馏装置流程示意图(装置Ⅰ)

1—塔釜排液口;2—电加热管;3—塔釜;4—塔节;5—惰性气体排空口;6—冷却水出水管;7—冷却水进口流量计;8—冷却水进口管;9—塔顶冷凝器;10—塔顶回流管;11—进料阀;12—玻璃视盅;13—全回流流量计;14—产品流量计;15—真空泵;16—盘管式换热器;17—残液流量计;18—产品罐;19—残液罐;20—原料罐;21—进料泵;22—进料计量泵

液储罐。

3. 主要设备及仪表参数

装置Ⅰ有关参数:

塔内径 $D=68$ mm,厚度 $\delta=2$ mm,塔节 $\phi76$ mm ×4 mm,塔板数 $N_P=16$ 块,板间距 $H_T=100$ mm。加料位置为第 8 块和第 10 块塔板。降液管采用弓形、齿形堰,堰长 56 mm,堰高 7.3 mm,齿深 4.6 mm,齿数 9。降液管底隙 4.5 mm。筛孔直径 $d_0=1.5$ mm,正三角形排列,孔间距 5 mm,开孔数为 74。塔釜为内电加热式,加热功率 3.6 kW(380 V),有效容积为 10 L。塔顶冷凝器、塔釜换热器均为盘管式。单板取样为第 14 块和第 15 块板上,倾斜的为液相取样口,水平的为气相取样口。在本装置中还配置了真空泵,可进行减压精馏实验。

装置Ⅱ有关参数(见表 3-10-1、表 3-10-2):

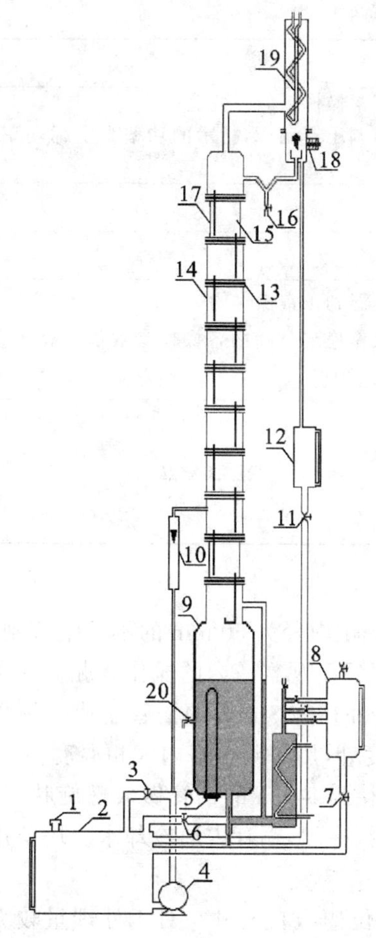

图 3-10-6　精馏实验流程示意图(装置Ⅱ)

1—原料罐进料口；2—原料罐；3—进料泵回流阀；
4—进料泵；5—电加热器；6—釜料放空阀；
7—塔釜产品罐放空阀；8—塔釜产品储罐；
9—塔釜；10—流量计；11—塔顶产品罐放空阀；
12—塔顶产品储罐；13—塔板；14—塔身；15—降液管；
16—塔顶取样口；17—观察段；18—线圈；
19—冷凝器；20—塔釜取样口

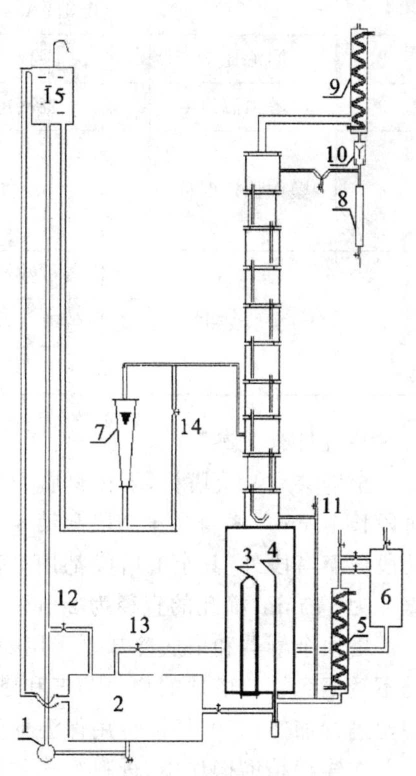

图 3-10-7　精馏实验流程示意图(装置Ⅲ)

1—进料泵；2—储料罐；3—加热器；4—塔釜温度调节器；
5—塔底冷却器；6—塔底产品罐；7—转子流量计；
8—塔顶料液罐；9—塔顶冷凝器；10—回流比控制器；
11—放空阀；12—旁路阀；13—塔底产品排出阀；
14—进塔原料阀门；15—高位槽

表 3-10-1　精馏塔的主要尺寸(装置Ⅱ)

名　称	直径/mm	高度/mm	板间距/mm	塔板数/块	板型,孔径/mm	降液管/mm	材　质
塔体	ϕ57×3.5	1100	100	10	筛板,1.8	ϕ8×1.5	紫铜
塔釜	ϕ100×2	390					不锈钢
塔顶冷凝器	ϕ57×3.5	300					不锈钢
塔釜冷凝器	ϕ57×3.5	300					不锈钢

表 3-10-2 设备操作参数(装置Ⅱ)

序号	名　　称	数据范围		说　　明
1	塔釜加热	电压/V :90～160		① 维持正常操作下的参数值； ② 用固体调压器调压，指示的功率为实际功率的1/2～2/3
		电流/A:4.0～6.0		
2	回流比 R	4～∞		
3	塔顶温度	78～83 ℃		
4	操作稳定时间	20～35 min		① 开始升温到正常操作约 30 min； ② 正常操作稳定时间内各操作参数值维持不变，板上鼓泡均匀
5	实验结果	理论塔板数/块	3～9	一般用图解法
		总板效率/(%)	40～85	
		精度	1 块	

装置Ⅲ有关参数：

全塔共有 9 块塔板，塔板材质为紫铜，塔高 1.5 m，塔身用内径为 50 mm 的不锈钢管制成，每段长 10 cm。塔身的第 2 段和第 8 段由耐热玻璃制成，以便于观察塔内的操作状况。除了这两段玻璃塔段外，其余的塔段都用玻璃棉保温。降液管由外径为 8 mm 的铜管制成。筛板的直径为 54 mm，筛孔的直径为 2 mm。塔中装有铂电阻温度计，用来测量塔内气相温度。

塔顶全凝器和塔底冷却器采用蛇管换热器，蛇管由直径为 8 mm 的铜管做成螺旋状，外面是不锈钢套管。塔顶的物料蒸气和塔底产品在铜管外冷凝、冷却，铜管内通冷却水。塔釜用电炉丝进行加热，釜的外部也用保温棉保温。

在连续精馏操作中，进料方式主要有机械泵送料和高位槽送料两种。对于处理量较大的连续精馏操作，通常采用机械泵送料；对于处理量不大的连续精馏操作，通常采用恒压高位槽送料。本实验采用机械泵将混合液送至高位槽中，经转子流量计计量后进入塔内。塔釜的液位计用于观察塔釜内的存液量。塔底产品经过冷却器冷却后由平衡管流出。

【实验内容、步骤及注意事项】

1. 实验内容

(1) 观察、测定在全回流条件下塔顶温度及浓度随时间的变化，观测全回流和稳定操作条件下塔内温度及浓度随塔高度的分布规律。

(2) 测定精馏塔在全回流条件下，稳定操作后的全塔理论塔板数、总板效率和单板效率。

(3) 测定精馏塔在某一回流比下，稳定操作后的全塔理论塔板数、总板效率和单板效率。

*(4) 设定系统真空度为 40～80 kPa，按上述内容(2)、(3) 进行测定，并与常压操作效果进行比较。

*(5) 按目的(6) 的设计进行实验。

2. 实验步骤

1) 装置Ⅰ实验步骤及注意事项

(1) 全回流操作。

① 配制乙醇浓度约为 20%(质量分数；* 设计实验时按设计物系取设计值) 的料液 15 L，加入原料罐 20 中，打开进料阀 11，由进料泵 21 将料液打入塔釜 3，至釜容积的 2/3 处时(由塔

釜液位计可观察）停泵。

② 打开塔顶放空阀，关闭塔身进料阀 11，打开冷却水进水阀，启动电加热管电源，调节加热电压至适当值(100 V 左右)，使塔釜温度缓慢上升。若加热过快，塔中部玻璃段极易碎裂，故升温过程应适当缓慢，室温越低越应慢些。

③ 调控塔顶冷凝器的冷却水至流量达 120 L/h 以上(* 设计实验时按需要采取措施）确保冷凝效果，并关闭塔顶出料管路，使整塔处于全回流状态。

④ 当塔顶温度、回流量和塔釜温度均稳定后(20～40 min)，分别取塔顶馏出液和塔底釜残液、第 13 板和第 15 板 4 个样品，用色谱仪进行分析并做好记录，可得 x_D、x_w、x_{14}、x_{15}。若有气相取样器，还可测定 y_{14}、y_{15}。馏出液取样口在流量计 13、14 背面；釜残液取样口在塔釜排液口 1 处。

⑤ 取样的同时记录塔顶、回流、塔釜及取样点等处的温度及加热电压。

(2) 部分回流操作。

① 在原料罐中加入已配制的 20%乙醇水溶液(质量分数；* 设计实验时取设计值，如果全回流与部分回流连续操作此步可略过)。

② 控制塔顶冷凝器的冷却水至适当流量以确保冷凝效果；待塔全回流操作稳定时，打开进料阀 11，关闭塔—进料泵 21—原料罐通路，打开塔—进料计量泵 22—原料罐通路，启动进料计量泵 22，由进料计量泵控制适当的进料流量(乙醇物料衡算：进料量 Fx_D＝馏出液量 Dx_D＋釜液流量 W)。

③ 控制塔顶回流和出料两转子流量计 13、14，调节回流比 R($R=4$ 或 $R=2$；* 设计实验时取设计值)。

④ 当塔顶、塔釜温度稳定后，分别取馏出液、釜残液、第 14 板、第 15 板 4 个样品，用色谱仪进行分析并做好记录，可得 x_D、x_w、x_{14}、x_{15}。若有气相取样器，还可取样测定 y_{14}、y_{15}。注意，色谱仪直接测定的是质量分数。

⑤ 取样的同时记录塔顶、回流、塔釜及取样点等处的温度及加热电压。

⑥ 实验结束时，先关闭加热电源、关闭进料泵，10 min 后再关闭冷却水，待釜温低于40 ℃后排尽釜液，一切复原。

(3) 减压精馏。

① 配料进料，使塔釜内有 2/3 的液量。

② 保证系统畅通，关闭所有设备的排污阀、放空阀，打开塔、产品罐、残液罐的抽真空阀。

③ 确认体系处于密闭状态后，启动真空泵，使塔系统达到一定的真空度(40～80 kPa，如 40 kPa)。

④ 进行全回流和部分回流操作，操作步骤与上述常压操作相同。

(4) 取样与分析。

① 标准曲线由教师参照色谱仪使用说明书事先制作。

② 进料、塔顶、塔釜样品分别从各自相应的取样阀放出。

③ 塔板取样，用注射器从所测定的塔板取样口中缓缓抽出，取 1 mL 左右注入事先洗净烘干的针剂瓶(或磨砂口带盖试管）中，立即加盖密封以防挥发，标号以免出错。各个取样口尽可能同时取样。注意每个取样点均应取平行样，其测定相对误差应不大于 5%。

④ 将样品进行色谱分析，做好记录。

(5) 注意事项。

① 实验室应严禁明火(乙醇属易燃品)，并注意取样时要尽量避免洒漏，严防火灾发生。

② 常压操作时塔顶放空阀一定要打开，否则可能因塔内压力过大导致危险。

③ 料液一定要加到设定液位 2/3 处方可打开加热电源,否则塔釜液位过低会使电加热丝露出而烧坏。

④ 部分回流操作开始时,一定要先打开进料阀 11,确保塔—进料计量泵 22—原料罐 20 通路畅通,再启动进料计量泵 22,以免造成管路或计量泵内压力过大而损坏。

⑤ 减压精馏时要确保系统密闭,否则影响效果。

2) 装置Ⅱ、Ⅲ实验步骤及注意事项

(1) 实验前的准备工作。

① 将与阿贝折射仪配套的超级恒温水浴调整运行到所需的温度(例如 30 ℃),并记下这个温度。备好取样用的注射器和擦镜头纸。

② 检查实验装置上的各个旋塞、阀门是否均处于关闭状态。

③ 配制一定浓度(乙醇质量分数为 15%～25%)的乙醇-正丙醇混合液(总体积 6000 mL 左右),然后倒入储料罐。(由教师完成)

④ 装置Ⅱ:启动进料泵,打开进料阀,向精馏釜内加料到指定的高度(冷液面在塔釜总高 2/3 处),然后关闭泵和阀门。

装置Ⅲ:全开阀 11、12 和 14 后,启动进料泵,调阀 12 的开合度(一般半开即可),向精馏釜内加料到指定的高度(冷液面在塔釜总高 2/3 处),然后关闭泵和阀 11、14。

(2) 全回流操作。

① 打开塔顶冷凝器的冷却水,冷却水量要足够大(约 120 L/h),以便完全冷凝混合蒸气。

② 记下室温,接通电源(220 V),按下装置上的总电源开关和加热开关。

③ 调节电位器使加热电压为 150 V 左右,待塔板上建立液层后,可适当减小电压(如 100 V),使塔内维持正常操作。

④ 待各块塔板上鼓泡均匀后,保持加热釜电压不变,在全回流情况下使塔顶温度恒定约 30 min,在此期间请仔细观察全塔传质情况,记录塔顶、塔釜和进料口的温度,然后分别在塔顶、塔釜取样口用取样器同时取样,然后用阿贝折射仪分析样品浓度,重复测量 2～3 次,若阿贝折射仪的测量结果在实验规定的误差范围内(不超过 0.001 小格),则结束全回流操作。

(3) 部分回流操作。

① 打开塔釜冷却水(与塔顶共用),冷却水流量大小以保证釜残液温度接近室温为度。

② 装置Ⅱ:开启加料泵后,调节进料转子流量计针型阀,以 2.0 L/h 的流量向塔内加料,用回流比控制调节器调节回流比 $R=4$;馏出液收集在塔顶料液罐中。

装置Ⅲ:关闭阀 14,全开阀 12,开启加料泵后,再关小阀 12,使料液进入高位槽,待高位槽有溢流后,调节进料转子流量计针型阀,以 2.0 L/h 的流量向塔内加料;用回流比控制调节器调节回流比 $R=4$;馏出液收集在塔顶料液罐 8 中。

③ 开阀 17,塔釜产品经冷却后由溢流管流出,收集在塔底产品罐 6 内。

④ 待操作稳定(塔顶温度稳定 10 min) 后,观察板上传质状况,记下加热电压、塔顶温度等有关数据,整个操作中维持进料流量计读数不变,用取样器取塔顶、塔釜和进料三处样品,用阿贝折射仪分析,并记录原料液的入塔温度(室温)。重复测量 2～3 次,若阿贝折射仪的测量结果在实验规定的误差范围内(不超过 0.001 小格),则结束部分回流操作。

⑤检查数据合理后,停止加料并将加热电压调为零,关闭回流比控制调节器开关。待塔釜温度冷却至 50 ℃以下,关闭冷却水,一切复原,方能离开实验室。

(4) 注意事项。

① 本实验过程中要特别注意安全,实验所用物系是易燃物品,操作过程中要避免洒落,以

免发生危险。

② 本实验加热时应注意：千万别加热过快，以免发生暴沸（过冷沸腾）使釜液从塔顶冲出，若遇此现象应立即断电，重新加料到指定冷液面，再缓慢升高电压，重新操作。升温和正常操作中塔釜的电加热功率不能过大。

③ 开车时必须先接通冷却水，方能进行塔釜加热，停车时则相反。

④ 使用阿贝折射仪测量浓度时，一定要按给出的质量分数-折光指数关系曲线的要求控制阿贝折射仪的测量温度，在读取折光指数时，要同时记录其测量温度。

【实验报告要点】

(1) 参考表格示例，完成实验记录及数据处理表（见表 3-10-3 至表 3-10-5），并以其中一组数据为例详列计算过程。

(2) 按全回流和部分回流分别用图解法求出理论塔板数。

(3) 计算全塔效率和单板效率。

(4) 分析实验过程中观察到的现象、成功或失败的原因，并提出改进意见。

【思考题】

(1) 当回流比由 4 增加到∞时，塔顶产品的浓度如何变化？塔顶产品的产量如何变化？这对化工设计和生产中回流比的选择有什么指导意义？

(2) 如何判断精馏塔的操作是否已经稳定？

(3) 全回流操作有哪些特点？在实际生产过程中有何意义？

(4) 查取进料液的汽化潜热时，定性温度取何值？

(5) 全回流时测得板式塔内第 n、$n-1$ 层塔板上液相组成后，如何求得 x_n^*？部分回流时，又如何求 x_n^*？

【数据表格参考示例】

表 3-10-3　精馏实验记录及数据处理表（装置Ⅰ）

学号：__________　姓名：__________　同组：__________________　实验装置编号：______________

塔高：________ m　内径：________ mm　实际塔板数：________　全回流稳定时加热电压：________ V

部分回流稳定时加热电压：______ V　全回流冷却水流量：______ L/h　部分回流冷却水流量：______ L/h

室温：__________ ℃　大气压：__________ kPa　实验日期：________年____月____日

操作	温度/℃			流量/(L/h)			回流比 R	质量分数/(%)					摩尔分数				
	塔顶 t_D	回流 t_L	塔底 t_w	F	D	W		w_F	w_D	w_w	w_{14}	w_{15}	x_F	x_D	x_w	x_{14}	x_{15}
全回流																	
部分回流																	
全回流 $R=\infty$			全塔效率：					单板效率：					理论塔板数：				
部分回流 $R=4$			全塔效率：					单板效率：					理论塔板数：				
部分回流 $R=$			全塔效率：					单板效率：					理论塔板数：				

表 3-10-4　全回流精馏实验原始数据及计算结果表(装置Ⅱ、Ⅲ)

塔釜加热电压：________ V　　塔釜加热电流：________ A　　冷却水流量：________ mL/s

项　目	折光率 n_D			质量分数 w/(%)	摩尔分数 x
	1	2	平均值		
塔顶					
塔釜					
理论塔板数					
总板效率					

表 3-10-5　部分回流精馏实验原始数据及计算结果表(装置Ⅱ、Ⅲ)

塔釜加热电压：________ V　　塔釜加热电流：________ A　　冷却水流量：________ mL/s

操作回流比 R：________　塔顶产品采出量：________ mL/s　进料量：________ mL/s　进料组成 x_F：________

项　目	折光率 n_D			质量分数 w/(%)	摩尔分数 x
	1	2	平均值		
塔顶					
进料					
塔釜					
理论塔板数					
总板效率					

附：乙醇-正丙醇混合液的 t-x-y 关系图(乙醇沸点为 78.3 ℃，正丙醇沸点为 97.2 ℃)

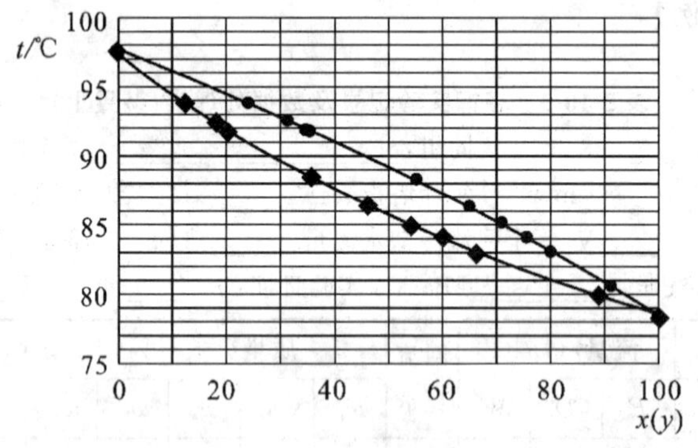

图 3-10-8　乙醇-正丙醇混合液的 t-x-y 关系图

*实验 11　填料塔精馏实验(乙醇-正丙醇体系)

【实验目的】

(1) 利用计算机控制和数据采集系统具有的快速、大容量和实时处理的特点，进行精馏过程实验验证，多实验方案的设计，以掌握实验研究的方法。

(2) 学会识别精馏塔内出现的几种操作状态，并分析这些操作状态对塔性能的影响。

(3) 学习精馏塔性能参数的测量方法，并掌握其影响因素。

(4) 测定精馏过程的动态特性，加深对精馏过程的认识。

【实验原理】

1. 计算原理

在全回流操作时，其最少理论塔板数可以用芬斯克方程计算：

$$N_{\min}=\frac{\lg\left(\frac{x_D}{1-x_D}\frac{1-x_w}{x_w}\right)}{\lg\alpha_m}-1 \tag{3-11-1}$$

式中：$N_{\min}$为全回流时所需的最少理论塔板数(不包括再沸器)；α_m 为全塔平均相对挥发度；x_D 为塔顶馏出液组成，摩尔分数；x_w 为塔底残液组成，摩尔分数。

等板高度 HETP 可用下式计算：

$$\text{HETP}=\frac{h}{N_{\min}} \tag{3-11-2}$$

式中：h 为填料塔中填料层的实际高度，m。

在部分回流的精馏操作中，可先由芬斯克方程和吉利兰图或图解法求出理论塔板数 N_T，再用式(3-11-2) 计算等板高度。

在冷液进料条件下，进料热状况参数的计算式为

$$q=1+\frac{c_{p,F}(t_b-t_F)}{r_F} \tag{3-11-3}$$

式中：t_F 为进料温度，℃；t_b 为进料的泡点温度，℃；$c_{p,F}$为进料液在平均温度(t_F+t_b)/2 下的平均比热容，kJ/(kmol·℃)；r_F 为进料液在其泡点温度下的汽化潜热，kJ/kmol。

$$c_{p,F}=c_{p1}M_1x_1+c_{p2}M_2x_2 \tag{3-11-4}$$

$$r_F=r_1M_1x_1+r_2M_2x_2 \tag{3-11-5}$$

式中：c_{p1}、c_{p2}分别为纯组分 1、2 在平均温度下的比热容，kJ/(kg·℃)；r_1、r_2 分别为纯组分 1、2 在泡点温度下的汽化潜热，kJ/kg；M_1、M_2 分别为纯组分 1、2 的摩尔质量，kg/kmol；x_1、x_2 分别为纯组分 1、2 在进料中的摩尔分数。

2. 维持连续稳定的精馏操作的条件

(1) 严格维持物料平衡。

对于连续操作的精馏塔，要实现稳定的操作，必须保持进、出物料的平衡。若进料的摩尔流量为 F，进料中轻组分的摩尔分数为 x_F，塔顶馏出液的摩尔流量为 D，其中轻组分的摩尔分数为 x_D，塔底残液的摩尔流量为 W，其中轻组分的摩尔分数为 x_w，则应有

$$F=D+W \tag{3-11-6}$$

$$Fx_F=Dx_D+Wx_w \tag{3-11-7}$$

当二组分溶液的进料量 F、进料中轻组分的摩尔分数 x_F 以及产品的分离要求 x_D 和 x_w 一定时，由式(3-11-6) 和式(3-11-7) 可知，要达到物料平衡，塔顶和塔底的采出率必须严格控制在

$$\frac{D}{F}=\frac{x_F-x_w}{x_D-x_w} \tag{3-11-8}$$

$$\frac{W}{F}=1-\frac{D}{F} \tag{3-11-9}$$

（2）精馏塔必须具有足够的分离能力和适宜的操作条件。

严格控制塔顶和塔底的采出率，并不一定能够满足处理量和分离要求；在塔板数一定的条件下，正常的精馏操作过程要有足够的回流比 R，一般应该根据设计的回流比严格控制回流量 $L(L=RD)$。其次，还要有能够满足处理量和分离要求的适宜操作条件（如合适的回流比、适宜的空塔气速、正确的加料口位置等）。一旦操作不当或进料状况发生变化，均可能导致精馏操作出现异常情况（如液泛、严重漏液和严重液沫夹带等）。

3. 导致精馏产品不合格的原因及其调节方法

（1）分离能力不够导致产品的质量不合格。

由于分离能力不够引起的产品质量不合格，其表现为塔顶温度升高，塔釜温度降低，即塔顶馏出液的轻组分含量降低、塔底残液的轻组分含量升高，而达不到分离要求。对于这种情况，一般可以通过加大回流比来调节。

值得注意的是，当塔的处理量 F、进料组成 x_F 以及分离要求 x_D 和 x_w 一定时，塔顶和塔底的采出率已经确定，要保证塔内的物料平衡，不能采用减小塔顶采出量来调节回流比，而必须靠增加塔釜上升蒸气量，即增加塔釜的加热速率和增加塔顶的冷凝液量来加大回流比。但是，上升蒸气量的增加不应该引起严重的液沫夹带，否则同样会导致精馏塔分离能力下降。

（2）物料不平衡导致馏出液的组成发生变化。

在精馏操作过程中，要维持总物料平衡 $F=D+W$ 是比较容易的，但要使各组分也达到物料平衡往往比较困难，有时精馏过程会处于物料不平衡状态，即 $Fx_F\neq Dx_D+Wx_w$。对于这种情况，其外观表现和恢复正常操作的处理方法如下。

① 在 $Dx_D>Fx_F-Wx_w$ 下操作。在这种情况下进行精馏操作时，随着过程的进行，塔内轻组分会大量流失，而重组分将逐渐积累，使操作过程不断恶化。其表现形式是：塔釜温度正常而塔顶温度逐渐升高，塔顶馏出液中轻组分的含量逐渐下降。其原因是：$D/F>(x_F-x_w)/(x_D-x_w)$ 和（或）进料中轻组分含量减小。对于这一情况，其处理方法是：维持加热速率不变（即上升蒸气量的大小不变），减小塔顶采出量，加大进料量和塔釜采出量，使精馏过程在 $Dx_D<Fx_F-Wx_w$ 下运行一段时间，以补充塔内的轻组分含量，直到塔顶温度逐步降至规定值后，再调节操作参数使精馏过程在 $Dx_D=Fx_F-Wx_w$ 下进行。

② 在 $Dx_D<Fx_F-Wx_w$ 下操作。在该条件下操作时，塔内重组分将逐渐流失，而轻组分会不断地积累。其表现形式是：塔顶温度不变或略有下降，塔釜温度下降；塔顶产品合格，而塔釜的产品不合格。其原因是：$D/F<(x_F-x_w)/(x_D-x_w)$ 和（或）进料中轻组分含量升高。

校正措施是：维持回流比不变，加大塔顶采出量；同时相应增大塔釜的汽化速率，提高上升蒸气量，使过程在 $Dx_D>Fx_F-Wx_w$ 下操作；也可以视情况适当地减少进料量。采用上述操作至釜温升至正常值后，再按 $Dx_D=Fx_F-Wx_w$ 的操作要求，适当调整操作参数。

当因进料组成变化而引起此现象时，也可以按此方法调整，并视具体情况对进料口位置进行调整。

（3）进料量变化对馏出液组成的影响。

进料量变化将引起塔内物料不平衡。进料量增加，将会使精馏操作处于 $Dx_D<Fx_F-Wx_w$ 状态；进料量减少，则会使精馏操作处于 $Dx_D>Fx_F-Wx_w$ 状态。这两种情况的表现形式和处理方法与物料不平衡导致馏出液的组成发生变化相同。但要注意，若为冷液进料，则进料量的变化会使上升蒸气量发生变化，此时，需根据具体情况调整加热速率。

（4）进料组成变化的影响。

以进料中重组分增加为例进行讨论。如图 3-11-1(a)所示，当进料组成由 x_{F1} 减小至 x_{F2} 时，精馏段塔板数较原来增多。对于一定塔板数的精馏塔而言，原精馏段塔板数不足，将导致分离效果变差，x_D 下降。由物料衡算也可以看出，过程处于 $Dx_D > Fx_F - Wx_w$ 下操作，塔顶温度上升较快。

调整的方法除同 $Dx_D > Fx_F - Wx_w$ 外，还要采取以下措施：适当增加回流量，弥补精馏段塔板数不足[见图 3-11-1(b)]，或适当调整进料口位置，合理分配精馏段和提馏段塔板数。

对于进料中轻组分增加的调整方法，参照上述分析进行。

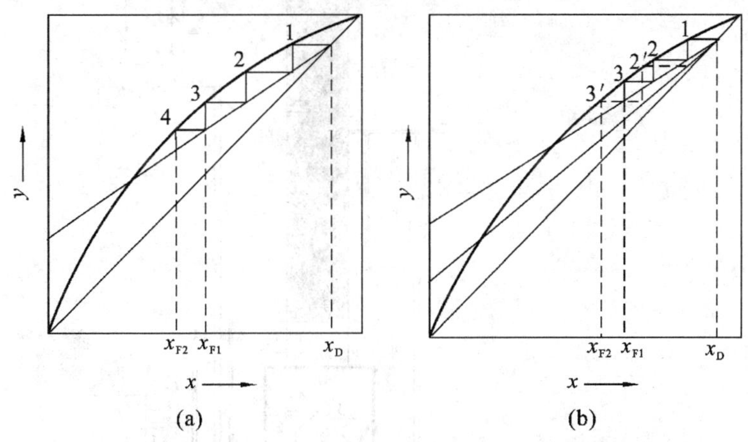

图 3-11-1　进料中重组分增加对操作的影响

【实验装置、流程与参数】

1. 实验装置

本实验采用的实验物系为乙醇-正丙醇。实验装置如图 3-11-2 所示。填料为不锈钢 θ 环，塔身用内径为 50 mm 的不锈钢管制成，塔高 1.5 m，分精馏段和提馏段，塔中装有铂电阻温度计，用来测量塔内气相温度。塔顶的全凝器为列管式。塔底冷却器为套管式。塔釜用电炉丝加热，塔的外部用保温棉保温。塔釜的液位计用于观察塔釜内的存液量。

2. 实验流程

在进料泵 1 的作用下，储料罐 2 中的混合料液被送入高位槽，经过转子流量计计量后进入塔釜，经加热器 3 加热，轻组分经塔顶冷凝器 9 冷凝后由回流比调节器 10 控制回流比，部分回流塔内，其余的为馏出液储存在塔顶产品储罐 8 中。

3. 主要设备及仪表参数

本实验装置主要参数如表 3-11-1 所示。

表 3-11-1　TJL-B **型填料精馏塔主要参数表**

名　称	直径 /mm	高度 /mm	填料高度 /mm	填料材质	填料规格 /mm	材　质
塔体	ϕ76×3.5	1500	1400	不锈钢	6×6θ环	不锈钢
塔釜	ϕ100×2	300				不锈钢
塔顶冷凝器	ϕ57×3.5	400				不锈钢
塔釜冷凝器	ϕ57×3.5	300				不锈钢

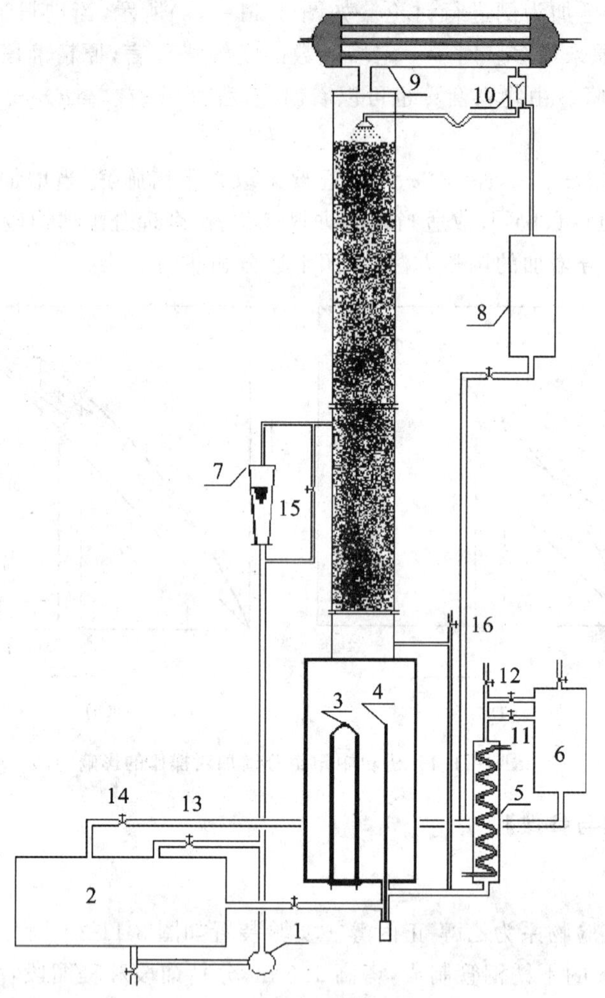

图 3-11-2　填料精馏实验装置流程示意图

1—进料泵；2—储料罐；3—加热器；4—塔釜温度计；5—塔底冷却器；6—塔釜出料罐；7—流量计；8—塔顶产品储罐；9—塔顶冷凝器；10—回流比调节器；11、12、13、14、15、16—阀门

【实验内容、步骤及注意事项】

1. 实验内容

(1) 在开车过程中和全回流条件下，观察精馏塔塔顶温度等参数随时间的变化情况。

(2) 在全回流和稳定操作条件下，测定精馏塔内温度沿塔高的分布、最少理论塔板数和等板高度。

(3) 在某一回流比条件下连续稳定精馏时，测定全塔理论塔板数、总板效率和塔内温度沿塔高的分布。

*(4) 在稳定操作和部分回流条件下，测定塔顶浓度随进料流量的变化情况。

*(5) 在稳定操作和部分回流条件下，测定塔顶浓度随进料组成的变化情况。

*(6) 在稳定操作和部分回流条件下，测定塔顶浓度随回流比的变化情况。

本实验内容(1)～(3)为基础验证型实验，(4)～(6)为设计型实验，对于后者，学生应在教师的协助下，至少从中选择一项实验内容，独立设计实验方案，并完成实验。

2. 实验步骤

1) 实验前的准备工作

(1) 将与阿贝折射仪配套的超级恒温水浴调整运行到所需的温度，并记下这个温度(如 30 ℃)。准备好取样用的注射器和擦镜头纸。

(2) 实验装置上的各个旋塞、阀门均应处于关闭状态。

(3) 配制一定浓度(乙醇质量分数为 20%左右) 的乙醇-正丙醇混合液(总体积 6000 mL 左右)，然后倒入储料罐中。

(4) 全开阀 15、16，半开阀 13，启动进料泵向精馏釜内加料到指定的高度(冷液面在塔釜总高 2/3 处)，然后关闭阀 15、16。

2) 人工实验操作

(1) 全回流操作。

① 打开塔顶冷凝器的冷却水，冷却水量要足够大(约 120 L/h)。

② 记下室温。合上电闸(220 V)，按下装置上的总电源开关。

③ 调节加热电压为 130 V，待塔釜温度升到接近重组分的沸点，可适当减小电压(如 120 V)。

④ 待塔顶温度变化不大后，保持加热釜电压不变，在全回流情况下稳定 20 min 左右，然后分别在塔顶、塔釜取样口用注射器同时取样，用阿贝折射仪分析样品浓度。在此期间，记录塔顶、塔釜、提馏段和精馏段的温度变化情况。

(2) 部分回流操作。

① 打开塔釜冷却水，全开阀 11 和 14，开进料泵开关，当溢流管内有物料流出时，开转子流量计 7。

② 调节进料转子流量计阀门，以 2.5 L/h 的流量向塔内加料；用回流比控制器调节回流比 $R=4$；馏出液收集在塔顶产品储罐中。

③ 塔釜产品经冷却后由溢流管流出，收集在塔釜产品储罐 6 内。

④ 待操作稳定后，仔细观察操作状况，记下加热电压、塔顶温度等有关数据，整个操作中维持进料流量计读数不变。用注射器同时在塔顶、塔釜和进料口三处取样，用阿贝折射仪分析，并记录进塔原料液的温度(室温)。

(3) 实验结束。

① 检查数据合理后，停止加料并将加热开关关闭；关闭回流比控制调节器开关。

② 根据物系的 t-x-y 关系，确定部分回流下进料的泡点温度。

③ 待塔釜温度冷却至 50 ℃以下，关闭冷却水，一切复原，结束实验。

3) 计算机数据采集和控制操作

(1) 同步骤 1)，做实验前的准备工作。

(2) 接通设备总电源，按下绿色按钮，点击操作状态，打开计算机并开启控制软件，按照计算机程序中的提示设定后，再点击操作状态，点击子菜单中的“开始”，进行全回流操作，待塔内操作稳定后，分别测定出在全回流条件下的总板效率、塔内温度分布，测定塔顶温度动态响应曲线并确定操作的稳定时间。

(3) 在全回流后进行部分回流操作，通过计算机设定加热功率、回流比、进料浓度、进料温度(室温) 后，计算机自动操作并给出结果。

(4) 实验结束后，按照计算机的要求退出控制程序并关机。关闭选择开关及总电源，在无上升蒸汽后，关闭冷却水，一切复原，结束实验。

3. 注意事项

(1) 为了便于比较全回流和部分回流的实验结果(塔顶产品的组成),应尽量使两组实验的加热电压及所用料液浓度相同或相近。连续开出实验时,在做实验前应将前一次实验时留存在塔釜和塔顶产品接收器内的料液均倒回原料液槽中。

(2) 实验时,应按照操作规程完成实验,本实验用的计算机不能作为其他用途,不能删除和添加任何程序,计算机不能带电插拔外设接口。

【实验报告要点】

(1) 将全回流和部分回流实验的原始数据和计算结果分别填入表 3-11-2 和表 3-11-3 中,并以其中的一组数据为例详列计算过程。

(2) 分别作出全回流和部分回流的理论塔板数的求解曲线图。

(3) 就实验过程中发现的问题、实验结果进行分析讨论。

【思考题】

(1) 在精馏操作过程中,回流液温度发生波动对操作会产生什么影响?

(2) 在填料精馏塔操作中,气体和液体在塔内的流动可能会出现哪些现象?

(3) 如何判断塔内的操作是否处于稳定状态?

(4) 当回流比 $R<R_{min}$ 时,精馏塔是否还能够正常操作?

【数据表格参考示例】

表 3-11-2　全回流条件下原始数据及计算结果表

学号:________　姓名:________　同组:________________　实验装置编号:________

塔釜加热电压:______ V　塔釜加热电流:______ A　冷却水流量:______ L/h

项　目	折光指数 n_D			质量分数 w/(%)	摩尔分数 x
	1	2	平均值		
塔顶					
塔釜					
理论塔板数					
等板高度					

表 3-11-3　部分回流精馏实验原始数据及计算结果表

塔釜加热电压:______ V　塔釜加热电流:______ A　冷却水流量:______ L/h　x_F:______

操作回流比:______　塔顶产品采出量:______ mL/s　进料量:______ mL/s

项　目	折光指数 n_D			质量分数 w/(%)	摩尔分数 x
	1	2	平均值		
塔顶					
进料					
塔釜					
理论塔板数					
等板高度					

实验 12　板式塔流体力学性能演示实验

【实验目的】

(1) 了解板式塔各类型塔板的结构，观察比较各塔板上的气、液两相的流动和接触状况。

(2) 研究各塔板的正常和极限操作状态，包括漏液情况、泡沫状态、液泛情况和严重液沫夹带情况等。

(3) 掌握塔板负荷性能图的测定方法，计算塔板的操作弹性。

【实验原理】

板式塔是一种应用广泛的气液两相接触并进行传热、传质的塔设备，可用于精馏、吸收(解吸) 和萃取等化工单元操作。与填料塔不同，板式塔属于分段接触式气液传质设备，塔板上气液接触良好与否，和塔板结构、气液两相相对流动情况有关，后者即是本实验研究的流体力学性能。

板式塔是靠自上而下的液体在塔板上流动，和自下而上的气体在穿过塔板上流动的液体时，进行接触(错流、逆流) 来达到传质、传热目的的。塔板的孔道结构为气、液充分接触提供条件；通过调整最适气、液流量，可以达到最佳的传质、传热效率。

1. 塔板的组成

塔板是板式塔的核心部件，其结构和性能决定了塔的基本性能。

对塔板的基本要求有两条。

(1) 必须创造良好的气液接触条件，既要求有足够的接触面积，还要使接触表面不断更新，以增加传热传质推动力。

(2) 从全塔总体讲，应保证气液逆流流动，尽量减少返混并防止气相或液相短路。

各种塔板板面大致可分为四个区域，即鼓泡区、溢流区、安定区和无效区(边缘区)。

塔板开孔部分称为鼓泡区，即气液两相传质的场所，也是区别各种塔板的依据。降液管所占的部分称为溢流区；如图 3-12-1 阴影部分所示称为安定区，又称破沫区；靠近塔壁的一圈边缘区域，供支持塔板的边梁之用，称为无效区，也称边缘区。

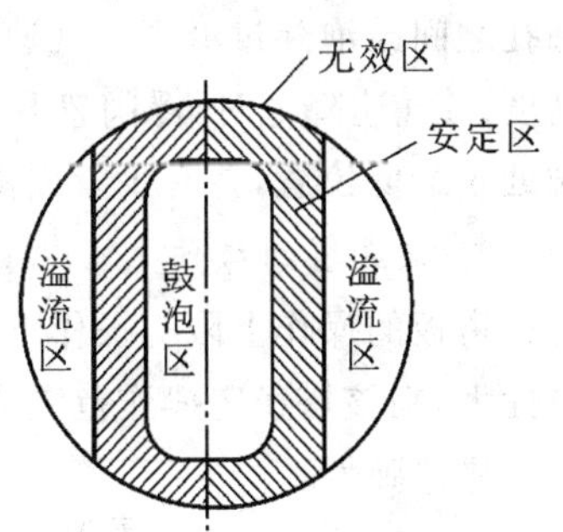

图 3-12-1　塔板板面分区示意图

2. 常用塔板类型

(1) 泡罩塔板：为最早应用于生产上的塔板之一，因其操作性能稳定，至今仍占有一定的地位，特别适用于容易堵塞的物系。

泡罩塔板如图 3-12-2(a)所示。塔板上装有若干升气管，每根升气管上覆盖着一只泡罩(多为圆形，也可以是条形或其他形状)。泡罩下边缘或开齿缝或不开齿缝，操作时气体从升气管上升再经泡罩与升气管的环隙，然后从泡罩下边缘或经齿缝排出进入液层。

泡罩塔板操作稳定，传质效率(对塔板而言称为塔板效率) 略低于筛板塔。缺点是结构复杂、造价高、塔板阻力大。液体通过塔板的液面落差较大，因而易使气流分布不均，造成气液接触不良。

(2) 筛孔塔板(简称筛板):也是最早出现的塔板之一。如图 3-12-2(b)所示,筛板就是在板上打很多筛孔,操作时气体直接穿过筛孔进入液层。操控得当时,筛板塔不仅能稳定操作且造价低廉,生产能力和板效率均高于泡罩塔板,因而在国内外已大量应用。

筛板塔的优点是构造简单、造价低,既能稳定操作,板效率也较高。缺点是小孔易堵(近年来开发了孔径达 30 mm 的大孔径筛板,以适应大塔径、易堵塞物料的需要),操作弹性和板效率略低于浮阀塔板。

(3) 浮阀塔板:这种塔板如图 3-12-2(c)所示 ,是 20 世纪 40～50 年代才发展起来的,因其兼有泡罩塔和筛板塔的优点,在国内应用最广(特别是石化工业)。其优点是生产能力大,操作弹性大,效率高,适应性强,塔压降及液面落差小,构造简易,造价低于泡罩塔。

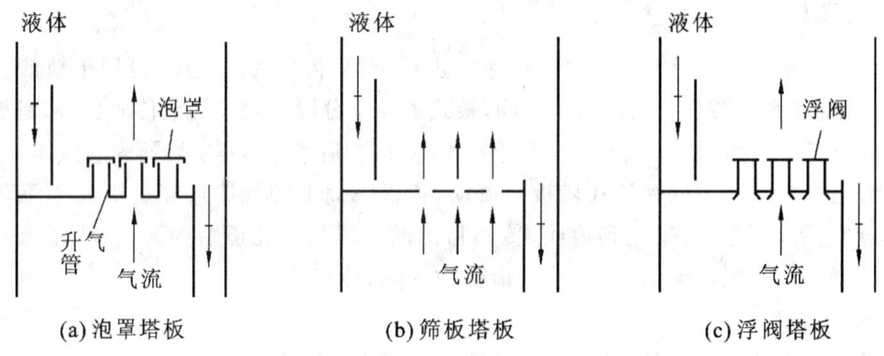

(a) 泡罩塔板　　(b) 筛板塔板　　(c) 浮阀塔板

图 3-12-2　常用塔板示意图

浮阀塔的结构特点是将浮阀装在塔板上的孔中,能自由地上下浮动,随气速的不同,浮阀打开的程度也不同,可有效地避免漏液,但增大了气流阻力,也有与塔板粘连的问题。

浮阀塔板的操作原理如下:上升的气体到达浮阀塔板时,塔板上浮阀升起,气体从阀片和阀孔之间鼓泡穿过液层。气速高时,浮阀全部升起(升起的最大高度即阀脚钩住塔板时的间隙高度);气速降低时,浮阀忽升忽降,或一部分升起,一部分降至最低位置;气速再低时全部浮阀处于最低位置,并有少量漏液。故浮阀可以根据气量大小来调节气流流通截面。

3. 板式塔的操作

塔板的操作上限与操作下限之比称为操作弹性。操作弹性是塔板的一个重要特性。操作弹性大,则该塔稳定操作范围大,这是人们所希望的。

操作弹性
$$O_V = V_{s,max}/V_{s,min} \tag{3-12-1}$$

或
$$O_L = L_{s,max}/L_{s,min} \tag{3-12-2}$$

式中:$V_{s,max}$、$V_{s,min}$分别为操作允许的最大、最小气体流量,m^3/h;$L_{s,max}$、$L_{s,min}$分别为操作允许的最大、最小液体流量,m^3/h。通常,操作弹性多指 O_V。

为了使塔板在稳定范围内操作,必须了解板式塔的几个极限操作状态。本实验主要观察测定各塔板的漏液气速、液泛气速和严重液沫夹带气速,即塔板的操作上、下限。

(1) 漏液气速 u_L。塔板上液体直接由板孔漏下的现象称为漏液。在一定液体流量前提下,液体从塔板孔泄漏的量占液体流量 10%时的气速,称为漏液气速,也称最小气速,即板式塔操作的下限气速。(当无法测量漏液量时,可观察确定刚使液体不从塔板孔泄漏时的气速,视为漏液气速)

(2) 液泛气速 u_F。当液体流量足够大,使得降液管内液体积累上升以至于超过溢流堰时,或当气速过大，把下层板上的液体大量带入上层塔板使液层增高，最终导致塔板间充满液体，这就是板式塔的液泛。液泛气速就是达到液泛时的气速，也称泛点气速，即板式塔操作的上限气速。实际上液泛往往发生在气、液流量都相当大的情况下。

(3) 严重液沫夹带气速 u_W。由某层塔板上升的气体中携带有该层塔板的液滴的现象称为液沫夹带。当液沫夹带量超过 0.1kg 液体/kg 干气时称为严重液沫夹带。当液沫夹带量等于 0.1kg 液体/kg 干气时的气速称为严重液沫夹带气速，这也是板式塔操作的上限气速。

如图 3-12-3 所示，板式塔的操作原理可概述为：上一层塔板上的液体由降液管流至塔板，并经过板面由另一降液管流至下一层塔板。而下一层板上升的气体（或蒸汽）经塔板上的筛孔，以鼓泡的形式穿过塔板上的液体层，并在此进行气液接触传质。离开液层的气体继续升至上一层塔板，再次进行气液接触传质。由此经过若干层塔板，由塔板结构和气液两相流量而定。在塔板结构和液量已定的情况下，鼓泡层高度随气速而变。通常在塔板以上形成三种不同状态的区间，靠近塔板的液层底部属鼓泡区，如图中 1；液层表面属泡沫区（泡沫区越大越好），如图中 2；液层上方空间属雾沫区，如图中 3。

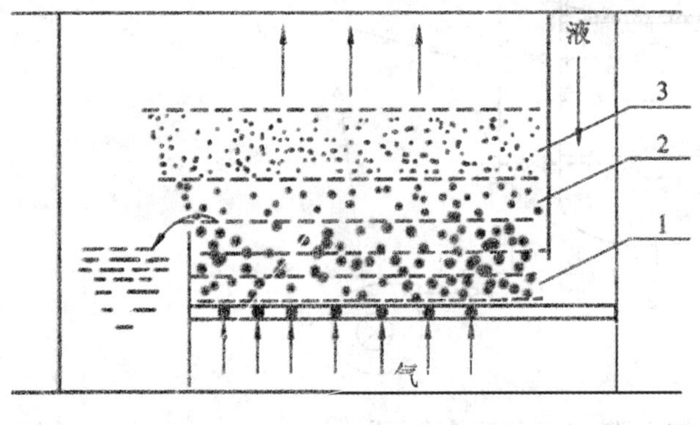

图 3-12-3　筛板塔操作简图

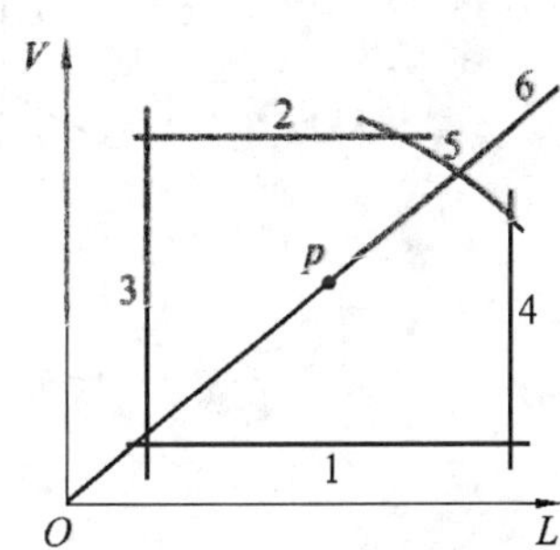

图 3-12-4　塔板负荷性能图

1—漏液线；2—严重液沫夹带线；3—液相流量下限线；4—液相流量上限线；5—液泛线；6—操作线

这三种状态都能起气液接触传质作用，其中泡沫状态的传质效果尤为良好。当气速不很大时，塔板上以鼓泡区为主，传质效果不够理想。随着气速增大到一定值，泡沫区增加，传质效果显著改善，相应的液沫夹带虽有增加，但还不至于影响传质效果。若气速超过一定范围，则雾沫区显著增大，液沫夹带过量（气体中夹带液滴质量≥0.1kg 液体/kg 干气），将严重影响传质效果。因此，板式塔必须在适宜的液体流量和气速下操作，才能达到良好的传质效果。

塔板的气、液流量正常操作范围通常用塔板的负荷性能图来表示，见图 3-12-4，图中 5 条线包围的部分是正常操作范围，p 点称为操作点。当塔板结构和物系确定后，塔板的负荷性能图随之确定，可由实验测得。因此，操作可变因素仅为气体流量和液体流量。只有当气、液流量处于适当的比例范围内，塔板上气、液流动状况才是良好的，才能得到良好的传质传热效果。负荷性能图以液体体积流量为横坐标，气体体积流量为纵坐标，由液相流量下限线、漏液线、液相流量上限线、液泛线和严重液沫夹带线组成。负荷性能可由公式计算，也可由实验确定。

实际生产中，液相流量上限线（最大液量线）由液体在降液管中停留时间为 3～5 s 确定；液相流量下限线（最小液量线）由溢流堰上方液层高度等于 6 mm 确定。

对塔板的要求通常是结构简单、传质传热效果好、气液通过能力大、压降小、操作弹性大、造价低。

【实验装置、流程与参数】

1. 实验装置

本实验装置如图 3-12-5 所示。

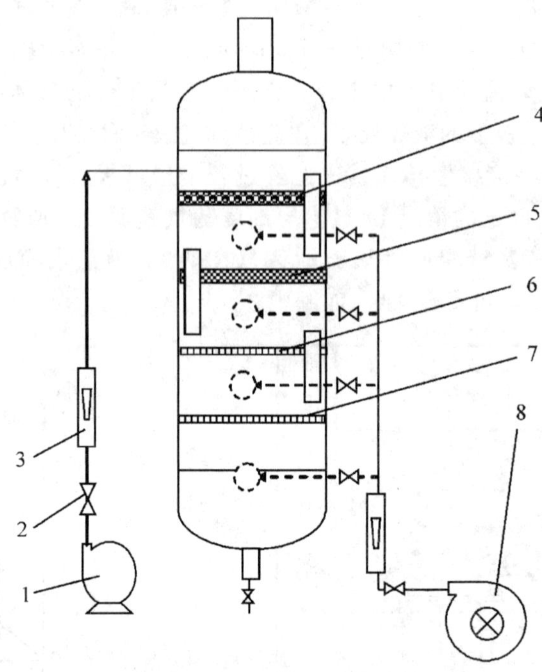

图 3-12-5　塔板流体力学性能实验装置示意图

1—增压泵；2—调节阀；3—转子流量计；4—有降液管筛孔板；5—浮阀塔板；6—泡罩塔板；7—无降液管筛孔板；8—风机

2. 实验流程

水由增压泵 1 经调节阀 2、转子流量计 3 由塔顶流入塔内，流经有降液管筛板 4、浮阀塔板 5、泡罩塔板 6、无降液管筛板 7 后经塔底排液阀流回水槽循环使用(底阀和水槽图中未画出)；空气由风机 8 输送，根据实验需要分别由阀门控制进入所研究的塔板下侧，向上流经塔板穿过水层，最后由塔顶排空。

3. 主要设备及仪表参数

(1) 装置主体(塔节) 材质为有机玻璃，内径为 200 mm，板间距为 300 mm。

(2) 降液管材质为有机玻璃，内径均为 25 mm。

(3) 转子流量计量程范围，水：25～400 L/h；空气：10～100 m^3/h。

(4) 主体尺寸 1500×500×2230(长×宽×高，mm)。

(5) 电压 AC220 V，功率 2 kW，标准单相三线制。

【实验内容、步骤及注意事项】

1. 实验内容

本实验要求测定固定液体流量下气体流量(或气速) 对各种塔板上气液接触状况影响的

有关实验数据。以浮阀塔板为例：

(1) 分别调节水流量 $L=100$、200、300、400 L/h，测定 u_L、u_F、u_W，注意观察现象，做好记录；

(2) 绘制塔板负荷性能图，并计算塔板的操作弹性 O_V。

2．实验步骤

操作时，首先固定水流量，改变气速，观察各种气速时的运行情况。实验开始前，先检查水泵和风机电源，并保持所有阀门全关状态。下面以有降液管的筛孔板(即最上层塔板）为例，介绍该塔板流体力学性能测定、操作。

(1) 微开水泵出口调节阀，开启水泵电源，之后逐渐开大阀门，观察液流从塔顶流出的情况；通过水转子流量计调节液体流量处于适宜的位置，并保持稳定流动。

(2) 微开风机出口阀，打开有降液管筛孔板下对应的气流进口阀，开启风机电源。通过空气转子流量计自小而大调节气流量，观察塔板上气液接触的几个不同阶段，即由漏液至鼓泡、泡沫和液沫夹带到最后淹塔。也可由大到小调节气流量进行实验，效果类似。

① 全开气阀，这种情况气速达到最大值，此时可看到泡沫层很高，并有大量液滴从泡沫层上方往上冲，这就是液沫夹带现象。这种现象表示实际气速大大超过设计气速。

② 逐渐关小气阀，这时飞溅的液滴明显减少，泡沫层高度适中，气泡很均匀，表示实际气速符合设计值，这是各类型塔的正常运行状态。

③ 再进一步关小气阀，当气速大大小于设计气速时，泡沫层明显减少，因为鼓泡少，气、液两相接触面积大大减少，显然，这是各类型塔的不正常运行状态。

④ 再慢慢关小气阀，此时可以看见塔板上既不鼓泡，液体也不下漏的现象。若再关小气阀，则可看见液体从塔板上漏出，这就是塔板的漏液点(一定液体流量下的气体流量值)。

观察实验的两个临界气速，即作为操作下限的"漏液点"——刚使液体不从塔板上泄漏时的气速，和作为操作上限的"液泛点"——使液体不再从降液管流下(对于无降液管筛板，是指不降液)，而是从下层塔板上升直至淹塔时的气速。

对于其余两种类型的塔板也进行以上的操作。实验过程中，注意塔身与下水箱的接口处应保持一定高度的液封，以免漏出风量。

3．注意事项

(1) 启动水泵和风机之前，检查出口阀是否少许开启，这样既可避免泵和风机过载，又可防止转子流量计的转子突然冲顶而将流量计玻璃管撞碎。

(2) 实验结束后，要先关水泵，后关风机，防止水倒灌风机。

【实验报告要点】

(1) 参考数据表格示例制作完成实验记录表(见表 3-12-1)。

(2) 绘制浮阀塔板的负荷性能图。

(3) 计算各塔板的操作弹性 O_V。

(4) 对实验现象或发现的问题进行讨论分析。

【思考题】

(1) 板式塔的负荷性能图由哪几条曲线组成？该图的主要作用是什么？

(2) 评价塔板性能的指标是什么?

(3) 讨论筛板、浮阀塔板、泡罩塔板各自的优缺点。

(4) 在板式塔中,气、液两相的传质面积是固定不变的吗?为什么?

【数据表格参考示例】

表 3-12-1 板式塔流体力学性能实验原始记录表(以浮阀塔板为例)

学号:________ 姓名:________ 同组:____________ 实验装置编号:__________

室温:______℃ 大气压:________kPa 实验日期:______年___月___日

序号	塔板类型	水流量/(L/h)	空气流量/(m^3/h)			备注
			漏液	液泛	液沫夹带	
1	浮阀塔板	100				
		200				
		300				
		400				
2	筛板塔板	100				
		200				
		300				
		400				

*实验 13 填料塔吸收综合实验

【实验目的】

(1) 了解填料吸收塔的结构,掌握其操作方法。

(2) 学习填料吸收塔流体力学性能的测量方法。

(3) 学习并掌握填料吸收塔传质性能参数的测量方法。

(4) 加深对填料吸收塔的一些基本概念及理论的理解。

(5) 了解相关仪器(如气相色谱仪和六通阀等)的使用方法。

【实验原理】

吸收是分离混合气体时,利用混合气体中某组分在吸收剂中的溶解度不同而达到分离目的的一种单元操作。不同的组分在不同的吸收剂、吸收温度、气液比及吸收剂进口浓度下,其吸收速率是不同的。所选用的吸收剂对某组分的吸收具有选择性。

总体积吸收系数和传质单元数等传质性能参数是决定吸收过程速率的重要指标,而实验测定是获取这些参数的根本途径。对于相同的物系及一定的设备(包括填料类型与尺寸),总体积吸收系数将随着操作条件及气液接触状况的不同而变化。

1. 气-液相平衡关系

本实验所用气体混合物中溶质(如 CO_2、氨、丙酮气体)浓度很低,所得吸收液的浓度也较低，所以吸收过程的计算可按低浓度来处理，即气-液相平衡关系服从亨利定律，可用方程式 $Y^*=mX$（或 $X^*=Y/m$）表示；又因是常压操作，相平衡常数 m 仅是温度的函数。（装置Ⅰ：本实验条件下可视为等温过程）

本实验主要测定逆流操作吸收塔总体积传质系数 K_ya（或 K_xa）和传质单元高度 H_{OG}（或 H_{OL}）、填料塔流体力学性能。

2. 有关计算公式

实验物系为纯水吸收溶质气体 A（CO_2、氨或丙酮气体），惰性气体为空气 B。气相中溶质组分 A 对惰性组分 B 的物质的量之比（塔底进口 Y_1、塔顶出口 Y_2）：

$$Y_1=\frac{y_1}{1-y_1}=\frac{V_A}{V_B}=\frac{V_{CO_2}}{V_{air}}=\frac{V_{NH_3}}{V_{air}}=\frac{V_{丙酮}}{V_{air}} \tag{3-13-1}$$

$$Y_2=\frac{y_2}{1-y_2} \tag{3-13-1a}$$

$$Y_2=\frac{2M_{H_2SO_4}V_{H_2SO_4}}{V_{量气管}/22.4}\quad（装置Ⅱ） \tag{3-13-1b}$$

物料衡算式

$$V(Y_1-Y_2)=L(X_1-X_2) \tag{3-13-2}$$

由于 $X_2=0$（纯水进口），则

$$X_1=\frac{V}{L}(Y_1-Y_2) \tag{3-13-3}$$

$$X_1=\frac{2M_{H_2SO_4}V_{H_2SO_4}}{V_{NH_3}\times 1000/18}\quad（装置Ⅱ） \tag{3-13-3a}$$

相平衡式

$$Y^*=mX \tag{3-13-4}$$

$$X^*=Y/m \tag{3-13-4a}$$

气相总传质单元数

$$N_{OG}=\frac{Y_1-Y_2}{\Delta Y_m} \tag{3-13-5}$$

液相总传质单元数

$$N_{OL}=\frac{X_1-X_2}{\Delta X_m} \tag{3-13-5a}$$

气相总传质单元高度

$$H_{OG}=\frac{Z}{N_{OG}} \tag{3-13-6}$$

液相总传质单元高度

$$H_{OL}=\frac{Z}{N_{OL}} \tag{3-13-6a}$$

气相总体积传质系数

$$K_ya=\frac{V}{H_{OG}\Omega} \tag{3-13-7}$$

液相总体积传质系数

$$K_xa=\frac{L}{H_{OL}\Omega} \tag{3-13-7a}$$

对数平均吸收推动力

$$\Delta Y_m=\frac{\Delta Y_1-\Delta Y_2}{\ln\frac{\Delta Y_1}{\Delta Y_2}}=\frac{(Y_1-mX_1)-(Y_2-mX_2)}{\ln\frac{Y_1-mX_1}{Y_2-mX_2}} \tag{3-13-8}$$

$$\Delta X_m=\frac{\Delta X_1-\Delta X_2}{\ln\frac{\Delta X_1}{\Delta X_2}}=\frac{(Y_1/m-X_1)-(Y_2/m-X_2)}{\ln\frac{Y_1/m-X_1}{Y_2/m-X_2}} \tag{3-13-8a}$$

混合气中溶质的回收率（吸收率，被吸收的百分率）

$$\phi_A=\frac{Y_1-Y_2}{Y_1}\times 100\%=\frac{y_1-y_2}{y_1}\times 100\% \tag{3-13-9}$$

操作条件下的喷淋密度
$$U=\frac{液体流量(m^3/h)}{塔截面积(m^2)} \tag{3-13-10}$$

最小喷淋密度经验值　　$U_{min}=0.2\ m^3/(m^2\cdot h)$　（装置Ⅰ）

式中：y_1、y_2 分别为进口（塔底）和出口（塔顶）气相中溶质的摩尔分数；V_A（V_{CO_2} 或 V_{NH_3} 或 $V_{丙酮}$）、V_B（V_{air}）分别为溶质气体 A（CO_2 或 NH_3 或丙酮气体）、空气的体积流量，m^3/h；V 为空气的摩尔流量，kmol/h；L 为吸收剂的流量，kmol/h；Z 为填料层高度，m；Ω 为填料塔横截面积，m^2，$\Omega=(\pi/4)D^2=0.785D^2$；$m$ 为相平衡常数，$m=E/p$，量纲为 1（E 为亨利系数，Pa；p 为系统总压，Pa；由吸收平均温度 t 即吸收剂进出口处温度的算术平均值确定）；$M_{H_2SO_4}$ 为硫酸溶液的物质的量浓度，mol/L；$V_{H_2SO_4}$ 为硫酸溶液的体积，mL；$V_{量气管}$ 为量气管测出的空气总体积，L。

常压及液相浓度在 5% 以下时，CO_2-H_2O 体系相平衡常数 m 的值可由附录查得；NH_3-H_2O 体系相平衡常数 m 的值可由本实验附图查得；丙酮-水体系在任一温度下的相平衡常数 m 可用式 $m=0.5855e^{0.0518t}$ 计算，温度 t 取吸收平均温度。

空气的摩尔流量
$$V=\frac{V_{air}}{22.4}\times\frac{T_0}{T}=\frac{V_{air}}{22.4}\times\frac{273}{273+t_{操作}} \tag{3-13-11}$$

CO_2 实际流量
$$V_{CO_2}=V_{转}\sqrt{\frac{273+t_{操作}}{273+20}} \tag{3-13-12}$$

式中：$V_{转}$ 为 CO_2 转子流量计读数，L/min；$t_{操作}$ 为操作温度，℃。

U 形管压差计计算公式
$$\Delta p=\rho g h \tag{3-13-13}$$

式中：ρ 为指示液密度，kg/m^3；$g=9.81\ m/s^2$；h 为指示液液柱高度差，m。

3. 吸收塔的操作

吸收操作的目标是使尾气浓度 Y_2 尽可能小或溶质回收率 ϕ_A 尽可能大。影响 Y_2 值的因素既有设备因素，也有操作因素。

1）设备因素

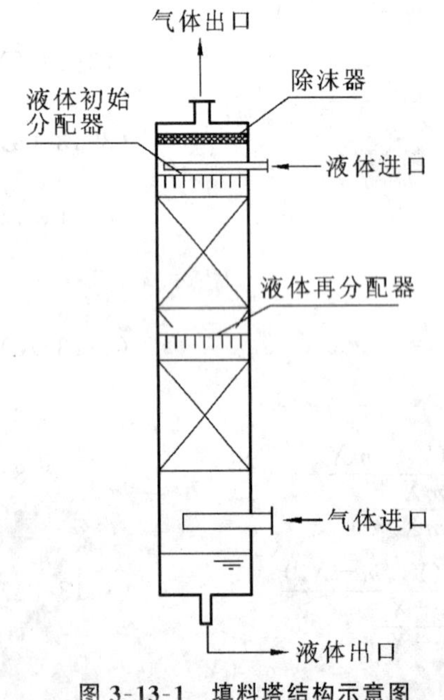

图 3-13-1　填料塔结构示意图

（1）填料塔的结构。

典型填料塔的主体结构呈竖直圆筒形，如图 3-13-1 所示。塔内分层填充一定高度的填料层，填料层底端由格栅支撑，液体初始分配器和液体再分配器使吸收剂均匀地分散至整个塔截面的填料上。液体靠重力自上而下流动，气体靠压差自下而上流动。填料的表面覆盖着一层液膜，气液传质发生在气液接触面上。

填料种类很多，包括散装填料如环状的拉西环、鲍尔环、θ 环等，规整填料如不锈钢金属丝网波纹填料、格栅填料等。评价填料特性的主要指标有 3 个：①比表面积 $a(m^2/m^3)$，a 越大越好；②空隙率 ε，ε 越大，则填料层压降越小；③填料因子 $\Phi=a/\varepsilon^3\ (1/m)$，$\Phi$ 越小，则流动阻力越小。

（2）填料的作用及操作要求。

① 增加气液接触面积。要求：一要保证填料充分

润湿(润湿率＞80％)；二要保证液体为分散相，气体为连续相(否则失去填料的作用)。

② 增加气液接触面的湍动程度。要求：一要保证气液逆流；二要气液比适宜，若气速过大(或液体流量过大)，液体下降速度为零(或液体下降速度远小于液面上升速度)，就会发生液泛。

只有填料塔的操作满足上述要求，才会充分发挥其作用。

(3) 液体分配器的作用。

① 使填料均匀润湿，从而增加气液接触面积；

② 克服液体向塔壁偏流现象。为此，每隔一定高度的填料层，应装配液体再分配器。

2) 操作因素

对于特定的吸收过程，改变吸收剂的流量 L、温度 t 及其进口浓度 X_2 三要素对降低 Y_2 所起的作用是不同的。故必须根据具体情况，采取相应措施。下面就吸收剂循环使用情况进行讨论。

(1) 当 $L/V>m$ 时，推动力 ΔY_m 由操作线靠近平衡线的那一端所决定[见图 3-13-2(a)]。若增加吸收剂 L 的流量，将导致解吸超负荷，解吸不彻底则会引起吸收剂进口浓度 X_2 增大，从而使尾气浓度 Y_2 也增大。针对这种情况，控制操作的要素是降低 X_2，方法有二：①尽可能使解吸彻底；②适当增加新鲜吸收剂的用量。

(2) 当 $L/V<m$ 时，若适当增加吸收剂流量，一方面可改善操作线的斜率，Δy_m 将增大[见图 3-13-2(b)]，另一方面可提高液膜传质分系数。若物系属于液膜控制，此时控制操作的要素是适当增大吸收剂的流量 L。但 L 的增大是受限的，实际生产中 $L/V=(1.1\sim2)(L/V)_{\min}$，同时还要考虑解吸设备的处理能力 X_1。

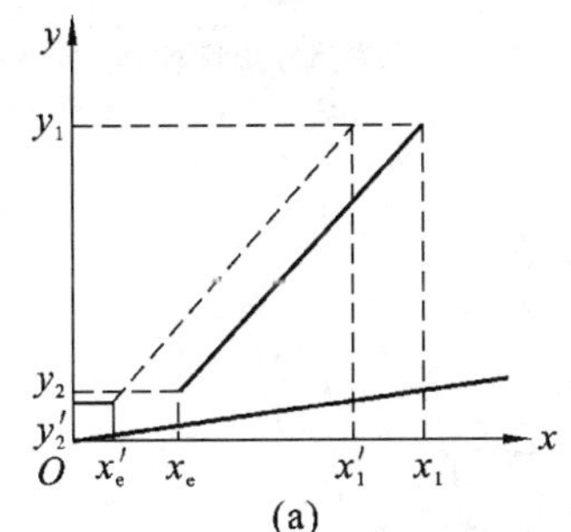

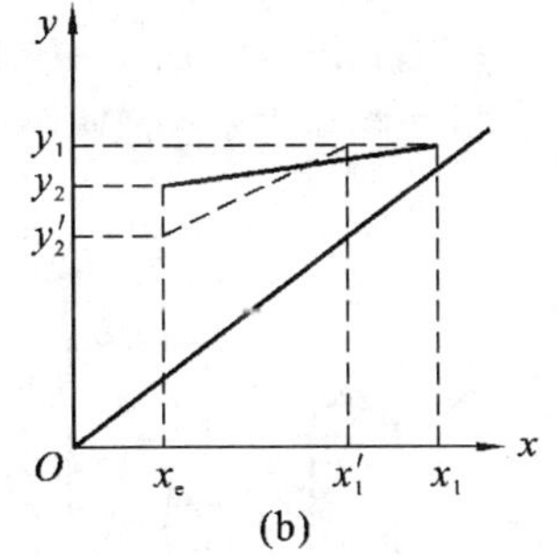

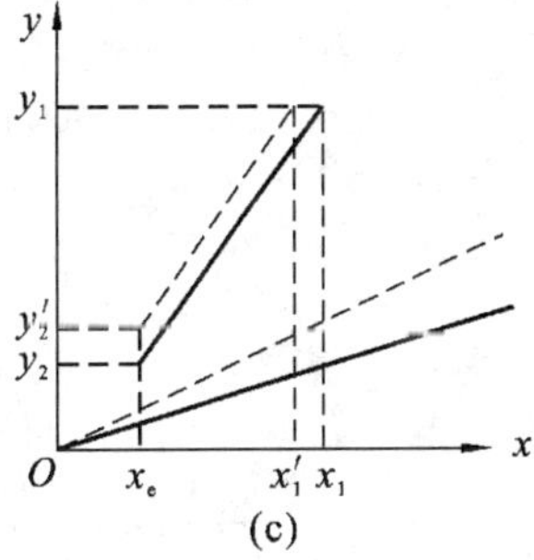

图 3-13-2　操作线与平衡线的关系

(3) 当吸收为强放热过程时，吸收液温度自塔顶至塔底明显升高，甚至会达到解吸温度。此时平衡线变陡，传质推动力 Δy_m 下降[见图 3-13-2(c)]。例如，用水吸收 SO_3 制备 H_2SO_4，第一步只能制得 93％的硫酸，再用冷却后的 93％硫酸吸收 SO_3，经脱去少量水后制得 98％的浓硫酸。此时控制操作的要素是吸收剂温度 t，有效方法是增加吸收液中间冷却环节。

【实验装置、流程与参数】

1. 实验装置

实验装置流程如图 3-13-3 至图 3-13-5 所示。

2. 实验流程

三套装置、三种物系虽有不同，但其基本流程是相同的：来自水泵(或高位槽)的纯水由填

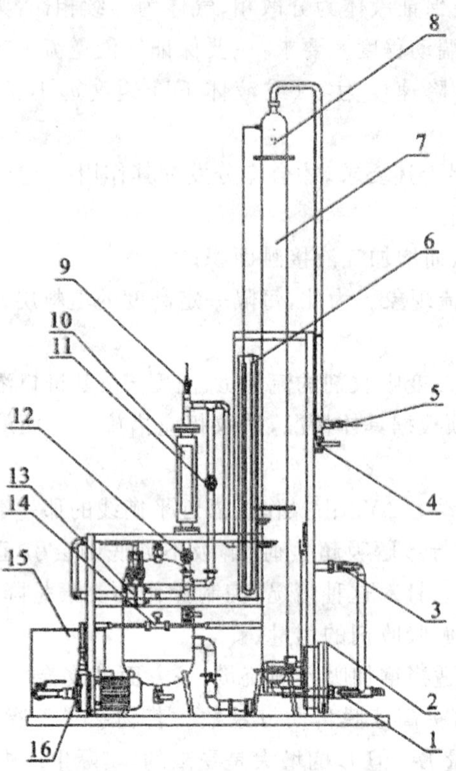

图 3-13-3　TX200D 型吸收装置流程示意图(装置Ⅰ)

1—液体出口阀 2;2—风机;3—液体出口阀 1;4—气体出口阀;5—出塔气体取样口;6—U 形管压差计;7—填料层;8—塔顶液体初始分配器;9—进塔气体取样口;10—玻璃转子流量计;11—混合气体进口阀 1;12—混合气体进口阀 2;13—孔板流量计;14—涡轮流量计;15—水箱;16—水泵

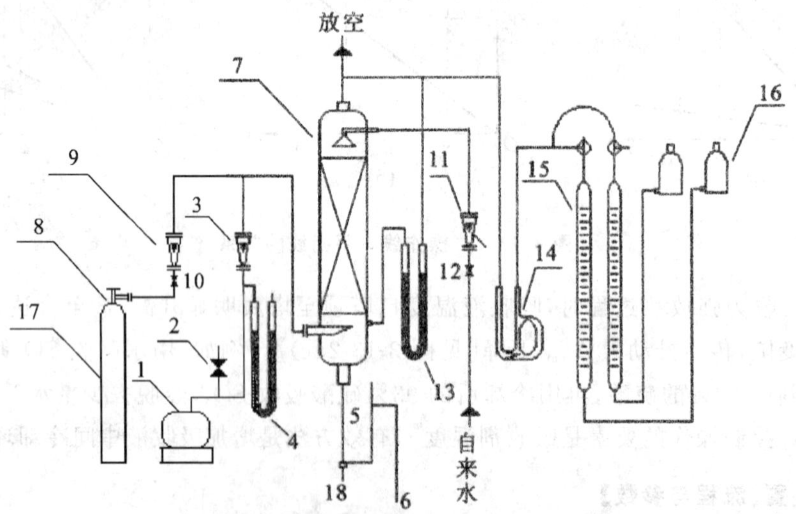

图 3-13-4　填料吸收塔实验装置流程示意图(装置Ⅱ)

1—鼓风机;2—空气流量调节阀;3—空气转子流量计;4—空气进入流量计处压力;5—液封管;6—吸收液取样口;7—填料吸收塔;8—氨瓶阀门;9—氨转子流量计;10—氨流量调节阀;11—水转子流量计;12—水流量调节阀;13—U 形管压差计;14—吸收瓶;15—量气管;16—水准瓶;17—氨瓶;18—吸收液温度计

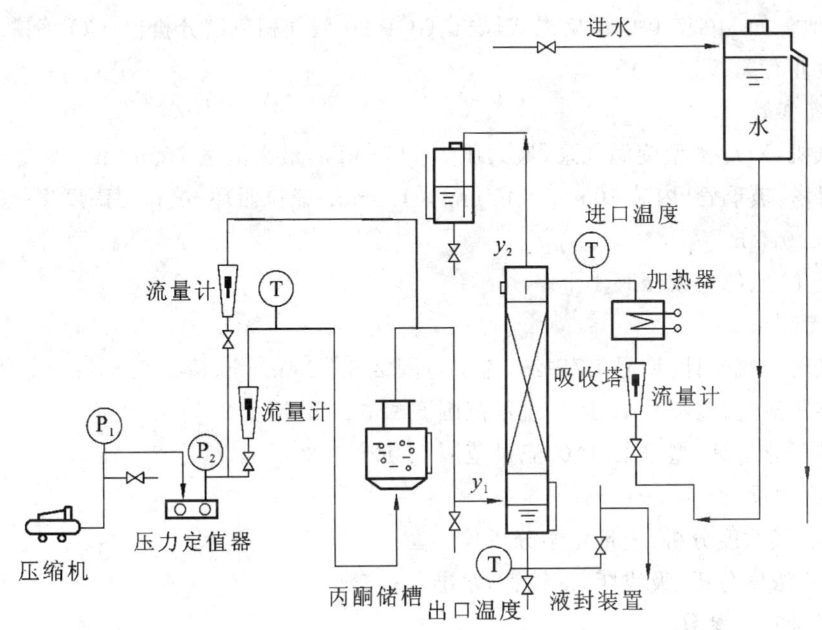

图 3-13-5　水吸收丙酮装置流程示意图(装置Ⅲ)

料塔顶部经喷头喷淋在填料顶层。来自风机的空气和溶质气体(CO_2 或 NH_3或丙酮气体)一起进入气体混合器混合后导入塔底,与水在塔内逆流接触,进行质量和热量的交换,尾气由塔顶导出放空,吸收剂由塔底排出,进入解吸循环或排放。

装置Ⅱ流程:空气由鼓风机 1 送入空气转子流量计 3 计量(流量由阀 2 调节),氨气由氨瓶送出,经过氨瓶阀门 8 进入氨转子流量计 9 计量(流量由阀 10 调节),然后进入空气管路与空气混合后进入填料吸收塔 7 的底部,水由自来水管经水转子流量计 11(流量由阀 12 调节)计量,然后进入塔顶。

分析塔顶尾气浓度时靠降低水准瓶 16 的位置,将塔顶尾气吸入吸收瓶 14 和量气管 15。在吸入塔顶尾气之前,预先在吸收瓶 14 内放入 5 mL 已知浓度的硫酸,用于吸收尾气中的氨。吸收液取样口 6 在塔底处。填料层压降用 U 形管压差计 13 测定。

3. 主要设备及仪表参数

1) 装置Ⅰ有关参数

(1) 吸收塔为有机玻璃圆筒状填料塔,塔内径 100 mm,塔内装有不锈钢金属丝网波纹规整填料,填料层总高度 2 m。塔顶有液体初始分配器,塔中部有液体再分配器,填料底端有栅板式填料支承装置。塔底部有液封装置,以防气体泄漏。

(2) 填料规格和特性。不锈钢金属丝网波纹规整填料,型号 JWB-700Y,规格 ϕ100 mm×100 mm,比表面积 700 m^2/m^3。

(3) 转子流量计,具体参数见表 3-13-1。

表 3-13-1　转子流量计参数

介　质	条　　件				
	常用流量	最小刻度	标定介质	标定条件	型号
CO_2	2 L/min	0.2 L/min	CO_2	20 ℃、101325 Pa	DK800-6

(4) 其他。如 HG-750-C 型旋涡式风机,GC1690 型气相色谱分析仪,CO_2 钢瓶。

2) 装置Ⅱ有关参数

(1) 设备参数。

① 鼓风机:XGB-2 型旋涡气泵,最大压力 1176 kPa,最大流量 75 m^3/h。

② 填料塔:玻璃管,内装 10 mm×10 mm×1.5 mm 瓷拉西环,填料层高度 $Z=0.4$ m,填料塔内径 $D=0.075$ m。

③ 氨瓶 1 个、氨气减压阀 1 个。

(2) 流量测量。

① 空气转子流量计:型号 LZB-25,流量范围 2.5~25 m^3/h,精度 2.5%。

② 水转子流量计:型号 LZB-6,流量范围 6~60 L/h,精度 2.5%。

③ 氨转子流量计:型号 LZB-6,流量范围 0.06~0.6 m^3/h,精度 2.5%。

(3) 浓度测量。

塔底吸收液浓度分析:定量化学分析仪一套。

塔顶尾气浓度分析:吸收瓶,量气管,水准瓶一套。

3) 装置Ⅲ有关参数

吸收塔径:50 mm;填料层高度:280 mm;填料类型:拉西环;填料尺寸:ϕ7 mm×1 mm;操作压力:101325 Pa;定值器压力:0.02 MPa。

【实验内容、步骤及注意事项】

1. 实验内容

(1) 先测定干填料层$(\Delta p/Z)$-u 关系曲线,然后测定某一液体喷淋量下填料层$(\Delta p/Z)$-u 关系曲线。

(2) 分别测定下列不同条件下溶质(CO_2 或 NH_3或丙酮气体)的回收率、填料层的传质单元数、传质单元高度和总体积吸收系数等参数:

① 在室温条件下,固定吸收剂流量,改变空气流量;

② 在室温条件下,固定空气流量,改变吸收剂流量;

③ 在空气和吸收剂流量均不变的条件下,改变吸收剂温度。

2. 实验步骤及注意事项

1) 装置Ⅰ实验步骤及注意事项

(1) 实验步骤。

① 熟悉实验流程,弄清气相色谱仪及其配套仪器的基本原理、使用方法和注意事项(标准曲线由教师于实验前制作)。

② 打开混合罐底部排空阀,排尽空气混合储罐中的冷凝水。

③ 打开仪表电源开关及风机电源开关,进行仪表自检。

④ 干填料 Δp-u 关系测定。全开气体出口阀 4 后启动风机,由仪表按钮或电脑调节进塔空气流量,按空气流量从小到大的顺序,调节流量计阀门开度(分 5~10 个间隔,每调节一次至少稳定 5 min),测取填料层压降 Δp(U 形管压差计读数)、空气流量和流量计处空气温度,做好记录(同时在电脑操作界面点击“采集”按钮)。测完 5~10 组数据后,进行下一步。

⑤ 填料润湿。打开水源阀门,仪表流量置零(关闭离心泵出口阀),启动泵后再逐渐调大

水流量至 0.4～0.5 m³/h，使水从塔顶喷淋充分润湿填料(10～15 min)。

塔底液封控制：仔细调节液体出口阀开度，使塔底液位维持在一定范围内，以确保塔底不漏气为原则。

⑥ 一定液体流量条件下 Δp-u 关系测定。由仪表按钮调节水流量为 0.4 m³/h(维持手动状态，控制水流量恒定)，参照步骤④空气流量间隔和调节方法，测取填料层压降 Δp(U 形管压差计读数)、空气流量和流量计处空气温度，同时注意观察塔内气液接触状况，一旦见到液泛现象，立刻记下对应的空气流量(同时在电脑操作界面点击“采集”按钮)。测完 5～10 组数据后，进行下一步。

⑦ CO_2 吸收测定。

a. 仔细调节好水和空气流量(建议空气流量为 3～5 m³/h，水流量为 0.4～0.6 m³/h)，打开 CO_2 钢瓶总阀，并缓慢调节钢瓶的减压阀(注意开关时旋转方向与普通阀门相反，顺时针为开，逆时针为关)。仔细调节风机旁路阀门的开度，同时调节 CO_2 转子流量计，控制其流量，使其稳定在设定值(CO_2 流量为 2～5 L/min)。注意适时控制水、空气、CO_2 流量恒定。

b. 待塔操作稳定后(一般要 10 min 左右)，逐一读取各流量计、温度计、U 形管压差计、压力表上读数并记录(或由电脑自动记录，注意 U 形管压差只能手工记录)；使用六通阀在线进样(平行样相对误差≤5%即可)，利用气相色谱仪分析出塔底、塔顶气相组成并做好记录。

⑧ 维持步骤⑦的液体流量不变，改变空气流量，相应改变 CO_2 流量，维持 Y_1 不变，重复步骤⑦操作，测取相关数据。

⑨ 改变步骤⑦的液体流量，维持空气流量、CO_2 流量及 Y_1 不变，重复步骤⑦操作，测取相关数据。(此步骤课时少时可略)

⑩ 实验完毕，依次关闭 CO_2 钢瓶和转子流量计、自来水，把水流量调至最小后关闭水泵；把风量减至微小，全开排水阀使液封为零，关闭风机及其他阀门、电源开关(实验完成后一般先停水后停气，以免水从进气口倒压破坏管路及仪器)，清理实验仪器和实验场地。

(2) 注意事项。

① 启动风机前，务必全开空气出口阀，以免塔内压力过大造成事故。

② 固定好操作点后，应随时注意调整以维持各量动态稳定。

③ 在操作条件改变后，需要有较长的稳定时间(10 min 左右)，一定要等到稳定以后方可读取(采集)有关数据。

④ 使用气相色谱仪之前，务必先开氢气发生器至少 30 min；当载气总压稳定在 0.3 MPa 后方可开启色谱仪；观察氢气柱压力稳定在 0.1～0.2 MPa 方可升温；完成仪器设置、热导温度稳定于设定值且基线稳定后，才能进样分析。注意先测尾气，后测进口气样。

2) 装置Ⅱ实验步骤及注意事项

(1) 实验步骤。

① 测定干填料层($\Delta p/Z$)-u 关系曲线。先全开空气流量调节阀 2，后启动鼓风机，用阀 2 调节进塔的空气流量，按空气流量从小到大的顺序读取填料层压降 Δp、空气转子流量计读数和流量计处空气温度(测取 10 组数据左右)。

② 测定某喷淋量下填料层($\Delta p/Z$)-u 关系曲线。将水流量调节为 40 L/h，调节空气流量，然后按上面的方法实验，读取填料层压降 Δp、转子流量计读数和流量计处空气温度，并注意观察塔内的操作现象，一旦看到液泛现象，立即记下对应的空气转子流量计读数。发生液泛

后仍需缓慢增加气速，再测 2～3 组数据。

③ 传质性能测定。

a. 固定水流量为 30 L/h，选择适宜的空气流量，根据空气流量和温度及压力，计算出进塔的氨气流量，以使混合气体中氨的浓度在 0.02(摩尔分数)左右。

b. 调节好空气流量和水流量后，打开氨瓶总阀，用氨自动减压阀调节氨流量，使其达到需要值，在空气、氨气和水流量不变的条件下操作一定时间，待过程基本稳定后，记录各流量计读数，记录塔底排出液的温度，并分析塔顶尾气及塔底吸收液的浓度。

④ 尾气分析方法。

a. 排出两个量气管内空气，使其中水面达到最上端的刻度线零点处，并关闭三通旋塞。

b. 用移液管向吸收瓶内装入 5 mL 浓度为 0.005 mol/L 左右的硫酸，并加入 1～2 滴甲基橙指示液。

c. 将水准瓶移至下方的实验架上，缓慢地旋转三通旋塞，让塔顶尾气通过吸收瓶，旋塞的开度不宜过大，以能使吸收瓶内液体以适宜的速度不断循环流动为限；从尾气开始通入吸收瓶起就必须连续观察瓶内液体的颜色，中和反应达到终点时立即关闭三通旋塞，在量气管内水面与水准瓶内水面齐平的条件下读取量气管内空气的体积。若某量气管内已充满空气，但吸收瓶内未达到终点，可关闭对应的三通旋塞，读取该量气管内的空气体积，同时启用另一个量气管，继续让尾气通过吸收瓶。

d. 尾气浓度 Y_2 的计算方法见式(3-13-1b)。

⑤ 塔底吸收液的分析方法。

a. 当尾气分析吸收瓶达终点后，即用三角瓶接取塔底吸收液样品约 200 mL 并加盖。

b. 用移液管取塔底溶液 10 mL，置于另一个三角瓶中，加入 2 滴甲基橙指示剂。

c. 将浓度约为 0.05 mol/L 的硫酸置于酸滴定管内，用以滴定三角瓶中的塔底溶液至终点。

⑥ 水喷淋量保持不变，加大或减小空气流量，相应地改变氨流量，使混合气中的氨浓度与第一次传质实验时相同，重复上述操作，测定有关数据。

⑦ 实验完毕后，关闭旋涡气泵、进水阀门等仪器设备的电源，并将所有仪器复原。

(2) 注意事项。

① 开启氨瓶总阀前，要先关闭氨自动减压阀和氨流量调节阀。开启时开度不宜过大。

② 启动鼓风机前，务必先全开阀 2。

③ 做传质实验时，水流量不能超过规定范围，否则尾气的氨浓度极低，给尾气分析带来困难。

④ 两次传质实验所用的氨气浓度必须一样。

3) 装置Ⅲ实验步骤及注意事项

(1) 实验步骤。

实验物系为空气、丙酮和水。实验步骤如下。

① 开启气相色谱仪(由教师完成)。检查丙酮汽化器中是否需要补充丙酮。

② 打开高位水槽进水阀，保持高位水槽溢流管内始终有少量水流出。调节水流量为 3 L/h。打开空气压缩机电源开关，调节压力为 0.3 MPa，并将气动压力定值器设定为 0.02 MPa(由教师完成)。调节转子流量计，使空气流量为 400 L/h。

③ 待稳定 20 min 后，分别在气体进、出口取样分析。为使实验数据准确，先取出口 Y_2，后取进口 Y_1；取样针筒应在取样分析前用待测气体洗两次，取样量为 30 mL 左右。

分析混合气中丙酮的进或出口浓度 Y_1 或 Y_2。当用气相色谱仪平行测定 Y_1（或 Y_2）的实验误差小于 5%时，即认为实验条件已基本稳定。

④ 在稳定操作条件下测定气体的进、出口浓度 Y_1、Y_2，并记录气体流量、吸收剂流量和塔顶、塔底的液体温度。

⑤ 改变吸收剂流量。在室温和空气流量恒定的条件下，改变吸收剂流量（分别为 3、6、9 L/h），重复步骤④，并计算 N_{OG}、H_{OG}、ΔY_m、K_ya 和 ϕ_A。

⑥ 改变空气流量。在室温和吸收剂流量恒定的条件下，改变空气流量（分别为 400、600、800 L/h），重复步骤④，并计算 N_{OG}、H_{OG}、ΔY_m、K_ya 和 ϕ_A。

⑦ 改变吸收剂进口温度。当常温吸收实验数据测完后，在吸收剂流量和空气流量恒定的条件下，开启吸收剂水温调节开关，改变吸收剂的进口温度（如 35 ℃），待进、出口温度显示基本不变（±0.3 ℃）时，重复步骤④，并计算 N_{OG}、H_{OG}、ΔY_m、K_ya 和 ϕ_A。

⑧ 实验结束后，先停止加热，但要保持吸收剂继续流动一段时间，以便完全吸收溶质，冷却加热器。最后关闭吸收剂的流量控制阀。

(2) 注意事项。

① 打开气相色谱仪电源开关之前，必须先通载气。气相色谱仪须预热 30 min 以上，待基线稳定后才能进样分析。

② 用注射器取样后，必须马上用橡胶垫密封针头，以免影响分析结果。

③ 每改变流量一次，需稳定 10 min 左右后才能测取数据。

【实验报告要点】

(1) 参考表格示例，完成实验记录及数据处理表（见表 3-13-2 至表 3-13-10），并以一组数据为例详列计算过程。

(2) 在双对数坐标纸上，以空塔气速 u 为横坐标，以单位高度填料层压降 $\Delta p/Z$ 为纵坐标，标绘干填料层 $\Delta p/Z\text{-}u$ 关系曲线。

(3) 在上述同一张坐标纸上，标绘喷淋量为 0.4 m^3/h（装置Ⅱ为 40 L/h）下的 $\Delta p/Z\text{-}u$ 关系曲线。确定液泛气速，并与观察到的液泛气速比较，计算相对误差（以曲线确定值为基准）。

(4) 计算以 ΔY_m（或 ΔX_m）为传质推动力的总体积传质系数 K_ya（或 K_xa）。

(5) 参照实验内容(2) 所列条件，结合实际的具体实验操作，分析讨论吸收剂流量、空气流量、吸收剂温度对 Y_2 和 ϕ_A 的影响。

【思考题】

(1) 本实验中，为什么塔底要有液封？试列出装置Ⅱ在实验步骤②条件下，气速最大时液封高度的计算过程和结果。

(2) 测定 K_ya（或 K_xa）有什么工程意义？

(3) 为什么二氧化碳吸收过程属于液膜控制？氨气解吸过程属于液膜控制还是气膜控制？水吸收丙酮是气膜控制还是液膜控制，还是两者兼而有之？

(4) 当气体温度和液体温度不同时，应该用哪个温度值计算相平衡常数？

【数据表格参考示例】

表 3-13-2　干填料时 $\Delta p/Z$-u 关系测定原始记录及数据处理表(装置Ⅰ)

学号:________　姓名:________　同组:________________　实验装置编号:____________

温度:______℃　大气压:____________ kPa　实验日期:______年___月___日

填料种类:____________(a=______ m^2/m^3)　填料层高度 Z=______ m　塔内径 D=______ mm

序号	填料层总压降 $\Delta p/mmH_2O$	单位高度填料层压降 $\Delta p/Z$ /(mmH_2O/m)	空气流量计读数 /(m^3/h)	空气流量计处空气温度 t/℃	空气的实际流量 $V_h/(m^3/h)$	空塔气速 $u/(m/s)$
1						
2						
3						
⋮						
10						

表 3-13-3　喷淋量为 400 L/h 时 $\Delta p/Z$-u 关系测定原始记录及数据处理表(装置Ⅰ)

装置号:________　喷淋密度 U=__________ $m^3/(m^2 \cdot h)$

序号	填料层总压降 $\Delta p/mmH_2O$	单位高度填料层压降 $\Delta p/Z$ /(mmH_2O/m)	空气流量计读数 /(m^3/h)	空气流量计处空气温度 t/℃	空气的实际流量 $V_h/(m^3/h)$	空塔气速 $u/(m/s)$	塔内操作现象
1							
2							
3							
⋮							
10							

表 3-13-4　总体积传质系数测定原始记录及数据处理表(装置Ⅰ)

混合气体:________(A)+________(B)　吸收剂:____________

填料种类:__________(a=______ m^2/m^3)　填料层总高 Z=________ m　塔内径 D=________ mm

实验项目		1	2
空气流量	空气流量计读数/(m^3/h) 流量计处空气温度/℃ 空气的实际体积流量/(m^3/h)		
CO_2 流量	CO_2 转子流量计读数/(L/min) 转子流量计处 CO_2 温度/℃ CO_2 实际体积流量/(m^3/h)		
水流量	水流量/(m^3/h) 喷淋密度/$[m^3/(m^2 \cdot h)]$		

续表

实验项目		1	2
气相组成测定	气相色谱仪测定结果 y_1/(%) y_2/(%)		
塔底 X_1 计算	$X_1=(V/L)(Y_1-Y_2)$		
相平衡	塔底液相温度/℃ 相平衡常数 m		

表 3-13-5　吸收塔有关参数及物料衡算数据处理表(装置Ⅰ)

实验项目		1	2
塔底气相浓度 Y_1/(kmol CO_2/kmol 空气)			
塔顶气相浓度 Y_2/(kmol CO_2/kmol 空气)			
塔底液相浓度 X_1/(kmol CO_2/kmol 水)			
X_1^*/(kmol CO_2/kmol 水)			
对数平均传质推动力 ΔX_m/(kmol CO_2/kmol 空气)			
液相总传质单元数 N_{OL}			
液相总传质单元高度 H_{OL}/m			
空气的摩尔流量 V/(kmol/h)			
水的摩尔流量 L/(kmol/h)			
液相总体积吸收系数 K_xa/[kmol/(m^3·h)]			
回收率 ϕ_A/(%)			
物料衡算	气相给出的 CO_2 量 $G_{气}=V(Y_1-Y_2)$,kmol/h 液相得到的 CO_2 量 $G_{液}=L(X_1-X_2)$,kmol/h 对于 $G_{气}$ 的相对误差 $E_r=(G_{气}-G_{液})/G_{气}\times100\%$		

表 3-13-6　干填料时 $\Delta p/Z$-u 关系测定原始记录及数据处理表(装置Ⅱ)

$L=$________ L/h　　填料层高度 $Z=$________ m　　塔径 $D=$________ m

序号	填料层压降/mmH_2O	对应空气流量压降/mmH_2O	单位高度填料层压降/(mmH_2O/m)	空气转子流量计读数/(m^3/h)	空塔气速/(m/s)
1					
2					
3					
⋮					
10					

表 3-13-7 喷淋量为 40 L/h 时 $\Delta p/Z$-u 关系测定原始记录及数据处理表(装置Ⅱ)

L=________L/h　　填料层高度 Z=________m　　塔径 D=________m

序号	填料层压降 /mmH_2O	对应空气流量压降 /mmH_2O	单位高度填料层压降 /(mmH_2O/m)	空气转子流量计读数 /(m^3/h)	空塔气速 /(m/s)
1					
2					
3					
⋮					
10					

表 3-13-8 填料吸收塔传质实验数据表(装置Ⅱ)

被吸收的气体混合物:空气+氨混合气　　吸收剂:水　　填料种类:瓷拉西环

填料尺寸:10 mm×10 mm×1.5 mm　　填料层高度:0.4 m　　塔内径:75 mm

实验项目	操作 1	操作 2
空气转子流量计读数/(m^3/h)		
氨转子流量计读数/(m^3/h)		
水转子流量计读数/(L/h)		
水流量/(m^3/h)		
测尾气用硫酸的浓度/(mol/L)		
测尾气用硫酸的体积/mL		
量气管内空气的总体积/mL		
滴定塔底吸收液用硫酸的浓度/(mol/L)		
滴定塔底吸收液用硫酸的体积/mL		
样品的体积/mL		
塔底液相的温度/℃		
相平衡常数 m		
塔底气相浓度 Y_1/(kmol 氨/kmol 空气)		
塔顶气相浓度 Y_2/(kmol 氨/kmol 空气)		
塔底液相浓度 X_1/(kmol 氨/kmol 水)		
Y_1^*/(kmol 氨/kmol 空气)		
传质推动力 ΔY_m/(kmol 氨/kmol 空气)		
气相总传质单元数 N_{OG}		
气相总传质单元高度 H_{OG}/m		
空气的摩尔流量 V/(kmol/h)		
气相总体积吸收系数 K_ya/[kmol/(m^3·h)]		
回收率 ϕ_A/(%)		

表 3-13-9　原始数据记录表(装置Ⅲ)

序号	水流量 /(L/h)	空气流量 /(L/h)	塔顶温度 /℃	塔底温度 /℃	空气温度 /℃	进口气相浓度 /y_1	出口气相浓度 /y_2
1							
2							
3							
⋮							
8							

表 3-13-10　实验结果记录表(装置Ⅲ)

序号	空气流量 V /(kmol/h)	水流量 L /(kmol/h)	液相出口浓度 X_1	传质推动力 ΔY_m	N_{OG}	H_{OG} /m	吸收率 ϕ_A/(%)	$K_y a$ /[kmol/(m³·h)]
1								
2								
3								
⋮								
8								

附：NH_3-H_2O **体系相平衡常数与温度的关系图**

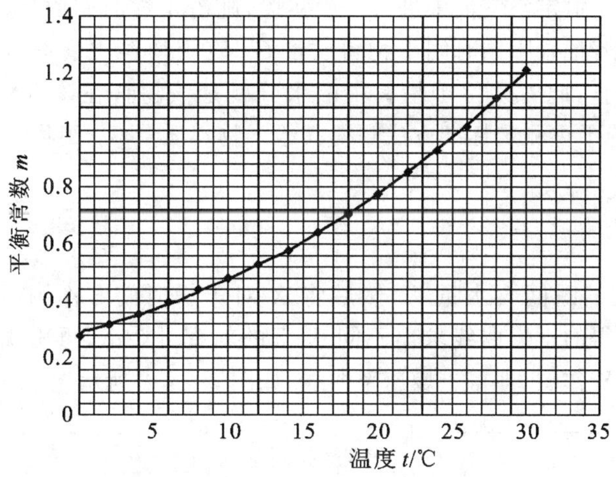

图 3-13-8　NH_3-H_2O **体系相平衡常数与温度的关系图**

*实验 14　洞道式干燥器干燥实验

【实验目的】

(1) 了解洞道式干燥实验装置的基本结构、工艺流程和操作方法。

(2) 掌握在恒定干燥条件下物料的干燥曲线和干燥速率曲线的实验测定方法。

(3) 通过实验，研究干燥条件对恒速阶段物料的干燥速率、临界含水量、平衡含水量等特性参数的影响。

(4) 学习恒速干燥阶段空气与物料表面之间对流传热系数、传质系数的测定方法。

*(5) 学生自制干燥用物料、设计操作条件等(教师指导)进行实验。

【实验原理】

热空气干燥固体湿物料的干燥原理可概括为:热空气把热量传给湿物料,湿物料中的水分受热汽化、扩散到热空气中并被带走。按干燥过程中空气状态参数是否变化,可将干燥过程分为恒定干燥条件操作和非恒定干燥条件操作两大类。若用大量空气干燥少量物料,则可以认为湿空气在干燥过程中温度 t、湿度 ϕ 均不变,再加上气流速度 u、与物料的接触方式不变,则称这种操作为恒定干燥条件下的干燥操作。

1. 干燥速率的定义

干燥速率的定义为单位干燥面积(提供水分汽化的面积)、单位时间内所除去的水分质量。即

$$U=\frac{\mathrm{d}W'}{S\mathrm{d}\tau}=-\frac{G'\mathrm{d}X}{S\mathrm{d}\tau}\approx-\frac{G'\Delta X}{S\Delta\tau}=\frac{\Delta W'}{S\Delta\tau} \tag{3-14-1}$$

式中:U 为干燥速率,又称干燥通量,kg/(m^2 · s);S 为干燥表面积,m^2;$\Delta\tau$ 为时间间隔,s;W' 为一批操作中汽化的水分量,kg;ΔW 为 $\Delta\tau$ 时间间隔内汽化的水分量,kg;G'为绝干物料的质量,kg;X 为物料干基含水量,kg 水/kg 干料,负号表示 X 随干燥时间的增加而减少;ΔX 为 $\Delta\tau$ 时间间隔内物料干基含水量的改变值,kg 水/kg 干料。

2. 干燥速率的测定方法

将湿物料试样置于恒定空气流中进行干燥实验,随着干燥时间的延长,水分不断汽化,湿物料质量随之减少。若记录不同时间下物料质量 G_i,直到物料质量不变为止,即物料在该条件下达到干燥极限为止,此时残留于物料中的水分就是该物料在该干燥条件下的平衡水分 X^*。再将物料按照绝干重测定标准方法测得其绝干物料质量 G',则物料中瞬间含水量 X(kg 水/kg 干料) 为

$$X=\frac{G_i-G'}{G'} \tag{3-14-2}$$

计算出每一时刻的瞬间含水量 X,然后将 X 对干燥时间 τ 作图,即为干燥曲线,如图 3-14-1所示。由已测得的干燥曲线求出不同 X 下的斜率 $\mathrm{d}X/\mathrm{d}\tau$,再由式(3-14-1) 计算得到干燥速率 U,将 U 对 X 作图,即得干燥速率曲线,如图 3-14-2 所示。

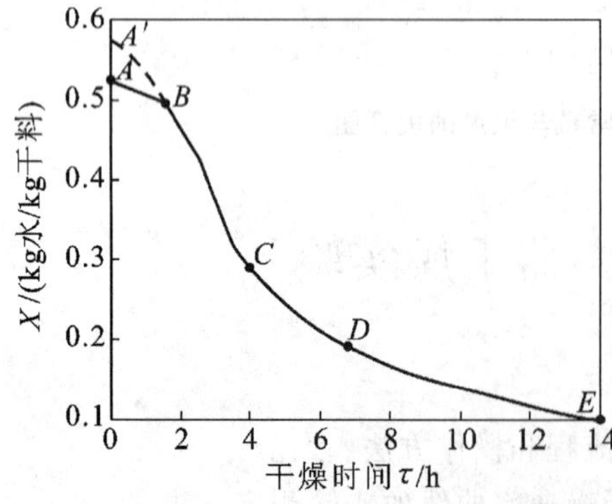

图 3-14-1 恒定干燥条件下的干燥曲线

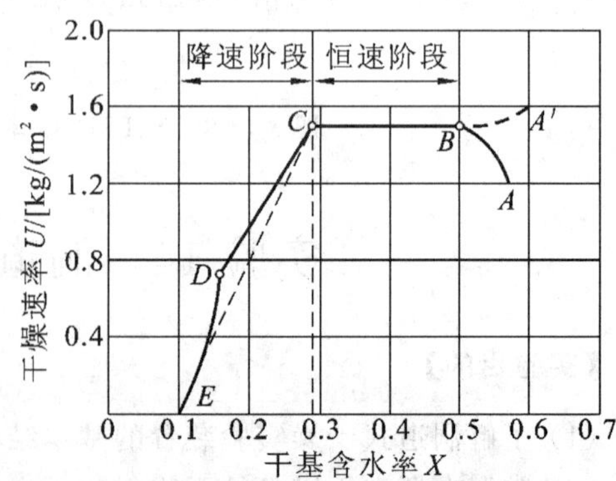

图 3-14-2 恒定干燥条件下的干燥速率曲线

3. 干燥过程分析

(1) 预热段。

见图 3-14-1、图 3-14-2 中的 AB 段或 $A'B$ 段。其特点是干基含水率略有下降，温度则升至热空气的湿球温度 t_w，干燥速率略升或略降。因该段时间很短，通常在干燥计算中忽略不计，或归入恒速阶段考虑；有些干燥过程也可能没有预热段。

(2) 恒速干燥阶段。

见图 3-14-1 中的 BC 段、图 3-14-2 中的 BC 段水平线。特征：①物料表面维持润湿状态，汽化的水分为非结合水分；②物料表面温度 θ 始终等于热空气的湿球温度 t_w；③空气传给湿物料的显热恰好等于水分汽化所需的潜热。该段水分去除的机理与纯水的蒸发相同，传热、传质推动力均保持不变，因而干燥速率恒定不变(故恒速干燥阶段又称物料表面汽化控制阶段)。影响恒速阶段干燥速率的因素主要是干燥条件(t、ϕ、u 及空气-物料相对运动方式)。

(3) 降速干燥阶段。

对应于图 3-14-1、图 3-14-2 中的 CDE 段。特征：①物料表面逐渐变干，汽化的水分为各种形式的结合水分；②此阶段的干燥速率取决于物料本身的结构、形状和尺寸，而与干燥介质状况关系不大(故降速干燥阶段又称物料内部迁移控制阶段)。因此，CDE 线段形状随物料内部的结构而异。与恒速阶段相比，降速阶段从物料中除去的水分量相对少许多，但所需的干燥时间长得多。

如图 3-14-2 所示，恒速阶段的终点、降速阶段的始点 C 点称为临界点。影响临界干燥速率 U_c 和临界含水量 X_c 的主要因素有固体物料的种类、性质和尺寸(厚度或粒径)，干燥条件。X_c 和 U_c 是干燥过程研究和干燥器设计的重要参数。

4. 干燥过程相关计算

(1) 恒速干燥阶段物料表面与空气之间对流传热系数、传质系数的计算。

$$U_c=\frac{dW'}{S d\tau}=\frac{dQ'}{r_{t_w} S d\tau}=\frac{\alpha(t-t_w)}{r_{t_w}}=k_H(H_{s,t_w}-H) \tag{3-14-3}$$

$$\alpha=\frac{U_c r_{t_w}}{t-t_w} \tag{3-14-4}$$

$$k_H=\frac{U_c}{H_{s,t_w}-H} \tag{3-14-5}$$

式中：U_c 为恒速干燥阶段的干燥速率，kg/(m²·s)；α 为恒速干燥阶段物料表面与空气之间的对流传热系数，W/(m²·℃)；t 为干燥器内空气的干球温度，℃；t_w 为干燥器内空气的湿球温度，℃；r_{t_w} 为 t_w 下水的汽化热，J/kg；k_H 为以湿度差为推动力的气相传质系数，kg/(m²·s)；H_{s,t_w} 为 t_w 下空气的饱和湿度，kg 水/kg 干气；H 为空气的湿度，kg 水/kg 干气，由实验室干、湿球温度计(或湿度计)查取或计算。

(2) 干燥器内空气实际体积流量的计算。

由孔板流量计的流量公式和理想气体的状态方程式可推导出

$$V_t=V_{t_0}\times\frac{273+t}{273+t_0} \tag{3-14-6}$$

式中：V_t 为干燥器内空气实际流量，m³/s；t_0 为流量计处空气的温度，℃；V_{t_0} 为常压、t_0 下空气的流量，m³/s；t 为干燥器内空气的温度，℃。

(3) 物料表面与空气之间对流传热系数的经验公式。

$$\alpha = 0.0204L'^{0.8} \tag{3-14-7}$$

式中：α 为对流传热系数，W/(m^2 · ℃)；L'为空气的质量流速，kg/(m^2 · h)。

式(3-14-7) 的应用条件为空气平行流过静止物料层的表面，$L' = 2450 \sim 29300$ kg/(m^2 · h)，空气的平均温度在 45～150 ℃之间。

【实验装置、流程与参数】

1. 实验装置

本实验装置及流程如图 3-14-3、图 3-14-4 所示。

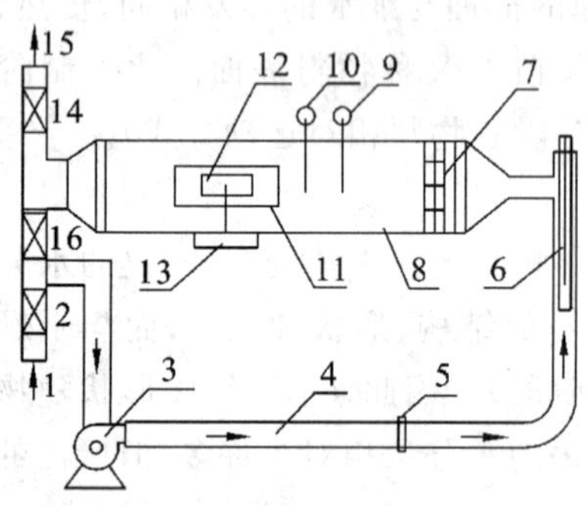

图 3-14-3　洞道式干燥装置及流程示意图(装置Ⅰ)

1—进风口；2、14、16—蝶阀；3—风机；4—管路；5—孔板流量计；6—电加热器；7—气流分布器；8—洞道干燥室；9—干球温度计；10—湿球温度计；11—玻璃视镜门；12—湿物料；13—称重传感器；15—排风口

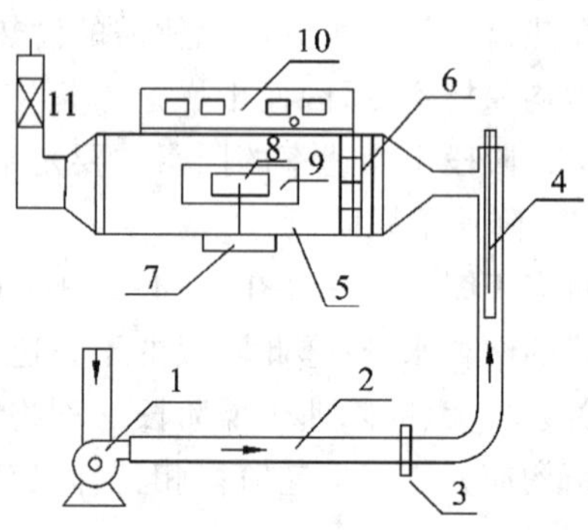

图 3-14-4　洞道式干燥装置及流程示意图(装置Ⅱ)

1—风机；2—管路；3—孔板流量计；4—加热器；5—厢式干燥器；6—气流分布器；7—称重传感器；8—湿毛毡；9—玻璃视镜门；10—仪控柜；11—蝶阀

2. 实验流程

以装置Ⅰ为例：空气由进风口 1 经蝶阀 2 在风机 3 作用下经管路 4，由孔板流量计 5 计量后送入电加热器 6，加热后经气流分布器 7 流入洞道干燥室 8，加热料盘中的湿物料 12(可由玻璃视镜门 11 观察到) 后，经排出管路蝶阀 14 由排风口 15 排入大气。干燥过程中干、湿球温度计 9、10 实时检测系统干、湿球温度；物料失去的水分量由称重传感器 13 转化为电信号，由智能数显仪表实时显示，并按照设定的时间间隔由电脑记录下来(或按照设定的间隔时间，读取该时刻的湿物料质量，手工记录)。

3. 主要设备及仪表参数

(1) 鼓风机：BYF7122，370 W；输出风量范围为 0～192 m^3/h(实测值)。

(2) 电加热器：额定功率 4.5 kW(装置Ⅱ为 4 kW)；控温范围为室温至 120 ℃。

(3) 称重传感器：CZ500 型，最大称量为 300 g；装置Ⅱ为 LVDT-5 型，最大称量为 200 g。

(4) 干、湿球温度计：测温元件 Pt100；量程范围为 0～120 ℃。

(5) 孔板流量计量程范围：2～780 m^3/h。

(6) 干燥室尺寸：1250 mm×180 mm×180 mm。

【实验内容、步骤及注意事项】

1. 实验内容

本实验要求测定 3 组恒定干燥条件下的湿物料(湿布料、湿毛毡或湿纱布) 干燥特性实验数据。

(1) 空气温度 $t=60$ ℃,流量 $V=V_{max}$(进口阀全开),平行流过物料表面。

(2) 空气温度 $t=70$ ℃,流量 $V=V_{max}$(进口阀全开),平行流过物料表面。

(3) 空气温度 $t=70$ ℃,流量 $V=100\ m^3/h$,平行流过物料表面。

* 如果实验时间安排 6～8 学时,还可将内容之一的空气与物料接触方式改为垂直流过物料表面,做第 4 组实验,这样可比较空气与物料接触方式不同对干燥速率、物料临界含水量及平衡含水量的影响。

2. 实验步骤

(1) 打开干燥室玻璃视镜门,把物料架小心地置于称重传感器上(应特别注意不能下压,因称重传感器的测量上限仅 200 g 或 300 g,下压容易损坏称重传感器)。开启总电源,把风机进口阀、热空气回流阀和废气出口阀均旋至最大开度,开启风机电源。

如果使用电脑自动控制,则进入电脑工作站,检查两个接口连接是否正常(装置Ⅰ设备属性中通信状态为"0"为正常),修改系统属性中的存盘参数,保存后进入控制界面。

(2) 打开仪表电源开关,待仪表稳定后,把仪表控温状态设置为自动(显示"A"为自动,显示"M"为手动),设置干燥温度(例如 60 ℃,也可由电脑工作站设置干燥温度)。加热器通电加热。在干燥室后侧湿球温度计水斗中加入适量水(以保证干燥室内湿球温度计水槽恰好满又不溢出为准),并关注干燥室温度(干球温度),当温度达到设定值±0.5 ℃(例如(60±0.5)℃)并稳定 5 min 以上时,视为系统处于稳态。

(3) 当系统处于稳态后,将仪表物料质量显示值调零。

(4) 将物料用水充分润湿,注意水量不能过多或过少,以吸足水但又不滴水为宜。

(5) 将湿物料小心地置于称重传感器上的物料架内(注意不能下压!),并调整物料架使物料表面与空气流向平行。此时系统处于恒定干燥条件下。

(6) 数据记录(采集)。

① 手动记录。开始记录湿物料质量数据 G_1、干球温度 t_1 和湿球温度值 t_{w1}、空气流量 V_1,然后每隔 2 min 记录一次湿物料质量数据 G_i、干球温度 t_i 和湿球温度值 t_{wi}、空气流量 V_i。

② 自动采集。于控制界面点击"开始实验"按钮,进入后点击"采集数据"记录下第一组数据,立即点击"切换到自动",设置数据采集时间为 120 s 并确定,电脑开始自动记录。要观察电脑记录情况,则在控制界面点击"进入数据记录"按钮即可。

(7) 待物料恒重,即连续 3 次记录的物料质量相同时,表示物料中自由水分已完全汽化(此时 $\Delta W=0$,即 $U=0$),则剩余水分为物料的平衡水分。本次干燥操作结束。

(8) 改变系统温度或空气流量值各一次,重复步骤(3) ～(7)。

(9) 3 组操作结束后,关闭加热器。待系统温度降至 50 ℃以下时,关闭风机,关闭仪表电源,切断总电源;注意保护称重传感器,非常小心地取下物料架;清理实验现场,实验结束。

3. 注意事项

(1) 操作开始第一项工作就是设置加热温度上限值(例如 60 ℃或 70 ℃)。切记不可超过 120 ℃的控温器最高限度,否则可能造成控温器烧坏。

(2) 必须先开风机,后开加热器,否则加热管可能烧毁。

(3) 特别注意传感器的最大负荷量仅 200 g 或 300 g,放、取物料时必须十分小心,绝对不能下压，以免损坏称重传感器。

(4) 实验过程中，不要拍打、磕碰干燥室，以免引起物料架晃动而造成数据波动，影响实验结果。

【实验报告要点】

(1) 参考表格示例，制作完成实验记录及数据整理表(见表 3-14-1)，并以一组数据为例详列计算过程。

(2) 用两张直角坐标纸分别绘制干燥曲线(X-τ 曲线) 图和干燥速率曲线(U-X 曲线) 图，每张图上标绘三条曲线，逐个标出 X_c、U_c点。注意绘图要清晰、规范。

(3) 计算物料的临界含水量 X_c、临界干燥速率 U_c，并与上述曲线中读得的值比较。

(4) 计算传质系数 k_H、对流传热系数 α，并以式(3-14-7) 计算值为基准，算出对流传热系数的相对误差 E_r。

(5) 结合本实验实测的干燥速率曲线，分析、比较干燥介质温度、流量变化对物料临界干燥速率 U_c、物料临界含水量 X_c 及平衡含水量 X^* 的影响。

【思考题】

(1) 何为恒定干燥条件？本实验采取哪些措施保持干燥过程在恒定干燥条件下进行？

(2) 实验过程中干、湿球温度是否变化？为什么？

(3) 为什么要先启动风机，后启动加热器？

(4) 设恒定干燥条件下温度维持 70 ℃，干燥时间达 4 h，是否可获得绝干物料？为什么？

(5) 实验过程中湿球温度计突然失灵(其他都正常)，能否继续实验？为什么？

【数据表格参考示例】

表 3-14-1 洞道干燥实验原始记录及数据处理表

学号:________ 姓名:__________ 同组:______________ 实验装置编号:__________

物料名称:__________________ 干燥面积 S:________ m^2 绝干物料质量 G':________ g

洞道内截面积 A:________ m^2 室温:________ ℃ 相对湿度:________ %

大气压:________ kPa 实验日期:______年___月___日

序号	干燥时间 τ/min	空气温度		冷空气流量 $V/(m^3h)$	湿物料质量 G/g	水分蒸发量 ΔW/g	物料干基含水量 X/(kg 水/kg 干料)	$-\Delta X$ /(kg 水/kg 干料)	干燥速率 U/[kg/(m^2·h)]
		t/℃	t_w/℃						
1									
2									
3									
⋮									
20									
恒速干燥段	湿球温度:t_w=________ ℃ 水汽化潜热:r_{t_w}=________ J/kg				传质系数:$k_H=U_c/(H_{s,t_w}-H)$=________ kg/(m^2·s) 对流传热系数:$\alpha=U_c r_{t_w}/(t-t_w)$=________ W/($m^2$·℃)				

附:湿空气的焓湿图(H-I 图)

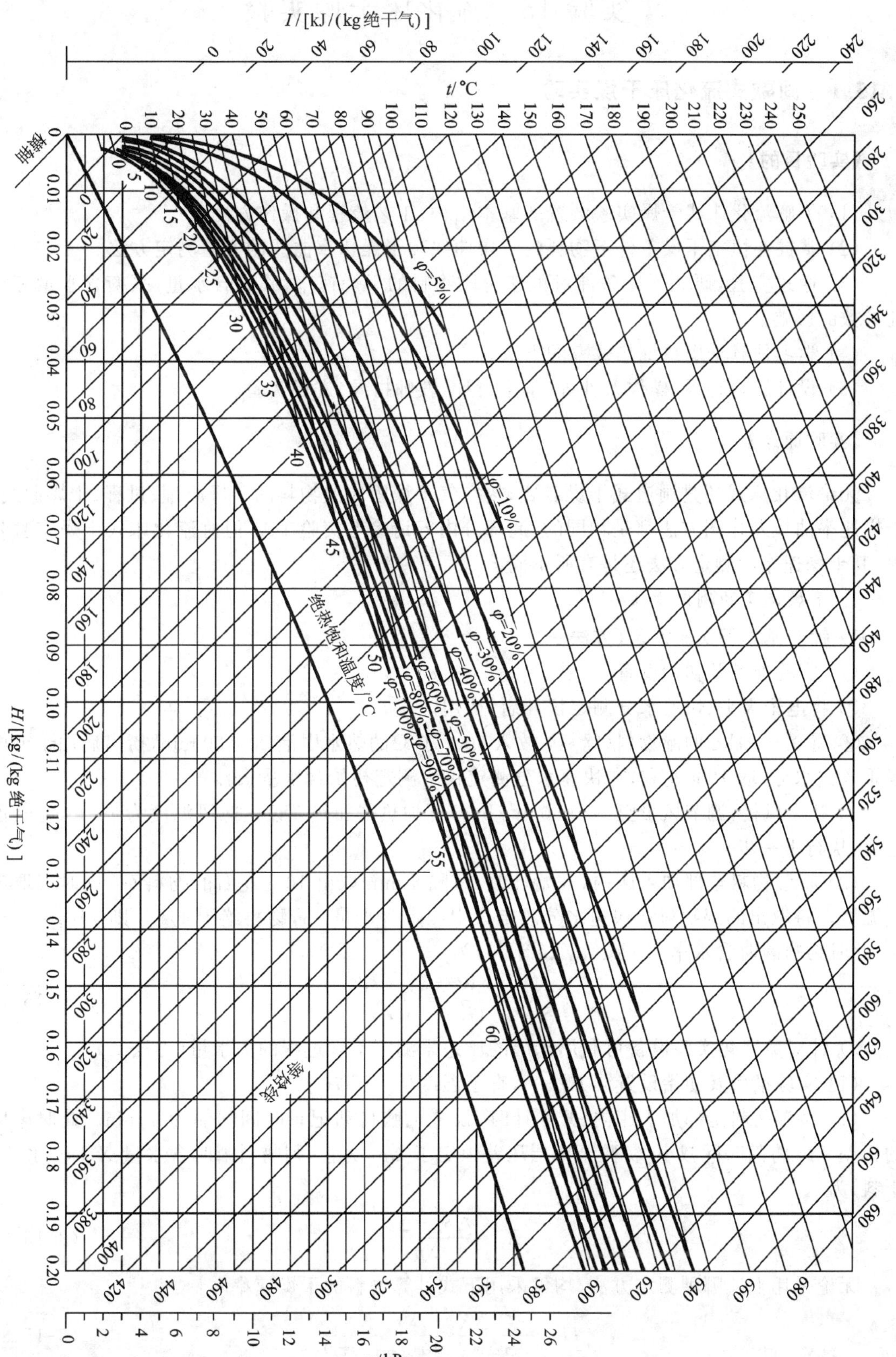

*实验 15　流化床干燥实验

3.15.1　间歇式流化床干燥实验

【实验目的】

(1) 了解流化床式干燥实验装置的基本结构、工艺流程和操作方法。

(2) 掌握在恒定干燥条件下物料的干燥曲线和干燥速率曲线的实验测定方法。

(3) 通过实验，研究干燥条件对恒速阶段物料的干燥速率、临界含水量、平衡含水量等特性参数的影响。

(4) 学习估算干燥系统热效率的方法。

*(5) 设计原料物系、操作条件等(学生设计，教师指导)进行实验。

【实验原理】

无论流化床式还是洞道式干燥装置，热空气干燥固体湿物料的干燥原理、过程、干燥曲线、干燥速率曲线及作图方法都是相同的，此部分内容请参考实验 14。但对流化床式干燥实验装置，其干燥速率的测定方法还是有所不同。

1. 干燥速率的测定方法

1) 针对基本型实验设备(方法一)

(1) 实验准备及初始设置。

① 将电子天平、快速水分测定仪开启，待用。

② 将 0.5～1kg 的湿物料(绿豆) 放入 60～70 ℃的热水中泡 20～30 min，捞出后用干毛巾吸干表面水分，取 10 g 左右，在快速水分测定仪中测定初始含水量 w_0。

③ 开启风机，调节风量至 40～60 m^3/h，打开加热器加热。设定热风温度为 70 ℃，待其恒定后，执行下一步。

(2) 将湿物料全部加入床内，开始计时，每隔 4 min 取出 10 g 左右的物料 G_i，同时读取床层温度。将取出的湿物料在快速水分测定仪中测定含水量 w_i，物料绝干重 G_i'，则 $\Delta W_i'=G_i-G_i'$，此时物料瞬时含水率 X_i(kg 水/kg 干料)为

$$X_i=\frac{\Delta W_i'}{G_i'}=\frac{G_i-G_i'}{G_i'} \tag{3-15-1}$$

2) 针对数字化实验设备可利用床层的压差来测定干燥过程的失水量(方法二)

(1) 实验准备及初始设置同方法一，直至温度稳定于 70 ℃。

(2) 将湿物料全部加入床内，开始计时，设置电脑自动记录时间间隔为 4 min。此时床层的压差 Δp_i 将随时间减小，实验至床层压差恒定于 Δp_e 为止，则物料瞬时含水量 X_i(kg 水/kg 干料)为

$$X_i=\frac{\Delta p_i-\Delta p_e}{\Delta p_e} \tag{3-15-2}$$

无论采用上述哪种测定方法，均可采用下式计算物料的干燥速率 U：

$$U=\frac{-G'\Delta X}{S\Delta\tau}=\frac{X_i-X_{i+1}}{a(\tau_{i+1}-\tau_i)} \tag{3-15-3}$$

式中：$a=1.23\ \mathrm{m^2/kg}$ 为干料绿豆的比表面积；$\tau_{i+1}-\tau_i$ 为时间间隔，其值为 4 min。

当干燥物料使用变色硅胶且无其比表面积数值时，可以采用单位质量干物料在单位时间内所汽化的水分量表示干燥速率 U'[kg 水/(kg 干料・s)]。由式(3-15-3)变换可得

$$U'=\frac{-\Delta X}{\Delta\tau}=\frac{X_i-X_{i+1}}{\tau_{i+1}-\tau_i}\quad(\text{装置Ⅱ})\tag{3-15-3a}$$

2. 干燥系统热效率的测定

干燥系统的热效率 η(量纲为 1)，常以用于汽化物料中水分所需要的热量与加入干燥系统的总热量之比的百分数表示，当忽略湿空气的焓随温度变化或取平均值时，可导出

$$\eta=\frac{t_1-t_2}{t_1-t_0}\times100\%\tag{3-15-4}$$

式中：t_1、t_2 分别为床层进、出口空气温度，℃；t_0 为环境空气温度，℃。

【实验装置、流程与参数】

1. 实验装置

本实验装置流程如图 3-15-1、图 3-15-2 所示。

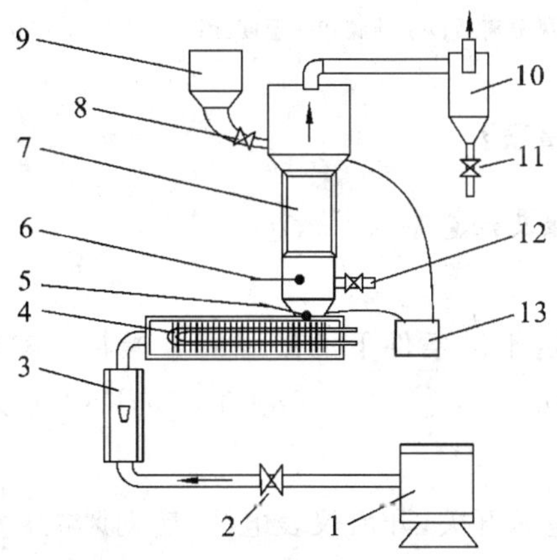

图 3-15-1　流化床干燥实验装置流程示意图(装置Ⅰ)

1—风机；2—调节阀；3—转子流量计；4—电加热器；5—加热器出口测温点；6—床层测温点；7—床层(可视部分)；8—进料阀；9—加料口；10—旋风分离器；11—排灰口；12—取样口；13—测压计

2. 实验流程

以装置Ⅰ为例：空气由风机 1 经调节阀 2，由转子流量计 3 计量流量后送入电加热器 4，热风经分布器流入床层 7 与湿物料进行热质交换后，经旋风分离器除尘，最后由顶端排入大气。湿物料由加料口 9 经阀 8 进入床层内干燥，干燥产品由取样口 12 取出。干燥过程中气流温度由测温点 5、6 实时检测；床层压降由测压计 13 实时检测。

3. 主要设备及仪表参数

(1) 鼓风机：220 V，550 W，最大风量为 95 $\mathrm{m^3/h}$。

(2) 电加热器：额定功率 2.0 kW；装置Ⅱ功率 0.5～1.5 kW；控温上限为 120 ℃。

(3) 干燥室尺寸：内径 100 mm，床高 75 cm；装置Ⅱ内径 140 mm，床高 160 cm。

(4) 干燥物料：湿绿豆或耐水硅胶；装置Ⅱ变色硅胶，粒径约 0.24 mm(45 目)。

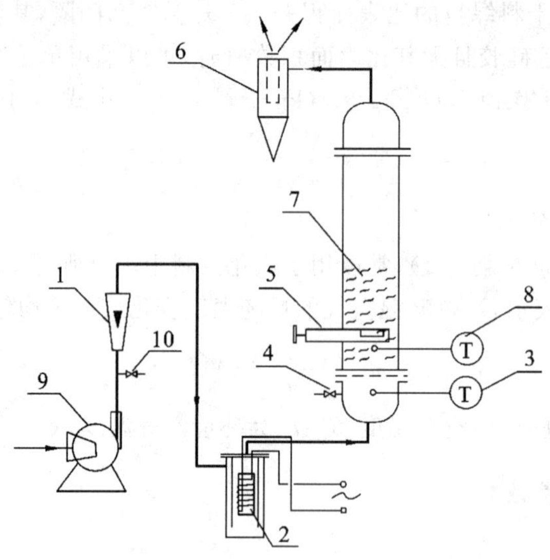

图 3-15-2 流化床干燥实验装置流程示意图(装置Ⅱ)

1—气体流量计;2—加热器;3—空气入口温度计;4—旁路调节阀;5—取样器;
6—旋风分离器;7—硅胶;8—温度计;9—风机;10—旁路阀

【实验内容、步骤及注意事项】

1. 装置Ⅰ实验内容、步骤及注意事项

1) 实验内容

本实验要求测定 3 组恒定干燥条件下的湿绿豆干燥特性实验数据:①床层温度 $t_b=70$ ℃,热风流量 $V=40\ m^3/h$;②$t_b=70$ ℃,$V=60\ m^3/h$;③$t_b=80$ ℃,$V=60\ m^3/h$。

2) 实验步骤

(1) 打开仪表控制柜总电源开关,开启仪表电源,启动风机。

(2) 电加热器通电加热,床层进口温度要求恒定在 70 ℃或 80 ℃。

(3) 将按照“干燥速率的测定方法 1)(1)② ”准备好的湿绿豆加入流化床进行实验。

(4) 每隔 4 min 取样 10 g 左右,用快速水分测定仪分析,同时记录床层温度。

(5) 待绿豆含水率恒定(连续 2~3 次测定值不变) 时,本次实验操作结束。

(6) 改变系统温度或空气流量值,重复步骤(3) ~(5) 。

(7) 全部操作结束后,关闭电加热器。待系统温度降至室温时,关闭仪表电源,关闭风机,切断总电源;清理实验现场,实验结束。

3) 注意事项

(1) 切记加热器温度不可超过 120 ℃的控温器最高限度,否则可能使装置烧毁。

(2) 必须先开风机,后开加热器,否则加热管可能烧毁。关机时则相反。

2. 装置Ⅱ实验内容、步骤及注意事项

1) 实验内容

(1) 在固定的空气流量和温度下测量物料的干燥曲线、干燥速率曲线和临界含水量。

(2) 测定干燥系统的热效率 η。

2）实验步骤

（1）取15只称量瓶，烘干、冷却后编号、称重备用。

（2）打开旁路阀10，启动风机，用阀10调节风量，使干燥室内的物料处于流动状态，然后向物料中加入适量水（120～200 mL），并使水均匀地浸润物料。

（3）用取样器取湿物料样品约1g，放入称量瓶中，盖紧瓶盖，称量并记录湿重；然后取下瓶盖，将样品放入120 ℃的烘箱中烘2 h后取出，再放入干燥器中冷却至室温，盖紧瓶盖再称量，得干重。

（4）按下风机开关，通过旁路阀10调节流量至14～18 m^3/h任何一恒定值，打开旁路调节阀4。

（5）设定恒温控制器温度约为105 ℃，开加热开关，待空气进口温度计读数为95 ℃时，关闭旁路放空阀4，使热空气进入床层系统。仔细观察进口温度与床层温度的变化，待床层温度升至40 ℃时，即开始取第一个样品，此时的时间设定为0。此后每隔5 min取样一次，重复步骤(3)，称重，取5个实验点；然后每隔10 min取样分析一次，取10个实验点。整个实验过程共取15个点，每次取样时都要同时记录床层温度。

（6）停止实验时，先关闭加热电源，待床层温度降至室温后再关风机。

（7）将所取出的物料及旋风分离器收集的硅胶颗粒倒回干燥室内。

3）注意事项

（1）加水量以120～200 mL为宜，可保证物料有适当的湿度。加水量太少，干燥曲线范围太窄；加水太多，气流通过时分布不匀产生短路或造成固体颗粒结块难以流化等不良情况。同时，注意加水速度不能过快或太慢。

（2）启动风机前，必须先全开旁路阀10，然后用其调节风量。严禁管线全封闭时开风机，以防风机烧坏。实验时，应先启动风机，再通电加热；停车时反之，以免损坏电加热器。

【实验报告要点】

（1）参考表格示例，制作完成实验记录及数据整理表（见表3-15-1至表3-15-3），并以一组数据为例详列计算过程。

（2）绘制干燥曲线（X-τ曲线）和干燥速率曲线［U-$\overline{X}$或U'-$\overline{X}$曲线，$\overline{X}=(X_i-X_{i+1})/2$］，并标出$X_c$、$U_c$或$U'_c$点。

（3）计算物料的临界含水量（X_c）、临界干燥速率（U_c），并与上述曲线中读得的值比较。

（4）计算干燥系统的热效率，并进行分析讨论。

（5）结合干燥速率曲线，分析、比较干燥介质温度、流量变化对物料干燥速率、临界含水量及平衡含水量的影响。

【思考题】

（1）什么是恒定干燥条件？本实验过程中采取哪些措施来保持干燥过程在恒定干燥条件下进行？

（2）测定干燥速率有何生产意义？

（3）为什么要先启动风机，后启动电加热器？

（4）试分析在实验装置中，将废气全部循环可能出现什么后果。

【数据表格参考示例】

表 3-15-1　流化床干燥实验原始记录及数据处理表(装置Ⅰ)

学号:________　姓名:________　同组:____________________　实验装置编号:__________

物料名称:______________　物料比表面积 a:__________ m^2/kg　绝干物料质量 G':________ g

室温:________℃　大气相对湿度:________%　大气压:________ kPa　实验日期:____年__月__日

序号	时间间隔$\Delta\tau$ /min	空气温度/℃		冷空气流量 V /(m^3/h)	床层压差 Δp /Pa	湿物料质量 G /g	湿物料含水量		水分蒸发量ΔW /g	$-\Delta X$ /(kg水/kg干料)	干燥速率 U/ [kg/(m^3·h)]
		$t_{进}$	$t_{床}$				湿基w /(%)	干基 X /(kg水/kg干料)			
1											
2											
3											
⋮											
15											

表 3-15-2　流化床干燥实验数据原始记录表(装置Ⅱ)

物料名称:______________　物料比表面积 a:________ m^2/kg　绝干物料质量 G':________ g

室温:________℃　大气相对湿度:________%　大气压:________ kPa　实验日期:____年__月__日

序号	时间间隔 /min	空瓶重 /g	空瓶+湿物料重 /g	空瓶+干物料重 /g	空气进口温度 /℃	床层温度 /℃	空气出口温度 /℃
1							
2							
3							
⋮							
16							

表 3-15-3　流化床干燥实验数据处理表(装置Ⅱ)

序号	干燥时间 /min	水分重 /g	干物重 /g	含水率 $X\times10^2$ /(kg水/kg干料)	干燥速率 $U'\times10^5$ /[kg水/(kg干料·min)]	热效率 η /(%)	床层温度 /℃
1							
2							
3							
⋮							
16							

3.15.2　连续式流化床干燥实验

【实验目的】

(1) 掌握湿物料连续流化干燥的方法及干燥操作中物料衡算、热量衡算的方法。

(2) 了解流化床干燥的原理与流程，掌握物料含水量的测定方法。

(3) 观察旋风分离器，并认识出灰口和集尘室密封良好的必要性。

(4) 了解流化床干燥的优点与缺点，体会适合流化床干燥的物料特点，学会流化干燥速率曲线的测定。

*(5) 设计原料物系、操作条件等(学生设计，教师指导)进行实验。

【实验原理】

在进行干燥操作时，人们不仅需要了解干燥过程的干燥特性曲线，还需要了解整个过程的物料衡算、热量传递及热效率问题。连续干燥是工业生产中常用的干燥方法之一。连续干燥操作的对流干燥过程是将空气预热后送入干燥器和连续进入干燥器的湿物料相遇，将物料中的湿基含水量由 w_1 降为 w_2(或干基含水量由 X_1 降为 X_2)，物料的温度由 θ_1 升为 θ_2，同时干燥后的物料(干燥产品) 连续地离开干燥器。由于排出干燥器的空气和干燥产品都会带走一部分热量，通常需要对干燥器内的空气补加热量。实际生产中，在生产能力和原料及产品要求一定的情况下，确定干燥器容积和操作条件时，需要以干燥过程的物料衡算和热量换算为基础。

1. 连续干燥操作的物料衡算

在定常态操作条件下连续干燥的整个操作过程中，若忽略干燥过程中的物料损失，则物料始终保持平衡。设物料的进、出料速率为 G_1、G_2，单位为 kg/s，绝干物料流量为 G'，则

$$G'=G_1(1-w_1)=G_2(1-w_2) \tag{3-15-5}$$

$$G_1=G_2(1-w_2)/(1-w_1) \tag{3-15-5a}$$

式中：w_1、w_2 分别为输入、输出物料的湿基含水量，%。

脱水速率 W(kg/s)为

$$W=G_1-G_2=G_1(w_1-w_2)/(1-w_2) \tag{3-15-6}$$

$$W=G'(X_1-X_2)=L(H_1-H_2) \tag{3-15-7}$$

式中：X_1、X_2 分别为输入、输出物料的干基含水量，kg 水/kg 干料；L 为绝干空气质量流量，kg/s；H_1、H_2 分别为空气进、出干燥器的湿度，kg 水/kg 干气。

2. 热量衡算

在定常态的连续干燥操作过程中，整个系统的热量是平衡的。在只考察单位时间内的热量情况下，即为功率平衡问题：

$$Q_p+Q_D=L(I_2-I_0)+G'(I'_2-I'_1)+Q_L \tag{3-15-8}$$

式中：Q_p、Q_D、Q_L分别为预热功率、保温功率、损失功率，W；I_0 为湿空气进预热器时的焓值，kJ/kg 干气；I_2 为湿空气离开干燥器时的焓值，kJ/kg 干气；I'_1、I'_2分别为物料进、出干燥器时的焓值，kJ/kg 干气。

在假定物料的定压比热容不随温度变化的情况下，式(3-15-8) 可变换为

$$Q_p+Q_D=L(c_{p,H_2}t_0-c_{p,H_0}t_0)+G'(c_{p,m_2}\theta_2-c_{p,m_1}\theta_1)+Q_L \tag{3-15-9}$$

式中：t_0、t_2 分别为湿空气进入预热器前、离开干燥器时的温度，℃；c_{p,m_1}、c_{p,m_2} 分别为进、出干燥器的湿物料的定压比热容，kJ/(kg 干料·℃)；c_{p,H_0} 为湿空气进预热器前的定压比热容，kJ/(kg 干料·℃)；c_{p,H_1}、c_{p,H_2} 分别为湿空气进、出干燥器时的定压比热容，kJ/(kg 干料·℃)。θ_1、θ_2 分别为进、出干燥器时物料的温度，℃。

混合物质的定压比热容可以按加和原则计算：

$$c_{p,\mathrm{m}}=c_{p,\mathrm{s}}+c_{p,\mathrm{w}}X_t \tag{3-15-10}$$

$$c_{p,\mathrm{H}}=c_{p,\mathrm{g}}+c_{p,\mathrm{v}}H \tag{3-15-11}$$

式中：$c_{p,\mathrm{s}}$、$c_{p,\mathrm{w}}$、$c_{p,\mathrm{g}}$、$c_{p,\mathrm{v}}$ 分别为绝干物料、水、绝干空气、水蒸气的定压比热容，kJ/(kg 干料·℃)；X_t 为 t 时刻物料的干基含水量；H 为空气的湿度。

式(3-15-9) 可以变换为

$$Q_\mathrm{p}+Q_\mathrm{D}=Lc_{p,\mathrm{H}_1}(t_2-t_0)+G'c_{p,\mathrm{m}_2}(\theta_2-\theta_1)+G_\mathrm{w}(r_0+c_{p,\mathrm{v}}t_2-c_{p,\mathrm{w}}\theta_1)+Q_\mathrm{L} \tag{3-15-12}$$

式中：r_0 为水的汽化潜热，kJ/kg。

式(3-15-12) 中，$G'c_{p,\mathrm{m}_2}(\theta_2-\theta_1)$ 相当于物料温度升高消耗的热量，用 Q_1 表示；$Lc_{p,\mathrm{H}_1}(t_2-t_0)$ 相当于原始空气经过干燥操作过程后带走的热量，用 Q_2 表示；$G_\mathrm{w}(r_0+c_{p,\mathrm{v}}t_2-c_{p,\mathrm{w}}\theta_1)$ 为将湿物料中的水汽化，并由进口状态变为出口状态而消耗的热量，用 Q_w 表示；过程中损失的热量为 Q_L，则

$$Q_\mathrm{L}=Q_\mathrm{T}-L(I_2-I_0)-G'(I'_2-I'_1)=Q_\mathrm{T}-Q_1-Q_2-Q_\mathrm{w} \tag{3-15-13}$$

式中：$Q_\mathrm{T}=Q_\mathrm{p}+Q_\mathrm{D}$ 表示输入系统的总热量，则热量损失率 η_L 为

$$\eta_\mathrm{L}=\frac{Q_\mathrm{L}}{Q_\mathrm{T}}\times100\% \tag{3-15-14}$$

3. 热效率 η

干燥过程中热量的有效利用程度是决定过程经济性的重要依据。干燥过程中水分汽化消耗的热量为 Q_w，这部分热量的消耗在干燥过程中是真正有效的，因此将这部分热量与输入系统的总热量 Q_T 的比值定义为干燥系统的热效率 η，用来描述干燥过程的经济性，则

$$\eta=\frac{Q_\mathrm{w}}{Q_\mathrm{T}}\times100\% \tag{3-15-15}$$

4. 体积对流传热系数 α_V

在对流干燥过程中，$Q=Q_1+Q_\mathrm{w}$ 是过程的传热速率，相应的体积对流传热系数[W/(m^3·℃)]可以写为

$$\alpha_V=Q/(V\Delta t_\mathrm{m}) \tag{3-15-16}$$

式中：V 为流化床干燥器的有效容积，m^3；Δt_m 为传热对数平均温差，℃。

5. 干燥器内空气实际体积流量 V_t 的计算

由孔板流量计的流量公式和理想气体的状态方程式可推导出

$$V_t=V_{t_0}\times\frac{273+t}{273+t_0} \tag{3-15-17}$$

式中：V_t 为干燥器内空气实际流量，m^3/s；t_0 为流量计处空气的温度，℃；V_{t_0} 为常压、t_0 温度下空气的流量，m^3/s；t 为干燥器内空气的温度，℃。

$$V_0=C_0A_0\sqrt{\frac{2}{\rho}(p_1-p_2)} \tag{3-15-18}$$

$$A_0=\frac{\pi}{4}d_0^2 \tag{3-15-19}$$

式中：$C_0=0.67$ 为流量计流量系数；A_0 为节流孔的面积，m^2；$d_0=0.050$ m 为节流孔的直径；p_1-p_2 为节流孔上、下游两侧压差，Pa；ρ 为孔板流量计处 t_0 温度下空气的密度，kg/m^3。

【实验装置、流程与参数】

1. 实验装置

本实验装置流程如图 3-15-3 所示。

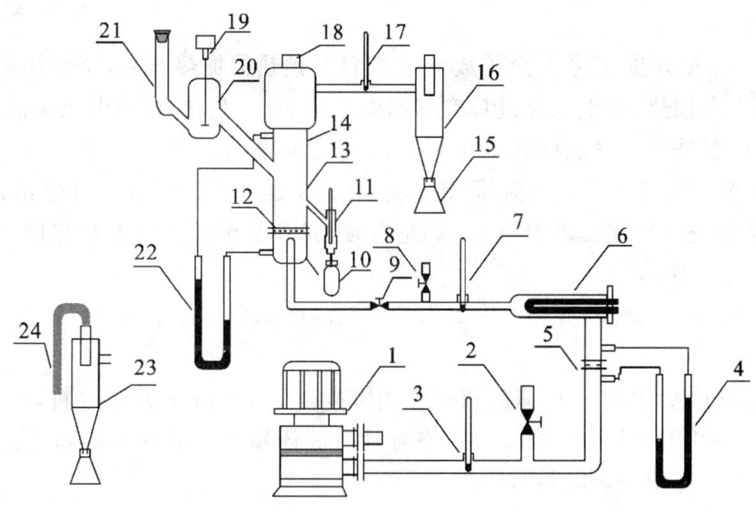

图 3-15-3 连续式流化床干燥实验装置流程示意图

1—旋涡风机；2—旁路阀（空气流量调节阀）；3—温度计（测气体进流量计前的温度）；4—压差计（测流量）；5—孔板流量计；6—空气预热器（电加热器）；7—空气进口温度计；8—放空阀；9—进气阀；10—出料接收瓶；11—出料温度计；12—分布板（80 不锈钢丝网）；13—流化床干燥器（玻璃制品，表面镀以透明导电膜）；14—透明膜电加热电极引线；15—粉尘接收瓶；16—旋风分离器；17—干燥器出口温度计；18—抽料口；19—搅拌器；20、21—原料（湿物料）瓶；22—压差计；23—干燥器内剩料接收瓶；24—吸干燥器内剩料用的吸管（可移动）

2. 实验流程

空气由旋涡风机 1 经旁路阀 2，由孔板流量计 5 计量流量后送入电加热器 6，加热后经分布板 12 流入流化床干燥器 13，与湿物料进行热质交换，经旋风分离器 16 除尘后由顶端排空。湿物料由湿物料瓶 20 经搅拌器 19 连续送入床层内干燥，干燥产品由出料口流入接收瓶。干燥过程中气流温度分别由温度计 3、7、17 实时检测；床层压降由压差计 22 实时检测。

3. 主要设备及仪表参数

(1) 旋涡风机：一机二用，即作鼓风和抽气用均可。

(2) 电加热器：用调压器控制温度。

(3) 干燥室尺寸：ϕ80 mm×2.5 mm，床层有效流化高度 100 mm；总高 530 mm。

(4) 孔板流量计孔径 17.0 mm，流量计压差读数 2 kPa 左右（视流化程度而定）。

(5) 干燥物料：变色硅胶，粒径 1.0～1.6 mm；每次用量 500～600 g。

【实验内容、步骤及注意事项】

1. 实验内容

本实验要求测定恒定干燥条件下连续操作全过程中湿变色硅胶干燥特性及有关实验数据（详见原始数据记录表项目）。

2. 实验步骤

(1) 在电子天平上称量约 10 g 湿硅胶(称准至 0.1g),于烘箱中烘干后再称重,以测水分。(烘箱温度调至 120 ℃,烘 60 min)

(2) 用托盘天平称约 430 g 湿硅胶,倒入实验装置左端的原料瓶中。

(3) 查各加热旋钮是否已全部旋至最左边。

(4) 插电源插头,打开总电源开关(绿灯),关进气阀 9(顺时针),开旁路阀 2(反时针),开放空阀 8(反时针)。

(5) 启动风机,全开进气阀 9,全关放空阀 8,打开预热器加热开关,调节预热器加热旋钮。(先调至 110 V 左右预热,待干燥器进口空气温度升至 65 ℃左右时,将电压调低至 90 V 左右,缓慢升温,使干燥器进口空气温度稳定在 70～75 ℃之间某值)

(6) 慢慢用旁路阀 2 调节空气流量,使压差计 4 的压差稳定在 170～180 mmH_2O 之间。

(7) 当干燥器进口空气温度升至 65 ℃左右时,就开始调节干燥器加热旋钮,将电压调至 80 V 左右,进行保温加热。

(8) 待干燥器进口空气温度和干燥器出口空气温度都稳定在 70～75 ℃之间时,开始记录有关数据。

(9) 打开加料开关,用加料调速旋钮缓慢调转速至 1.5 r/min,开始进料,并立即按下第一块秒表,开始计时;开始进料 1～2 min 后,当看到有固体物料开始从出料口连续溢出时,再立即按下第二块秒表,开始记录出料时间。

(10) 连续操作 50 min,在此期间,每隔一定时间(10 min 左右),记录一次有关数据,包括固体物料出口温度,一共记 4 组数据。

(11) 4 组数据都记录完毕后,在关闭加料开关停止加料的同时按下第一块秒表,并记录表上的时间,即为加料总时间。

(12) 切断加热和保温电源,关掉加热总开关。

(13) 打开放空阀 8,关闭进气阀 9。待出料口不再有固体物料溢出时,按下第二块秒表,记下秒表上的时间,即为出料总时间。

(14) 不停风机,用吸料管从抽料口 18 抽取干燥器内的干料,用托盘天平称重;然后放出出口干料,盖上瓶盖严防吸水,连瓶盖一起用托盘天平称总重。将两份干料合并后摇匀,取出其中约 10 g 料,在电子天平上称重后于 120 ℃烘 40 min,再称重,测水分。

(15) 放出加料器内剩下的湿料,用托盘天平称重。

(16) 停风机,拔掉电源插头,将所有固料都放回料盘内,将一切复原,实验结束。

3. 注意事项

(1) 干燥器外壁带电,操作时一定要严防触电,平时玻璃表面应保持干净。

(2) 必须先开风机,后开加热器,否则加热管可能烧毁。关机时则相反。

(3) 实验中风机旁路阀一定不能全关,放空阀实验前后应全开,实验中应全关。

(4) 加料直流电机电压不能超过 12 V,保温电压一定要缓慢上升,且不能超过 80 V。

(5) 注意节约使用硅胶,并严格控制加水量(30～40 mL),绝不能过多或过少。

【实验报告要点】

(1) 参考数据表格示例,制作完成实验记录及数据整理表(见表 3-15-4)。

(2) 取一组数据详列物料衡算、热量衡算、热效率及体积对流传热系数的计算过程。

（3）对实验结果进行分析讨论。

【思考题】

（1）连续式流化床干燥过程的主要优缺点是什么？
（2）干燥物料的初始含水量为什么要控制在一定范围内？
（3）如何减小热损失？

【数据表格参考示例】

表 3-15-4　连续式流化床干燥实验原始数据记录表

学号：________　姓名：________　同组：________　实验装置编号：________
室温：______℃　大气相对湿度：______%　大气压：______kPa　实验日期：____年____月____日

干燥器内径	$D_1=$	mm
绝干硅胶比热容	$c_s=$	kJ/(kg·℃)
加料管内初始物料量	$G_{01}=$	g
加料管内剩余物料量	$G_{11}=$	g
加料时间	$\Delta\tau_1=$	min=　s
进干燥器物料的含水量	$w_1=$	kg 水/kg 湿物料（快速水分测定仪读数）
出干燥器物料的含水量	$w_2=$	kg 水/kg 湿物料（快速水分测定仪读数）

名称		进料前	进料后	开始出料后（每 10 min 记录一次）			
流量压差计读数/mmH_2O							
风机吸入口	大气干球温度 t_0/℃						
	大气湿球温度 t_w/℃						
	相对湿度 φ						
干燥器进口温度 t_1/℃							
干燥器出口温度 t_2/℃							
进流量计前空气温度 t_0/℃							
干燥器进口物料温度 θ_1/℃							
干燥器出口物料温度 θ_2/℃							
流化床层压差/mmH_2O							
流化床层平均高度 h/mm							
预热器加热电压显示值/V							
预热器电阻 R_p/Ω							
干燥器保温电压显示值/V							
干燥器保温电阻 R_d/Ω							
加料电机电压/V							

实验16 液-液萃取实验(转盘式萃取器)

【实验目的】

(1) 了解转盘式萃取塔的结构特点、操作方法及萃取的工艺流程。

(2) 观察转盘转速变化时,萃取塔内轻、重两相流动状况,了解萃取操作的主要影响因素。

(3) 测定单位(每米)萃取高度的传质单元数 N_{OR}、传质单元高度 H_{OR} 或总体积传质系数 K_xa 及萃取率 η。

(4) 研究萃取操作条件对萃取过程的影响。

【实验原理】

萃取是分离和提纯液体混合物的常用化工单元操作之一。其原理是在待分离的液体混合物中加入某种适当的溶剂(又称萃取剂),形成共存的两个液相,利用混合液各组分在原溶剂与萃取剂中溶解度的差异,使混合液中各组分分离。

萃取操作时,两相液体在塔内作逆流流动,其中一相液体作为分散相,以液滴形式通过另一种连续相液体,两种液相的浓度则在设备内作微分式的连续变化,并依靠密度差在塔的两端实现两液相间的分离。当轻相作为分散相时,相界面出现在塔的上端;反之,当重相作为分散相时,相界面出现在塔的下端。

1. 传质单元数 N_{OR}

微分逆流萃取塔一般采用传质单元数和传质单元高度来表征塔的传质特性。

$$H=H_{OR}N_{OR} \tag{3-16-1}$$

式中:H 为萃取塔的有效接触高度,m;H_{OR} 为以萃余相为基准的总传质单元高度,m;N_{OR} 为以萃余相为基准的总传质单元数,量纲为1。

传质单元数表示萃取过程的难易程度,其计算式为

$$N_{OR}=\int_{X_R}^{X_F}\frac{dX}{X-X^*} \tag{3-16-2}$$

式中:X_F 为进塔原料液中溶质 A 的质量比组成,kg溶质/kg溶剂;X_R 为出塔萃余相中 A 的质量比组成,kg溶质/kg溶剂;X 为塔内某截面处萃余相中 A 的质量比组成,kg溶质/kg溶剂;X^* 为塔内某截面处与萃取相平衡的萃余相中 A 的质量比组成,kg溶质/kg溶剂。

传质单元数 N_{OR} 可由图解积分或数值积分法求得。当分配曲线为直线时,也可用对数平均推动力或萃取因数法求得。下面分别介绍传质单元数 N_{OR} 的对数平均推动力及图解积分计算方法。

(1) 传质单元数 N_{OR} 的对数平均推动力计算方法。

当萃余相浓度较低时,分配曲线可近似为过原点的直线,操作线也简化为直线处理,此时可以采用对数平均推动力对传质单元数 N_{OR} 进行近似计算,如图3-16-1所示。

将式(3-16-2)积分,得

$$N_{OR}=\frac{X_F-X_R}{\Delta X_m} \tag{3-16-3}$$

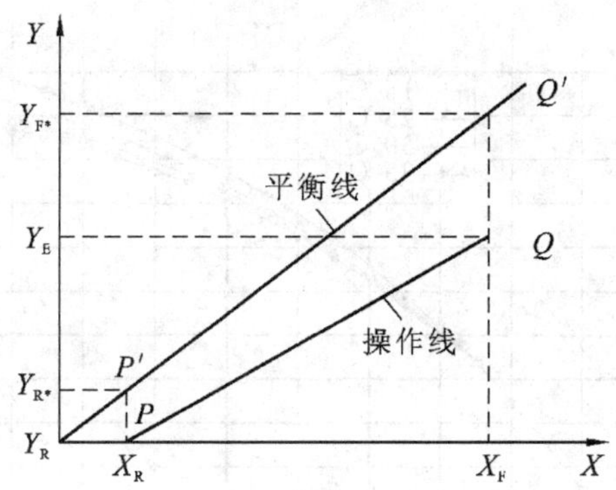

图 3-16-1 萃取平均推动力计算示意图

其中，ΔX_m 为传质过程的平均推动力，在操作线、平衡线作直线近似的条件下，有

$$\Delta X_m=\frac{(X_F-X^*)-(X_R-0)}{\ln\dfrac{(X_F-X^*)}{(X_R-0)}}=\frac{(X_F-Y_E/K)-X_R}{\ln\dfrac{(X_F-Y_E/K)}{X_R}} \tag{3-16-4}$$

式中：K 为分配系数，对于本实验的煤油-苯甲酸-水体系，$K=2.26$；Y_E 为出塔萃取相的质量比组成，kg 溶质/kg 溶剂。

X_F、X_R 和 Y_E 可在实验中通过取样滴定分析而得，Y_E 也可通过物料衡算求得：

$$F+S=E+R$$

$$F\frac{X_F}{1+X_F}+S\cdot 0=E\frac{Y_E}{1+Y_E}+R\frac{X_R}{1+X_R} \tag{3-16-5}$$

式中：F 为原料液质量流量，kg/h；S 为萃取剂质量流量，kg/h；E 为萃取相质量流量，kg/h；R 为萃余相质量流量，kg/h。

对稀溶液的萃取过程，式(3-16-5) 可简化为

$$FX_F=EY_E+RX_R$$

所以

$$Y_E=\frac{FX_F-RX_R}{E}$$

对于稀溶液，$F\approx R$，$S\approx E$，所以有

$$Y_E=\frac{F}{S}(X_F-X_R) \tag{3-16-6}$$

实验中，若取 $F/S=1/1$(质量流量比)，则式(3-16-6) 简化为

$$Y_E=X_F-X_R \tag{3-16-7}$$

(2) 传质单元数 N_{OR} 的图解积分计算方法。

当分配曲线为非直线时，上述简化处理不再适用，此时可以用图解积分法求取 N_{OR}。

本实验煤油-苯甲酸-水体系的分配曲线 Y-X(平衡曲线)如图 3-16-2 所示(其他体系的分配曲线可以通过实验测定得到)。萃取操作线必然通过两点(萃余相出口 X_R，萃取相入口 Y_R)、(原料液入口 X_F，萃取相出口 Y_F)，在分配曲线 Y-X 图上找出以上两点，连接即为操作线。

在 $X=X_R$ 至 $X=X_F$ 之间，任取一系列 X，可用操作线找出一系列的 Y 值，再利用平衡曲

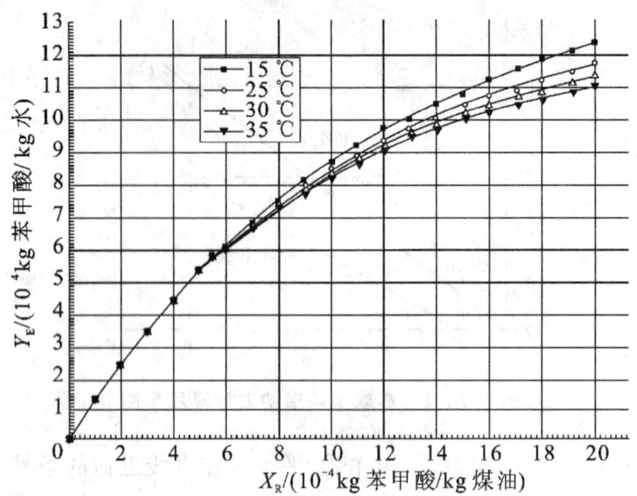

图 3-16-2　煤油-苯甲酸-水体系的分配曲线

线找出一系列的 X^* 值，并计算一系列的 $1/(X-X^*)$ 值。

在直角坐标中，以 X 为横坐标，$1/(X-X^*)$ 为纵坐标，绘制曲线，则在 $X=X_R$ 至 $X=X_F$ 之间的曲线以下的面积即为按萃余相计算的传质单元数。

2. 传质单元高度 H_{OR} 或总体积传质系数 K_xa 的计算

传质单元高度 H_{OR} 表示设备传质性能的好坏。其计算按下式：

$$H_{OR}=\frac{H}{N_{OR}} \tag{3-16-8}$$

由式(3-16-9) 可得总体积传质系数 K_xa

$$K_xa=\frac{B}{H_{OR}\Omega} \tag{3-16-9}$$

式中：B 为原料液中原溶剂的量，kg/h，$B=F(1-X_F)$；Ω 为塔的横截面积，m^2；K_xa 为以萃余相中溶质的质量比组成为推动力的总体积传质系数，kg/(m^3 · h · Δx)。

3. 萃取率 η 的计算

萃取率 η 为被萃取剂萃取的组分 A 的质量与原料液中组分 A 的质量之比，即

$$\eta=\frac{F\dfrac{X_F}{1+X_F}-R\dfrac{X_R}{1+X_R}}{F\dfrac{X_F}{1+X_F}}\times 100\%$$

若 X_F、X_R 很小，上式可简化为

$$\eta=\frac{FX_F-RX_R}{FX_F}\times 100\% \tag{3-16-10}$$

若为稀溶液的萃取过程，因为 $F\approx R$，所以有

$$\eta=\frac{X_F-X_R}{X_F}\times 100\% \tag{3-16-10a}$$

【实验装置、流程与参数】

1. 实验装置

转盘萃取装置流程如图 3-16-3 所示。

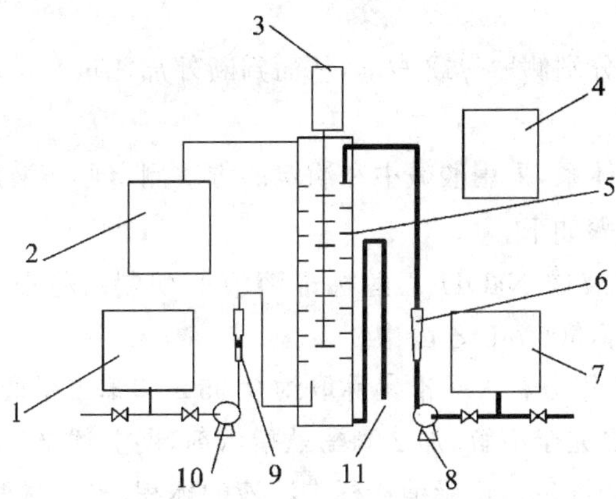

图 3-16-3　转盘萃取装置流程示意图

1—煤油储槽；2—萃取相；3—电机；4—电控箱；5—萃取塔；6—水流量计；7—原料储槽；8—水泵；9—煤油流量计；10—煤油泵；11—萃余相出口

2. 主要设备

水泵、油泵、转子流量计、转速测定装置等。

【实验内容、步骤及注意事项】

1. 实验内容

本实验以煤油为萃取剂，从水中萃取苯甲酸。水与苯甲酸混合物原料液为重相，煤油为轻相。轻相由塔底进入，作为分散相向上流动，经塔萃取后由塔顶流出；重相由塔顶进入，作为连续相向下流动至塔底，经∏形管流出，轻重两相在塔内呈逆向流动。

原料液、萃余相及萃取相的质量比组成（X_F、X_R、Y_E）由滴定分析法测定（详见实验步骤）。考虑水与煤油是完全不互溶的，且苯甲酸在两相中含量都很低，可认为在萃取过程中两相流体的体积流量不发生变化。测定不同转速下的传质单元数、传质单元高度及萃取率。

2. 实验步骤

(1) 称取 40 g 左右的苯甲酸，放入布袋中，将布袋放入 20 L 左右的去离子水中溶解，配制成含苯甲酸的饱和或近饱和溶液，然后将其倒入原料储槽（重相槽）内。注意：勿直接在槽内配制饱和溶液，防止固体颗粒堵塞输送泵的入口，而且固体颗粒会给滴定分析实验造成较大误差。

(2) 将煤油灌入萃取剂槽（轻相槽）内。

(3) 实验时，首先用磁力泵将连续相（水相）送入萃取塔内，使塔内充满连续相，并连续运行 5 min 后，开启分散相（油相）管路上的阀门，送入分散相。调节两相的体积流量（一般在 10～20 L/h 范围内），根据实验要求将两相的质量流量调节到一定比例（如水、油质量比为 1∶1）。注意：在进行数据计算时，对煤油转子流量计测得的数据要进行校正，$V_{校} = V_{测}\sqrt{1000/800}$，其中，$V_{测}$ 为煤油流量计上显示数值。磁力泵切不可空载运行。

(4) 待分散相在塔顶凝聚成一定厚度的液层后，再通过连续相出口管路中∏形管上的阀门开度来调节两相界面高度，操作中应维持上集液板中两相界面的恒定。

(5) 通过调节转速来控制外加能量的大小。在操作时转速应逐步加大，中间会跨越一个临界转速(共振点)，一般实验取4个以上不同转速，分析转速的变化对传质单元数和传质效率的影响。注意：转速不应大于800 r/min。该设备上的直流调速器必须先关闭后启动，否则无法启动。

(6) 通过改变转速来分别测取 η 或 H_{OR}，从而判断外加能量对萃取过程的影响。

(7) 组成浓度的测定。

对于煤油-苯甲酸-水体系，采用酸碱中和滴定的方法测定原料液组成 X_F、萃余液组成 X_R 和萃取液组成 Y_E，具体步骤如下。

① KOH-乙醇标准溶液或 NaOH-乙醇标准溶液的配制。称取0.28 g左右的KOH或0.20 g左右的NaOH，溶于500 mL乙醇中。

② 标准溶液的标定。用分析天平准确称取约0.05 g邻苯二甲酸氢钾基准物，加入20 mL新煮沸过的去离子水，使之完全溶解，加2滴酚酞指示剂，用上述KOH-乙醇或NaOH-乙醇标准溶液滴定至终点(无色变红色)，记录消耗标准溶液的体积，平行做两次以上。按下式计算待标定溶液的准确浓度：

$$c=\frac{m}{204.22\times\Delta V_1} \tag{3-16-11}$$

式中：c 为KOH-乙醇标准溶液或NaOH-乙醇标准溶液物质的量浓度，mol/mL；ΔV_1 为滴定消耗的KOH-乙醇标准溶液或NaOH-乙醇标准溶液体积，mL；m 为邻苯二甲酸氢钾质量，g；204.22为邻苯二甲酸氢钾摩尔质量，g/mol。

③ 原料液组成 X_F、萃余液组成 X_R 和萃取液组成 Y_E 分析。用移液管准确量取待测原料液、萃余相样品各25 mL(可以根据原料液浓度与萃余相浓度的大小，调整待测样品体积在20～30 mL)，置于100 mL锥形瓶中，分别加1～2滴指示剂；用KOH-乙醇标准溶液滴定至终点(可选溴百里酚蓝作指示剂，溶液由黄色变为蓝色即为终点)，或者用NaOH-乙醇标准溶液滴定至终点(可选酚酞作指示剂，溶液由无色变为红色即为终点)，对稀溶液，则所测样品原料液组成 X_F、萃余液组成 X_R、萃取液组成 Y_E 计算式近似为

$$X(Y)=\frac{\Delta VcM_{苯甲酸}}{V_{待测样品}\rho_{待测样品}} \tag{3-16-12}$$

式中：c 为KOH-乙醇标准溶液或NaOH-乙醇标准溶液物质的量浓度，mol/L；ΔV 为滴定消耗的KOH-乙醇标准溶液或NaOH-乙醇标准溶液体积，mL；$M_{苯甲酸}$ 为苯甲酸的摩尔质量，122 kg/kmol；ρ 为待测样品密度(原料液与萃余相密度可取该温度下水的密度，萃取液密度可取该温度下煤油的密度)，kg/m^3；V 为待测样品体积，mL。

萃取相组成 Y_E 也可按式(3-16-7)计算得到。

【实验报告要点】

(1) 参考表格示例，完成实验记录及数据处理结果表(见表3-16-1)。

(2) 详列 N_{OR}、H_{OR} 或 K_xa 及 η 的相关计算过程及误差处理过程。

(3) 绘制相关曲线图。

(4) 分析转盘转速对萃取操作的影响及实验过程中发现的其他问题。

【思考题】

(1) 分析比较萃取实验装置与吸收、精馏实验等气液传质装置的异同点。

(2) 从实验结果分析转盘转速变化对萃取传质系数与萃取率的影响。

(3) 本实验中分散相的液滴在塔内如何运动？

【数据表格参考示例】

表 3-16-1　萃取实验原始记录及数据处理表

学号：________　姓名：________　同组：________　实验装置编号：________

塔有效高度：________m　体系温度：________℃　萃取相：________　萃余相：________

<table>
<tr><th colspan="3">项　目</th><th>1</th><th>2</th><th>3</th><th>4</th><th>5</th></tr>
<tr><td rowspan="6">原始数据</td><td colspan="2">萃取剂体积流量/(L/h)</td><td></td><td></td><td></td><td></td><td></td></tr>
<tr><td colspan="2">原料液体积流量/(L/h)</td><td></td><td></td><td></td><td></td><td></td></tr>
<tr><td colspan="2">原料液与萃余相密度/(kg/m^3)</td><td></td><td></td><td></td><td></td><td></td></tr>
<tr><td colspan="2">萃取液密度/(kg/m^3)</td><td></td><td></td><td></td><td></td><td></td></tr>
<tr><td colspan="2">转盘转速/(r/min)</td><td></td><td></td><td></td><td></td><td></td></tr>
<tr><td colspan="2">KOH(或 NaOH)-乙醇标准溶液的物质的量浓度 c/(mol/mL)</td><td></td><td></td><td></td><td></td><td></td></tr>
<tr><td rowspan="6">浓度分析</td><td rowspan="2">入塔原料液组成 X_F</td><td>待测样品体积 V/mL</td><td></td><td></td><td></td><td></td><td></td></tr>
<tr><td>KOH(或 NaOH)标准溶液消耗体积 ΔV/mL</td><td></td><td></td><td></td><td></td><td></td></tr>
<tr><td rowspan="2">出塔萃余相组成 X_R</td><td>待测样品体积 V/mL</td><td></td><td></td><td></td><td></td><td></td></tr>
<tr><td>KOH(或 NaOH)标准溶液消耗体积 ΔV/mL</td><td></td><td></td><td></td><td></td><td></td></tr>
<tr><td rowspan="2">出塔萃取相组成 Y_E</td><td>待测样品体积 V/mL</td><td></td><td></td><td></td><td></td><td></td></tr>
<tr><td>KOH(或 NaOH)标准溶液消耗体积 ΔV/mL</td><td></td><td></td><td></td><td></td><td></td></tr>
<tr><td rowspan="10">计算及实验结果</td><td colspan="2">萃取剂(煤油)质量流量 S/(kg/h)</td><td></td><td></td><td></td><td></td><td></td></tr>
<tr><td colspan="2">原料液(苯甲酸水溶液) 质量流量 F/(kg/h)</td><td></td><td></td><td></td><td></td><td></td></tr>
<tr><td colspan="2">入塔原料液质量比组成 X_F/(kg 苯甲酸/kg 水)</td><td></td><td></td><td></td><td></td><td></td></tr>
<tr><td colspan="2">出塔萃余相质量比组成 X_R/(kg 苯甲酸/kg 水)</td><td></td><td></td><td></td><td></td><td></td></tr>
<tr><td colspan="2">出塔萃取相的质量比组成 Y_E/(kg 苯甲酸/kg 煤油)</td><td></td><td></td><td></td><td></td><td></td></tr>
<tr><td colspan="2">传质过程的平均推动力 ΔX_m/(kg 苯甲酸/kg 煤油)</td><td></td><td></td><td></td><td></td><td></td></tr>
<tr><td colspan="2">传质单元数 N_{OR}</td><td></td><td></td><td></td><td></td><td></td></tr>
<tr><td colspan="2">传质单元高度 H_{OR}/m</td><td></td><td></td><td></td><td></td><td></td></tr>
<tr><td colspan="2">体积总传质系数 $K_x a$/[kg/(m^3·h·Δx)]</td><td></td><td></td><td></td><td></td><td></td></tr>
<tr><td colspan="2">萃取率 η/(%)</td><td></td><td></td><td></td><td></td><td></td></tr>
</table>

*实验 17　膜分离实验

【实验目的】

(1) 了解微滤、超滤、纳滤和反渗透膜分离过程的原理和特点。

(2) 了解膜的结构和影响膜分离效果的因素,包括膜材质、压力和流量等。

(3) 了解膜分离的主要工艺参数,掌握膜组件性能的表征方法。

*(4) 设计原料物系、操作条件(学生设计,教师指导)进行实验。

【实验原理】

膜分离是以对组分具有选择性透过功能的膜为分离介质,通过在膜两侧施加(或存在)一种或多种推动力,使原料中的某组分选择性地优先透过膜,从而达到混合物的分离,并实现产物的提取、浓缩、纯化等目的的一种新型分离过程。其推动力可以为压差(也称跨膜压差)、浓度差、电位差、温度差等。膜分离过程有多种,不同的过程所采用的膜及施加的推动力不同,通常称原料液流侧为膜上游、透过液流侧为膜下游。

微滤(MF)、超滤(UF)、纳滤(NF)与反渗透(RO)都是以压差为推动力的膜分离过程,当膜两侧施加一定的压差时,可使一部分溶剂及小于膜孔径的组分透过膜,而微粒、大分子、盐等被膜截留下来,从而达到分离的目的。

以压差为推动力的几种膜分离过程的主要区别在于,被分离物粒子或分子的大小、所采用膜的结构与性能。微滤膜的孔径范围为 0.05～10 μm,所施加的压差为 0.015～0.2 MPa;超滤分离的组分是大分子或直径不大于 0.1μm 的微粒,其压差范围为 0.1～0.5 MPa;反渗透常被用于截留溶液中的盐或其他小分子物质,所施加的压差与溶液中溶质的相对分子质量及浓度有关,通常的压差在 2 MPa 左右,也有高达 10 MPa 的;介于反渗透与超滤之间的为纳滤过程,膜的脱盐率及操作压力通常比反渗透低,一般用于分离溶液中相对分子质量为几百至几千的物质。

1. 微滤

微滤过程中,被膜所截留的通常是颗粒性杂质,可将沉积在膜表面上的颗粒层视为滤饼层,则其实质与常规过滤过程近似。本实验中,以含颗粒的混浊液或悬浮液,经压差推动通过微滤膜组件,改变不同的料液流量,观察透过液侧清液情况。

2. 超滤

对于超滤过程,筛分理论被广泛用来分析其分离机理。该理论认为,膜表面具有无数个微孔,这些实际存在的不同孔径的孔眼像筛子一样,截留分子直径大于孔径的溶质和颗粒,从而达到分离的目的。应当指出的是,在有些情况下,孔径大小是物料分离的决定因素;但对另一些情况,膜材料表面的化学特性起到了决定性的截留作用。如有些膜的孔径既比溶剂分子大,也比溶质分子大,似乎不应具有截留功能,但实践证明它仍具有明显的分离效果。由此可见,膜的孔径大小和膜表面的化学性质将分别起着不同的截留作用。

超滤过程溶质的截留包括在膜表面的机械截留(筛分)、在膜孔中的截留(阻塞)和在膜表面及微孔内的吸附(一次吸附)三种方式。因此,要达到良好的分离目的,除要选用合适的膜之外,一般要求被分离的组分间的相对分子质量至少相差 10 倍以上。超滤操作可分为静态和动态两种。静态操作类似于板框过滤(形成滤饼,速率递减);动态操作(也称横流过滤)

中,料液不断平行流过膜表面,虽不会形成沉积层,但由于流体流动产生的剪切力和浮力,微粒(大分子) 的沉积与冲脱呈平衡,过滤速率降到一个恒定值。生产上多采用动态过滤的方式。

超滤膜分离过程可分离相对分子质量为 $5\times10^{2}\sim1\times10^{6}$ 的大分子和胶体粒子,主要用于抗生素提纯、人血清白蛋白制备、病毒和病毒蛋白的精制、水纯化(反渗透、电渗析等过程的前处理) 以及废水处理等。

3. 纳滤

纳滤膜分离技术,因纳滤膜表面孔径处于纳米级、能够除去尺寸约为 1nm 的分子而得名,它是以压差(一般为 0.5~1.47 MPa) 为推动力的一种膜分离技术,在我国其发展历史仅二十多年。一般认为纳滤膜分离的机理服从溶解-扩散模型,其要点是:溶质和溶剂首先在膜的上游(料液侧) 表面吸附,并溶解;然后在各自化学位差的推动下以分子扩散方式(无溶质和溶剂之间的相互作用和对流传递) 通过膜的活性层;最后,溶质和溶剂在膜的下游(透过液侧) 表面解吸,实现物料的分离,其中,以分子扩散方式通过膜的活性层为过程的控制步骤。由此可见,溶解度的差异和在膜中扩散性能的差异对纳滤膜的通量影响较大。

纳滤膜具有的分离规律如下。

(1) 对于阳离子,截留率大小顺序:$H^{+}<Na^{+}<K^{+}<Ca^{2+}<Mg^{2+}<Cu^{2+}$。

(2) 对于阴离子,截留率大小顺序:$NO_3^{-}<Cl^{-}<OH^{-}<SO_4^{2-}<CO_3^{2-}$。多价负离子截留率高的原因是膜所带负电荷对多价负离子的排斥作用更强。

(3) 单价离子透过,多价阴离子被截留。截留组分的相对分子质量在 200~1000 之间,分子大小为 1 nm 左右。

(4) 通常,随着溶质浓度增加,膜的截留率下降。因为高浓度使膜电荷受到很强的屏蔽,导致离子进入膜而透过。

纳滤膜分离过程无任何化学反应,无须加热,无相转变,使用压差较小(介于超滤和反渗透之间),不破坏生物活性,不改变物料原风味、香味,因而被越来越广泛地应用于饮用水制备、食品、医药、生物工程和污染治理等行业中的分离和浓缩提纯过程。

4. 反渗透

溶剂分子在压力作用下由浓溶液一侧向稀溶液一侧迁移的过程称为反渗透。如果将盐水加入反渗透装置的一侧,并在其液面上方施加超过该盐水渗透压的压强,就可在另一侧得到纯水,这就是反渗透净化水的原理。反渗透法生产纯水有两个必要条件:①有选择性的膜(半透膜),常用的膜材料有醋酸纤维素、钛醋酸纤维素、氰乙基纤维素和芳香聚酰胺等;②有一定的操作压强,一般为 1.5~10.5 MPa,截留组分的大小为$(0.1\sim1)\times10^{-9}$ m。

反渗透膜的选择透过性与组分在膜中的溶解、吸附和扩散有关,即与膜孔的大小、结构,膜的化学、物理性质等有关。关于反渗透膜传递的机理,请参考有关专著,简述为:反渗透半透膜上有众多的孔,这些孔刚好可使水分子透过,因细菌、病毒、大部分有机污染物和水合离子均比水分子大得多而被膜截留,从而实现与水的分离。

现以醋酸纤维素反渗透膜为例说明反渗透膜分离的规律。

(1) 对无机单原子离子的截留率,随离子价数的增高而增大,价数相同时,则随离子半径而变化:$Li^{+}>Na^{+}>K^{+}<Rb^{+}<Cs^{+}$,$Mg^{2+}>Ca^{2+}>Sr^{2+}<Ba^{2+}$。

(2) 对多原子单价阴离子,截留率大小为:$IO_3^{-}>BrO_3^{-}>ClO_3^{-}$。

(3) 对极性有机物,截留率大小为:醛>醇>胺>酸,叔胺>仲胺>伯胺,柠檬酸>酒石酸>苹果酸>乳酸>乙酸等。

(4) 对异构体，截留率大小为：叔(tert-)＞异(iso-)＞伯(sec-)＞原(pri-)。

(5) 对于同一族系，相对分子质量大的分离效果好。

目前，反渗透的应用领域已从早期的海水、苦咸水脱盐淡化发展到化工、食品、制药及造纸工业上某些有机物和无机物的分离。例如，制备无菌、无热源静脉注射用水和电子工业用的超纯水等。

水的多种杂质中，溶解性盐类是最难分离的。故常依据除盐率的高低来确定反渗透过程的净水效果。反渗透过程除盐率的高低主要取决于其半透膜的选择性。

5. 膜性能的表征

一般来说，膜组件的性能可用截留率 R(%)、透过液通量 $J[\mathrm{L/(m^2 \cdot h)}]$ 和溶质浓缩倍数 N(量纲为 1) 来表示。溶质回收率 ϕ(%) 也是评价分离效果的指标。

(1) 截留率 R。

$$R=\frac{c_0-c_P}{c_0}\times 100\%=\left(1-\frac{c_P}{c_0}\right)\times 100\% \tag{3-17-1}$$

式中：c_0 为原料液中溶质的浓度，%或 mg/L；c_P 为透过液中溶质的浓度，%或 mg/L；c_P/c_0 为溶剂透过率。

对于不同溶质成分，在膜的正常工作压力和工作温度下，截留率不尽相同，因此这也是工业上选择膜组件的基本参数之一。

(2) 透过液通量 J。

$$J=\frac{V_P}{S\tau}=\frac{Q}{S} \tag{3-17-2}$$

式中：V_P 为透过液的体积，L；S 为膜面积，$\mathrm{m^2}$；τ 为分离时间，h；$Q=V_P/\tau$ 为透过液的体积流量，在把透过液作为产品侧的某些膜分离过程中(如污水净化、海水淡化等)，该值用来表征膜组件的工作能力。一般膜组件出厂均有纯水通量这个参数，即用日常自来水(钙离子、镁离子等为溶质成分) 通过膜组件而得出的透过液通量。

(3) 溶质浓缩倍数 N。

$$N=\frac{c_R}{c_P} \tag{3-17-3}$$

式中：c_R 为浓缩液的浓度，%或 mg/L。

N 值的大小反映了浓缩液和透过液的分离程度的大小，在某些以浓缩液为产品的膜分离过程中(如大分子提纯、生物酶浓缩等)，它是重要的膜性能表征参数。

(4) 溶质回收率 ϕ。

$$\phi=\frac{m_R}{m_0}\times 100\%=\frac{V_R c_R}{V_0 c_0}\times 100\% \tag{3-17-4}$$

式中：m_R、m_0 分别为浓缩液、原料液中溶质的质量，mg；V_R、V_0 分别为浓缩液、原料液中溶质的体积，L。

【实验装置、流程与参数】

1. 实验装置

本实验装置均为科研用膜，透过液通量和最大工作压力均低于工业上实际使用情况，实验中不可让膜组件在超压状态下工作。装置如图 3-17-1 至图 3-17-3 所示。

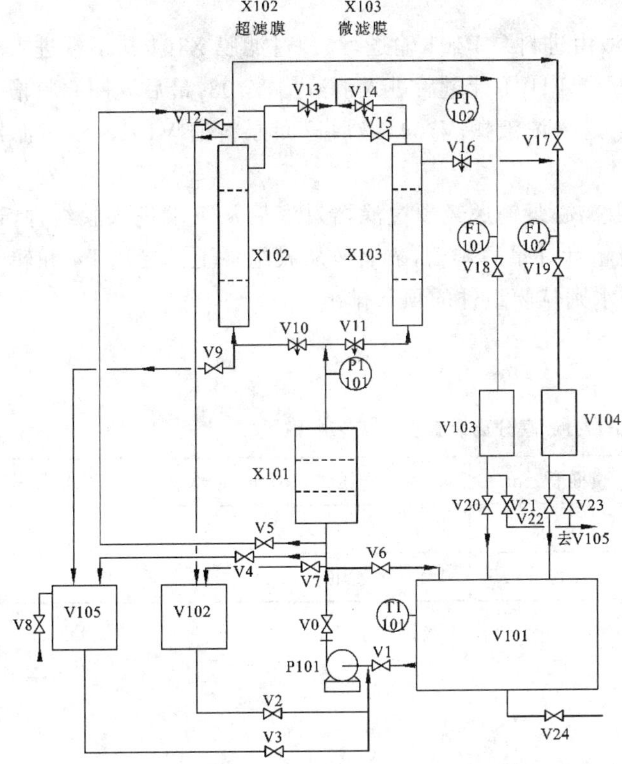

图例

图例	名称
$\bowtie$	闸阀
	针型阀

仪表功能及代号

代号	名称
P1	压力现场显示
T1	温度现场显示
F1	流量现场显示

V105	V102	P101	X101	V103	V101	V104
清洗液槽	保护液槽	进料泵	预过滤膜	清液槽	原料槽	浓液槽

图 3-17-1　CW-100B 微滤、超滤膜分离装置流程示意图(装置Ⅰ)

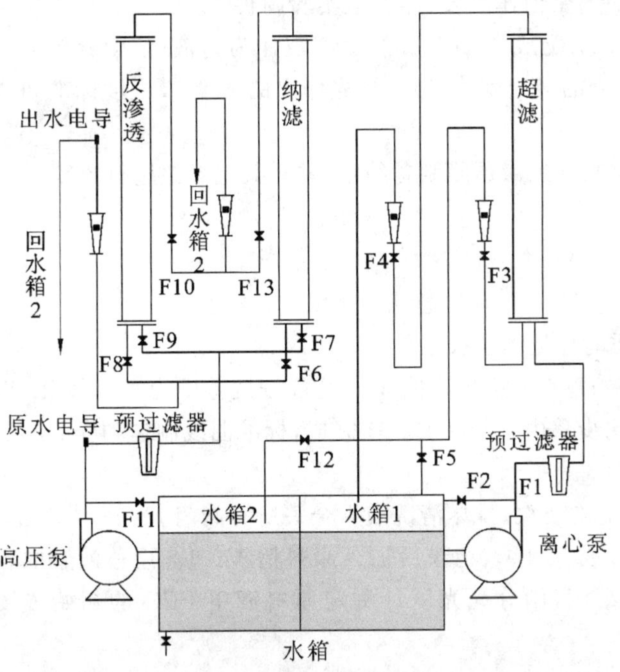

图 3-17-2　超滤、纳滤和反渗透实验装置流程示意图(装置Ⅱ)

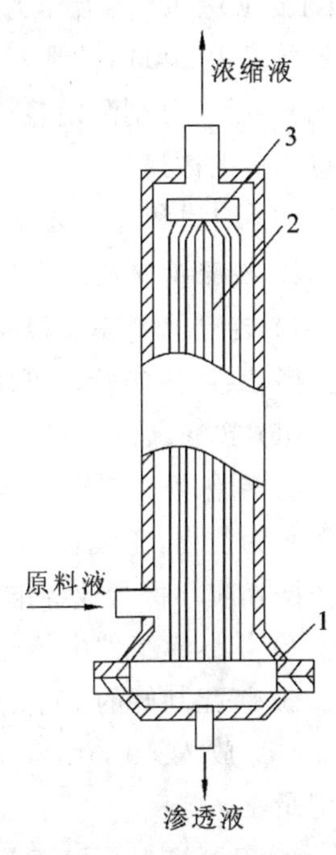

图 3-17-3　中空纤维膜组件

1—管板；2、3—纤维束

2. 实验流程

装置Ⅰ:原料槽 V101 中原料液由进料泵 P101 输送,经预过滤膜 X101 从下端进入膜组件 X102(或 X103),透过液经清液流量计 FI101 计量后进入清液槽 V103,最后返回原料槽 V101;浓缩液经浓液流量计 FI102 计量后进入浓液槽 V104,最后返回原料槽 V101。预过滤器的作用是截留不溶性杂质以保护膜组件。

装置Ⅱ:以超滤为例,原料液由离心泵输送经预过滤器过滤后从下端进入膜组件,透过液自膜组件的底部经阀 F3 和转子流量计计量后排出,浓缩液从膜组件上部经阀 F4 和转子流量计计量后排出,清洗膜组件的洗涤水则从膜组件的顶部排出。

3. 主要设备及仪表参数

实验装置的主要工艺参数列于表 3-17-1。

表 3-17-1　膜分离装置主要工艺参数

膜组件	膜材料	膜面积/m^2	最大工作压力/MPa	最大流量/(L/h)	操作温度/℃
微滤	聚丙烯混纤	0.5	0.15	50	5～30
超滤、纳滤、反渗透	聚砜	5.0(装置Ⅱ0.5)	0.15(装置Ⅱ<0.2)	50	

【实验内容、步骤及注意事项】

1. 实验内容

(1) 微滤过程:可选用 1%碳酸钙溶液,或 100 目左右的双飞粉配成 2%左右的悬浮液作为实验料液。观察随料液浓度或流量变化透过液清澈程度的变化。

(2) 超滤过程:装置Ⅰ选用相对分子质量为 10000 的聚乙二醇(PEG10000) 配成 5 g/L (或 1 g/L) 的水溶液作为料液,或用牛血清蛋白作溶质(详见本实验附件 4);装置Ⅱ选用相对分子质量为 20000 的聚乙二醇(PEG20000) 配成 30 mg/L 的水溶液作为料液;浓度分析采用分光光度计,分别测定各样品在 510 nm 处的吸光度值,通过预先作出的浓度-吸光度标准曲线查得相应的浓度值。

(3) 纳滤和反渗透过程:分别用纳滤膜和反渗透膜制备纯水,并对其电导值进行比较。

2. 实验步骤及注意事项

1) 装置Ⅰ实验步骤和注意事项

微滤、超滤实验均可做。原理相同,操作相仿,现以超滤为主加以介绍。

(1) 超滤操作(用牛血清蛋白作溶质时详见本实验附件 4)。

① 制作聚乙二醇水溶液(PEG) 的浓度-吸光度标准曲线。PEG 浓度范围为 0～5 g/L,以蒸馏水为空白,于波长 510 nm 处测定(此步骤由教师在实验前完成,标准曲线制作和样品测定均按照相应环保行业标准规定方法执行)。

② 排尽膜组件中的保护液,用清水清洗 3 次,排尽清洗液后全关所有阀门。

③ 将配制好的 PEG 计量体积(14 L 或 15 L) 、记录后加入原料槽 V101。用移液管取料液 5 mL,放入 50 mL 容量瓶并稀释至刻度,用分光光度计测定原料液中 PEG 的初始浓度并记录。

④ 打开进料泵回流阀 V6 和进料泵出口阀 V0,全开超滤膜 X102 进口阀 V10、超滤清液出口阀 V13 和浓液出口阀 V17,全开清液流量计调节阀 V18 和清液槽出口阀 V20、浓液流量

计调节阀 V19 和浓液槽出口阀 V22,则整个超滤单元回路已畅通。

⑤ 在控制柜中打开进料泵 P101 开关,可观察到膜组件进口压力表 PI101 显示读数,通过进料泵回流阀 V6 和进料泵出口阀 V0,控制料液通入流量,从而保证膜组件在适宜压力 0.1 MPa(或 0.05 MPa) 下稳定工作。然后每隔 4 min 记录一次透过液流量(清液转子流量计 FI101 读数),并在清液槽出口阀 V20 处的软管取样、用分光光度计测定;运转 24 min 后,除前述记录、取样外,另在浓液槽出口阀 V22 处的软管取样,分别测定各样品中 PEG 浓度,做好记录。

⑥ 改变流量或压力,重复测定 1～2 次。(若条件允许,还可做一组间歇式分离测定)

⑦ 数据测取完毕,放尽膜组件和原料槽中的 PEG 后,用清洗液代替原料液,按照本实验附录 A 载明的清洗方法对膜组件进行彻底清洗。

⑧ 加保护液。只要 10 h 以上不使用膜组件,则需按照“注意事项② ”载明的加保护液方法对膜组件保护,然后密闭系统以免保护液挥发。关闭装置电源。

⑨ 切断分光光度计电源并把仪器擦拭干净,比色皿清洗干净并归位。实验结束。

(2) 微滤操作。

在原料槽 V101 中加足配好的料液后,打开进料泵回流阀 V6 和进料泵出口阀 V0,打开微滤膜 X103 料液进口阀 V11 和微滤清液出口阀 V14、清液转子流量计调节阀 V18 和清液槽出口阀 V20、浓液流量计调节阀 V19 和浓液槽出口阀 V22(其他阀门关闭),则整个微滤单元回路已畅通。

开启进料泵 P101 开关,可观察到膜组件进口压力表 PI101 显示读数,通过进料泵回流阀 V6 和清液转子流量计调节阀 V18 控制料液流量,从而保证膜组件在正常压力 0.1MPa(或 0.05 MPa) 下工作。待设备运行 10 min 后,在清液槽 V103 出口阀 V20 下部软管取样,取样完毕关闭进料泵电源开关和各阀门。对样品观察、分析。(关泵前也可通过改变浓液转子流量计流量来观察清液浓度变化)

(3) 注意事项。

① 每个单元分离过程前,均应用清水彻底清洗该段回路,确认保护液无残留后方可进行料液实验。对于微滤组件则可拆开膜外壳,直接清洗滤芯,也可在线清洗;对于超滤膜组件则只能在线清洗,不可拆卸,否则膜组件和管路重新连接后可能造成漏水情况。在线清洗方法详见本实验附录 A。

② 整个实验操作结束后,先按清洗方法用清水清洗系统。然后配制 0.5%～1%浓度的甲醛溶液加入保护液槽 V102 中,经进料泵将保护液逐个打入各膜组件中至达其容量的 1/2 以上。加保护液方法详见本实验附录 B。

③ 长期使用后的膜组件,因其吸附杂质较多,或浓差极化现象明显,则膜分离性能显著下降。对于预滤和微滤组件,可直接更换新内芯;对于超滤膜组件,一般先进行反清洗。若反清洗后膜组件仍无法恢复分离性能(如截留率显著下降),则表明膜组件使用寿命已尽,需更换新内芯。

2) 装置Ⅱ实验步骤和注意事项

利用装置Ⅱ可做超滤、纳滤和反渗透实验,可根据课时安排进行取舍。

(1) 超滤实验。

① 制作聚乙二醇水溶液(PEG) 的浓度-吸光度标准曲线。PEG 浓度范围为 0～30 mg/L,以蒸馏水为空白,于波长 510 nm 处测定(此步骤由教师在实验前完成,标准曲线制作和样品测

定均按照相应环保行业标准规定方法执行)。

② 若超滤组件内加有保护液,在实验前必须放净保护液,并用自来水清洗 2～3 次,放净清洗液。

③ 关闭膜组件进口阀 F1,全开泵出口至水箱 1 的回流阀 F2,启动低压离心泵。

④ 全开膜组件进口阀 F1 和透过液出口阀 F3,部分开启浓缩液出口阀 F4(以转子高度适中为宜),然后逐渐关闭(或关小) 泵出口的回流阀 F2。

⑤ 将浓缩液出口流量调节至 15 L/min 左右,全开滤液出口阀。浓缩液和透过液均需放空 10 min 左右,然后关闭放空阀,开始收集浓缩液和透过液,并计量。

⑥ 正常运行 20 min 后即可取样:分别取透过液和浓缩液各 50 mL,加入 2 只 100 mL 容量瓶中,再分别加入 Dragendorff 试剂和乙酸缓冲溶液各 10 mL,并用蒸馏水稀释至刻度,放置 15 min,用 1 cm 比色皿在波长 510 nm 下用分光光度计测定其吸光度,并与标准曲线对照,确定透过液和浓缩液的浓度。

⑦ 改变流量,再进行两个不同流量的实验,数据测取完毕后停泵。

⑧ 待超滤膜组件中的 PEG 溶液放净之后,用自来水代替原料液,在较大流量下运转 20 min左右,清洗膜组件中的残余 PEG 溶液。

(2) 纳滤实验。

① 纳滤用的原料水由本装置超滤制得,操作步骤同"超滤实验"。

② 关闭纳滤膜组件进口阀 F7 和反渗透膜组件进口阀 F9,关闭反渗透膜组件透过液出口阀 F8 和浓缩液出口阀 F10,全开高压离心泵出口至水箱 2 的回流阀 F11,启动高压泵。

③ 全开纳滤膜组件进口阀 F7 和透过液出口阀 F6,部分开启浓缩液出口阀 F13(以转子高度适中为宜),然后逐渐关闭(或关小) 泵出口的回流阀 F11。

④ 将浓缩液出口流量调节至 15 L/min 左右。浓缩液和透过液均需排放 10 min 左右,然后开始收集浓缩液和透过液,并计量,计算水的回收率、渗透通量和透过率,并比较分离前后电导值的大小。

(3) 反渗透实验。

① 反渗透用的原料水由本装置超滤制得,操作步骤同"超滤实验"。

② 关闭纳滤膜组件进口阀 F7 和反渗透膜组件进口阀 F9,关闭纳滤膜组件透过液出口阀 F6 和浓缩液出口阀 F13,全开高压离心泵出口至水箱 2 的回流阀 F11,启动高压泵。

③ 全开反渗透膜组件进口阀 F9 和透过液出口阀 F8,部分开启浓缩液出口阀 F10(以转子高度适中为宜),然后逐渐关闭(或关小) 泵出口的回流阀 F11。

④ 将浓缩液出口流量调节至 15 L/min 左右。浓缩液和透过液均需排放 10 min 左右,然后开始收集浓缩液和透过液,并计量,计算水的回收率、渗透通量和透过率,并比较分离前后电导值的大小。

(4) 注意事项。

① 系统停机前应全开清水阀门循环冲洗 3 min。

② 超滤装置如果 10 h 以上不用,须加入保护液(5%甲醛水溶液) 至组件的二分之一高度,然后密闭系统,避免保护液损失。如需长期放置不用,可用 1%～3%亚硫酸氢钠溶液浸泡封存。

③ 纳滤和反渗透短期停机,应每隔两天通水一次,每次通水 30 min;长期停机应采用 1%亚硫酸氢钠或甲醛液注入组件内,然后关闭所有阀门,严禁细菌侵蚀膜元件。三个月应更换保护液一次。

④ 纳滤和反渗透水箱用水必须是经超滤制取的净水。

⑤ 设备存放实验室应有合适的防冻措施,严防结冰。

⑥ 将分析仪器清洗干净,放在指定位置。切断所有装置电源。

【实验报告要点】

(1) 参考表格示例,完成实验记录及数据处理表(见表 3-17-2 至表 3-17-6),并以一组数据为例详列计算过程。

(2) 计算透过液通量(渗透通量),并对时间作图(J-t 图)。

(3) 利用膜性能表征的有关公式,计算溶质的截留率 R(或水的透过率)、浓缩倍数 N、回收率 ϕ。

(4) 分析讨论改变操作压力对膜分离效果的影响。比较分离前后水的电导值的大小。

【思考题】

(1) 超滤膜分离的机理是什么?

(2) 在以压差为推动力的膜分离过程中,膜上游压力是否越大越好?为什么?

(3) 长时间空闲时膜组件加保护液的作用是什么?

(4) 试列举一、二个生活、生产中以压差为推动力的膜分离实例。

【数据表格参考示例】

表 3-17-2 超滤膜分离实验原始记录及数据处理表(装置Ⅰ)

学号:________ 姓名:__________ 同组:______________________ 实验装置编号:________________

膜材料:____________________ 膜面积:____________ m^2 允许最大工作压力:____________ MPa

室温:__________℃ 大气压:________________ kPa 实验日期:________年____月____日

项 目	操作 1				操作 2				操作 3			
料液总体积 V_0/L												
操作压力 p/MPa												
料液流量 V/(L/h)												
料液初浓度 C_0/(mg/L)	(A_0 =)				(A_0 =)				(A_0 =)			
记录	t/min	V_P/(L/h)	J/[L/(m²·h)]	A_P	t/min	V_P/(L/h)	J/[L/(m²·h)]	A_P	t/min	V_P/(L/h)	J/[L/(m²·h)]	A_P
1												
2												
3												
4												
5												
6												
累计												
清液总体积 V_P/L												

续表

项　　目	操作 1	操作 2	操作 3
浓液总体积 V_R/L			
清液终浓度 C_P/(mg/L)	(A_P=)	(A_P=)	(A_P=)
浓液终浓度 C_R/(mg/L)	(A_R=)	(A_R=)	(A_R=)
截留率 R/(%)			
透过液通量J/[L/(m^2·h)]			
溶质浓缩倍数 N			
回收率 ϕ/(%)			

注:A_0 为原料液吸光度,A_R 为浓缩液吸光度,A_P 为透过液吸光度。

表 3-17-3　超滤膜分离实验原始记录表(装置Ⅱ)

序号	V_1/L	V_2/L	$V_3=(V_1+V_2)$/L	t/min	A_0	A_R	A_P
1							
2							
3							

注:A_0 为原料液吸光度,A_R 为浓缩液吸光度,A_P 为透过液吸光度。

表 3-17-4　超滤膜分离实验数据处理表(装置Ⅱ)

序号	C_0/(mg/L)	C_R/(mg/L)	C_P/(mg/L)	R/(%)	J/[L/(m^2·h)]	ϕ/(%)
1						
2						
3						

注:C_0 为原料液浓度,C_R 为浓缩液浓度,C_P 为透过液浓度。

表 3-17-5　纳滤膜分离实验原始记录表(装置Ⅱ)

序号	V_1/L	V_2/L	$V_3=(V_1+V_2)$/L	t/min	R/(%)	J/[L/(m^2·h)]	ϕ/(%)	原料液电导	透过液电导
1									
2									
3									

注:V_1、V_2 和 V_3 分别为正常运行时间内的累积透过液量、累积浓缩液量和原料液量。

表 3-17-6　反渗透膜分离实验原始记录表(装置Ⅱ)

序号	V_1/L	V_2/L	$V_3=(V_1+V_2)$/L	t/min	R/(%)	J/[L/(m^2·h)]	ϕ/(%)	原料液电导	透过液电导
1									
2									
3									

注:V_1、V_2 和 V_3 分别为正常运行时间内的累积透过液量、累积浓缩液量和原料液量。

附 1:膜组件在线清洗方法(装置Ⅰ)

(1) 超滤单元清洗。

① 实验回路正清洗:将清洗液(去离子水、蒸馏水或清水)加入原料槽,在较大流量下(压力 0.1MPa)按照超滤实验步骤进行操作,运转 10～20 min 即可。

② 膜组件正清洗:将清洗液加入清洗液槽 X105,打开 V3、V4、V10、V13、V16、V17、V18、V19、V21 和 V23,其他阀门关闭,则整个超滤清洗单元回路已畅通。开启控制柜水泵电源开关,可观察到 PI101 显示读数,通过 V4 和 V18、V19 控制清洗液通入流量,从而保证膜组件在正常压力下清洗,待设备运行 10～15 min 即可。

③ 膜组件反清洗:将清洗液加入清洗液槽,打开 V3、V4、V5 和 V9,其他阀门关闭,则整个反清洗单元回路已畅通。开启进料泵电源开关,通过 V4 和 V9 控制清洗液通入流量,从而保证膜组件在正常压力下清洗(注意流量不可过大,严防膜组件受损),待设备运行 10～15 min 即可。

(2) 微滤单元清洗。

① 实验回路正清洗:将清洗液(去离子水、蒸馏水或清水)加入原料槽,在较大流量下(压力 0.1MPa)按照微滤实验步骤进行操作,待设备运转 10～15 min 即可。

② 膜组件正清洗:将清洗液加入清洗液槽 X105,打开 V3、V4、V11、V14、V16、V17、V18、V19、V21 和 V23,其他阀门关闭,则整个超滤清洗单元回路已畅通。开启控制柜水泵电源开关,可观察到 PI101 显示读数,通过 V4 和 V18、V19 控制清洗液通入流量从而保证膜组件在正常压力下清洗,待设备运行 5～10 min 即可。

附 2:膜组件加保护液方法(装置Ⅰ)

以超滤膜加保护液为例,其具体操作步骤如下:关闭所有阀门,打开 V0、V10、V12 和保护液槽出料阀 V2,启动进料泵,控制压力在 0.05～0.1 MPa 下将保护液打入膜组件,则超滤膜逐渐浸泡在保护液中;当回流管路中有保护液流出时,停止进料泵,关闭所有阀门。

附 3:超滤实验聚乙二醇截留率的测定及计算方法

1. 原理

聚乙二醇与碘化铋钾试剂(Dragendoff 试剂)可以生成橘红色的配合物,用分光光度法测定溶液中聚乙二醇含量。将已知相对分子质量的聚乙二醇溶于水中,使其通过超滤膜,测定料液与透过液中聚乙二醇溶液的浓度,计算超滤装置对该相对分子质量聚乙二醇的截留率。

2. 主要试剂和材料

(1)蒸馏水或同等纯度水。

(2)聚乙二醇:相对分子质量为 10000,分析纯。

(3)次硝酸铋:分析纯。

(4)冰乙酸(CH_3COOH),分析纯。

(5)碘化钾(KI),分析纯。

(6)乙酸钠($CH_3COONa \cdot 3H_2O$),分析纯。

3. 仪器设备

(1)光电分光光度计。

(2)分析天平。

(3)真空干燥箱。

(4)干燥器。

(5)容量瓶、移液管、烧杯等。

4. 分析方法

1) 试剂的配制和标准曲线的制作

(1) Dragendoff 试剂的配制。

A 液:准确称取 0.800 g 次硝酸铋,置于 50 mL 容量瓶中,加 10 mL 冰乙酸,再加蒸馏水稀释至刻度。

B 液:准确称取 20.000 g 碘化钾,置于 50 mL 棕色容量瓶中,再加蒸馏水稀释至刻度,有效期为半年。

Dragendoff 试剂:量取 A 液、B 液各 5 mL,置于 100 mL 棕色容量瓶中,再加蒸馏水稀释至刻度,有效期为半年。

(2) 乙酸-乙酸钠缓冲溶液的配制。

量取 0.2 mol/L 乙酸钠溶液 590 mL 及 0.2 mol/L 冰乙酸溶液 410 mL,置于 1000 mL 容量瓶中,配制成 pH 为 4.8 的乙酸-乙酸钠缓冲溶液。

(3) 标准溶液的配制。

将聚乙二醇放入真空干燥箱内,在温度 60 ℃下,干燥 4 h,以除去水分。准确称取聚乙二醇 1.000 g,溶于 1000 mL 容量瓶中,分别吸取聚乙二醇溶液 0、0.5、1.0、1.5、2.0、2.5、3.0 mL,稀释于 100 mL 容量瓶中,配制成浓度为 0、5、10、15、20、25、30 mg/L 的聚乙二醇标准溶液。

(4) 标准曲线的制作。

将 4.1.3 中不同的浓度的标准溶液各 5 mL 分别放入 10 mL 容量瓶中,分别加入 1mL Dragendoff 试剂及 1mL 乙酸-乙酸钠缓冲溶液,加蒸馏水稀释至刻度。放置 15 min 后,于波长 510 nm 下,用 1cm 比色皿,在分光光度计上测定吸光度,以蒸馏水为参比液。以聚乙二醇浓度为横坐标,吸光度为纵坐标作图,制成标准曲线。

2) 样品的测定

(1) 样品溶液的配制。

选择某一相对分子质量的聚乙二醇,配制成浓度为 5 g/L 的聚乙二醇溶液,作为超滤装置性能评价的样品溶液使用。

(2) 截留率的测定。

取配制好的样品溶液,在 0.1MPa(表压)、常温条件下,通过超滤装置运转 20 min 后,收取透过液。原料液(稀释 200 倍)与透过液分别在波长 510 nm 下,测定其吸光度,从标准曲线上查得相应的浓度。

(3) 截留率计算。

$$R=\frac{C_1-C_2}{C_1}\times 100\%$$

式中:R 为截留率,%;C_1 为原料液中的聚乙二醇浓度,mg/L;C_2 为透过液中的聚乙二醇浓度,mg/L。

3) 实验结果

每个试样同时取两个样品进行平行试验,以其测试值的算术平均值作为测试结果。

附 4:牛血清蛋白水溶液超滤膜分离实验步骤(装置Ⅰ)

以牛血清蛋白水溶液为料液,考察料液通过超滤膜后,膜的渗透通量随时间的衰减情况,并考察操作压力和膜表面流速对渗透通量的影响。

1. 正清洗

(1) 将清洗液(去离子水)约 4 L 加入清洗液槽。

(2) 打开 V3、V4、V10、V13、V17 和 V19,然后打开清液流量计和浓液流量计,其他阀门关闭,则整个清洗单元回路已畅通。

(3) 开启控制柜水泵电源开关。观察微滤进口压力表显示读数(<0.1 MPa),通过 V4 和清液流量计、浓液流量计控制清洗液通入流量,从而保证膜组件在正常压力下清洗。

(4) 待设备运行 10～15 min,即可进行下一步。

2. 超滤

(1) 将配好的料液(1%～3%)加入原料槽中,打开 V1、V6、V10 和 V13,打开清液和浓液流量计,其他阀门关闭,则整个超滤单元回路已畅通。

(2) 开启控制柜水泵电源开关,保持清洗回路开通,让超滤柱中的清洗液流回清洗液槽后关闭清洗回路,打开 V16 和 V18 让清液和浓液流回原料液槽。

(3) 观察超滤进口压力表显示读数,通过(进料泵回流阀)V6 和清液流量计(10.5 L/h 左右)、浓液流量计(10.5 L/h 左右)控制料液通入流量,从而保证膜组件在正常压力(<0.1 MPa)下工作。

(4) 调整浓液转子流量计改变浓液流量,观察并记录浓液和清液压力表数值(保证压力差<0.15 MPa)。在流量稳定后打开 V16 和 V18,每间隔 5 min 从下面软管分别截取浓液和清液试样,同时记录清液流量计和浓液流量计读数,在分光光度计上测定试样的吸光度,计算浓度值。共取不少于 8 组试样测定浓度。以平均透过率对过滤时间作图。

(5) 在保证压力差<0.15 MPa 的前提下,改变不同的浓液流量值,重复步骤(4)实验内容。

(6) 取样结束后,关闭控制柜水泵电源开关,然后关闭阀门 V1、V6、V10、V13、V16 和 V18,进行下一步。

3. 正清洗

(1) 将清洗液加入清洗液槽。

(2) 打开阀门 V3、V4、V10、V13、V17 和 V19,然后打开清液流量计,其他阀门关闭,则整个清洗单元回路已畅通。

(3) 开启控制柜水泵电源开关。观察微滤进口压力表显示读数,通过 V4 和清液流量计、浓液流量计控制清洗液通入流量,从而保证膜组件在正常压力下清洗。设备运行 10～15 min。

(4) 关闭控制柜水泵电源开关。关闭阀门 V3、V4、V13、V17 和 V19,进行下一步。

4. 打保护液

(1) 将保护液(0.5%～1%浓度的甲醛溶液)加入保护液槽。

(2) 打开阀门 V2、V7、V10 和 V15,其他阀门关闭,则整个超滤保护液单元回路已畅通。

(3) 开启控制柜水泵电源开关。调整阀 V7,使泵正常工作,膜组件也在正常压力下工作,待阀 V15 后的软管有保护液流出即可。

(4) 关闭控制柜水泵电源开关,迅速关闭阀门 V2、V7、V10 和 V15,使超滤膜浸泡在保护液中。

5. 放空清洗液

打开清洗液槽下部的放空阀,让清洗液自然排出到下水道。

实验结束。

*实验 18　超临界流体萃取实验

【实验目的】

(1) 了解超临界 CO_2 萃取实验装置的基本结构、工艺流程和操作方法。

(2) 掌握超临界 CO_2 萃取的基本原理、工业应用的优越性及局限性。

*(3) 设计原料物系、操作条件(学生设计,教师指导) 等进行实验。

【实验原理】

1. 基本概念

超临界流体是指温度和压力均高于临界点状态下的流体。稳定的纯物质都有固定的临界点(参见图 3-18-1),其参数临界温度 t_c、临界压力 p_c及临界密度 ρ_c统称为临界常数。超临界流体的基本性质表现在密度、黏度和自扩散系数等方面。密度 ρ 越大,相应的溶解能力 C(溶解度) 也越强($\ln C=k\ln\rho+m$,参见图 3-18-2)。超临界流体具有气体和液体之间的性质(见表 3-18-1),其密度接近于液体,比气体的密度大数百倍;其黏度仍接近于气体,比液体的黏度要小两个数量级;自扩散系数介于气体与液体之间(大约是气体的 1%,比液体的扩散系数要大约百倍)。故超临界流体对许多物质具有很强的选择性和溶解能力,又具有气体易扩散(渗透) 的特性,使传质速率远高于普通溶剂萃取,可实现物质的高效率分离提纯。

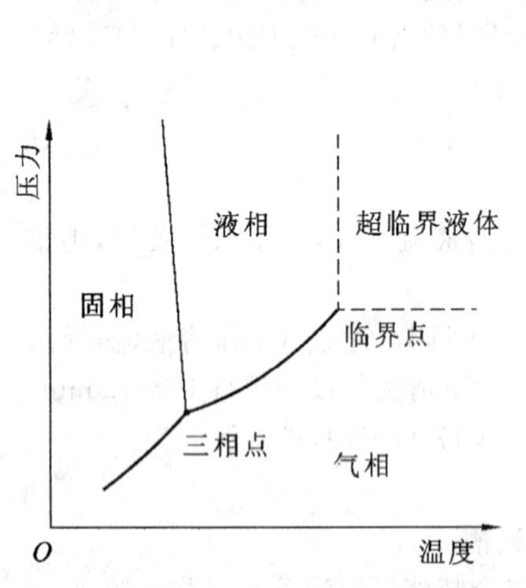

图 3-18-1　纯物质的压力-温度相图

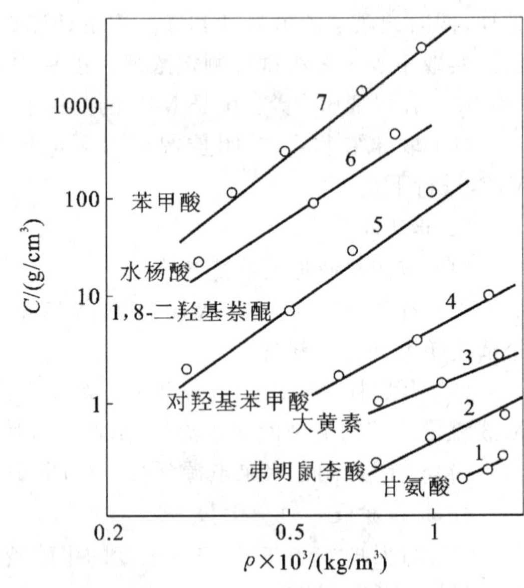

图 3-18-2　不同物质在 CO_2 中的溶解度

超临界流体萃取(简称超临界萃取,又称超临界溶剂萃取、超临界气体萃取、压力流体萃取等),是指以超临界流体为萃取剂,提取分离(纯化) 液体或固体中有效成分的一种单元操作。其特点是萃取温度低,原料和提取物均不会被分解;若精确控制温度和压力,还可实现选择性萃取;提取物中无溶剂残留;溶剂可循环使用;无环境污染。

表 3-18-1　气体、液体和超临界流体的性质

性　质	气　体	超临界流体		液　体
	101.3 kPa，15～30 ℃	T_c，p_c	T_c，$4p_c$	15～30 ℃
密度/(kg/m³)	2～6	200～300	400～900	600～1600
黏度×10⁵/(Pa·s)	1～3	1～3	3～9	2～30
自扩散系数×10⁹/(m²/s)	1000～4000	70	20	0.2～3

目前常用的超临界流体有 CO_2、乙烯、乙烷、丙烯、丙烷、氨等，其中最常用的是 CO_2。之所以超临界 CO_2 成为目前最常用的萃取剂，是因为其具有以下四大特点。

(1) 临界温度为 31.0 ℃，临界压力为 7.38 MPa，临界条件容易达到；其临界密度为 0.460 g/cm³，是常用超临界溶剂中较高的。由于超临界流体的溶解能力随流体密度的增加而增大，因而 CO_2 是最适合作为超临界溶剂的物质之一。

(2) 化学性质稳定，无色、无味、无毒、无腐蚀性、不易燃、不易爆，对食品和药品均无害且有防止细菌活动的作用，安全性好，对环境无污染。由于超临界 CO_2 亲脂性的特点，凡目的成分为脂类或脂溶性的萃取均可使用，特别是低沸点成分可在低压下萃取(104 Pa)，如挥发油、烃、酯等；一定温度条件下，只要改变压力或加入适宜的携带剂即可提取不同极性的物质，适用范围非常广泛。

(3) 萃取和分离在一套装置中一次性连续完成，物料无相变过程，溶剂循环使用无须另设回收工序，操作方便，萃取效率高，能耗低，成本低。

(4) 价格便宜，容易获得且纯度高。

2. 超临界 CO_2 萃取原理

利用超临界 CO_2 流体的特性，由设备提供其所需的超临界条件，从而使 CO_2 处于超临界状态，作为溶剂将物料中的有效成分萃取出来；随后借助减压、升温的方法使超临界 CO_2 流体恢复原气态循环使用，此过程中被萃取物质则自然析出；若配以超临界精馏柱，还可将萃取物中不同组分精细分离，从而达到多组分一次性分离提纯的目的。整个过程实现了萃取与分离两过程的有机结合。

【实验装置、流程与参数】

1. 实验装置

本实验装置及流程如图 3-18-3、图 3-18-4 所示。

2. 实验流程

基本流程：来自钢瓶的 CO_2 气体经过滤、计量后冷却降温，经气液分离器脱除冷凝水后进入缓冲罐，然后由压缩机加压液化为液态 CO_2(若有携带剂则与之混合) 并再次净化除杂后预热至高于其临界温度，进入萃取缸与物料充分接触把目的组分浸提出来，然后减压升温使液态 CO_2 汽化，同时所萃取组分解析分离出来，CO_2 气体则返回循环使用。

3. 主要设备及仪表参数

(1) 电源：380 V，50 Hz，三相四线制。

(2) 整机最大功率为 18 kW，冷机置于室外功率为 3.5 kW。

(3) 萃取压力：50 MPa。

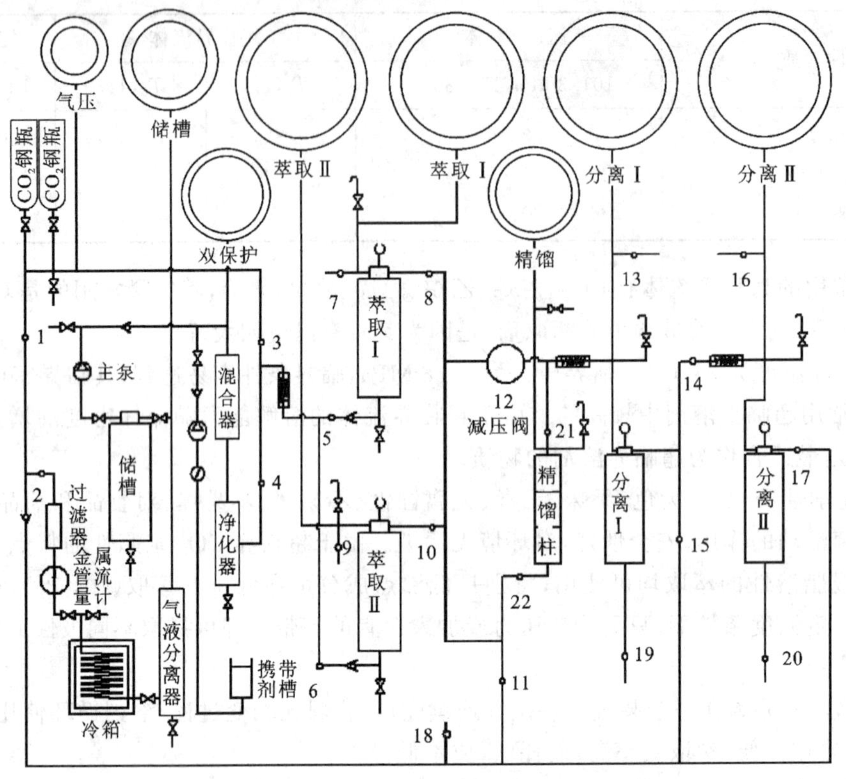

图 3-18-3　HD221-50-06 型 CO_2 超临界萃取装置及流程示意图(装置Ⅰ)

(4) 萃取温度:常温至 85 ℃;装置Ⅱ为常温至 75 ℃。

(5) 耐压 50 MPa 萃取缸:容积 5 L、1 L 各 1 只;装置Ⅱ选用容积为 1 L 的。

(6) 耐压 30 MPa 分离器:容积 2 L、1 L 各 1 只;装置Ⅱ选用容积为 0.6 L 的。

(7) 精馏柱四级梯度控温。

(8) 纯度≥99%的食品级 CO_2 气瓶,压力 5～6 MPa。

【实验内容、步骤及注意事项】

1. 实验内容

本实验可萃取物料很多,凡含脂类或脂溶性成分的物料均可作为实验物料。从价廉物美的角度讲,可选用玉米胚芽、米糠、大蒜、丹参或五味子等。以玉米胚芽为例,先用常规方法测定其粗脂肪含量(不能实测时可取 15%),再用本实验装置提取脂类成分,即可算得提取率。

2. 实验步骤

1) 装置Ⅰ实验步骤

(1) 实验前准备。

① 电源准备:检查电源线、地线,必须都连接完好。

② 气源准备:接好控制气源通路。实验气源为瓶压力大于 5 MPa 的 CO_2 气 6 瓶。

③ 冷箱加水和防冻液:水位不得低于上盖 7 cm;装置Ⅱ要求水位离上盖 2～3 cm。

④ 热箱加纯净水:水位不得低于上盖 7 cm;装置Ⅱ要求水位离上盖 2～3 cm。

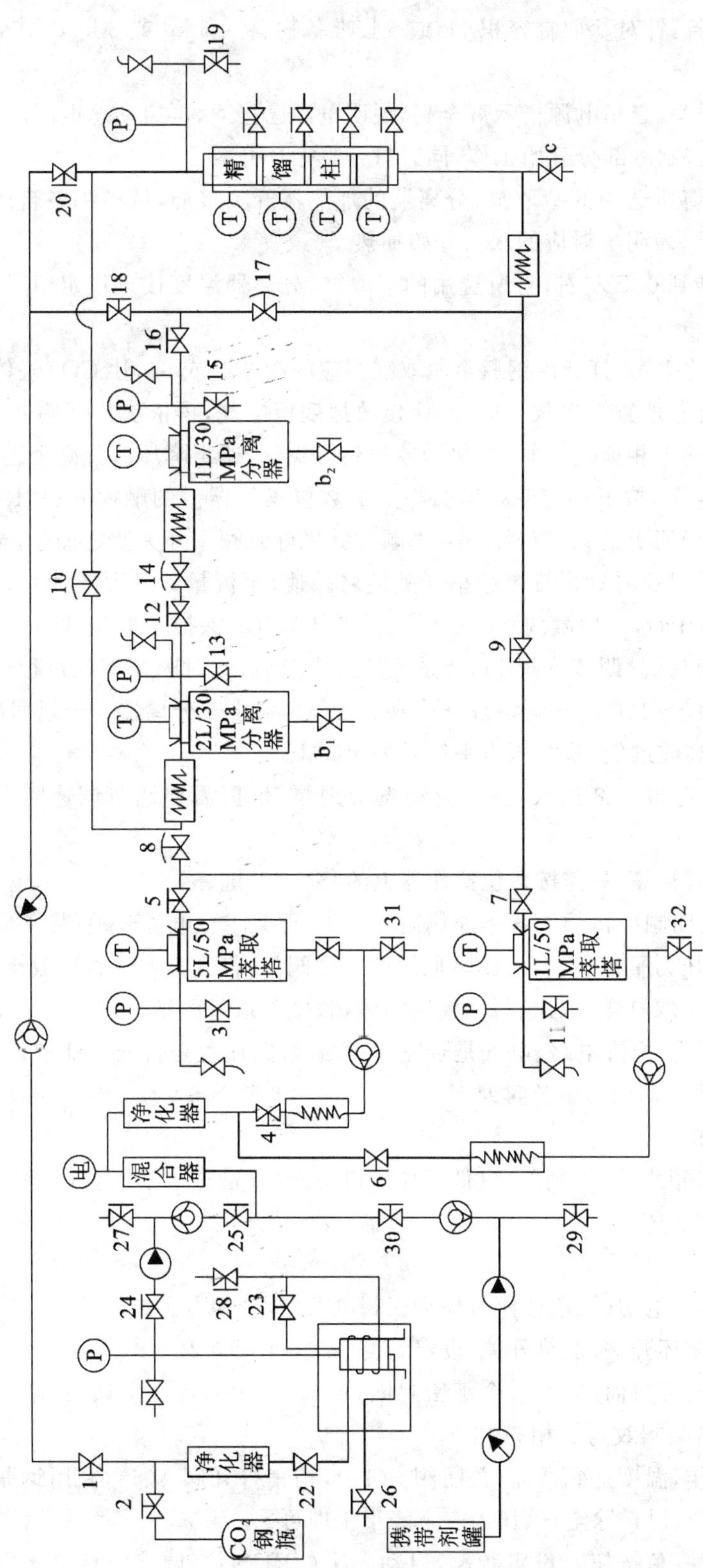

图 3-18-4 HA221-50-06型 CO_2超临界萃取装置及流程示意图（装置 II）

⑤ 萃取物料的准备：针对萃取缸容积 1L 或 5 L 准备物料 0.6 kg 或 3 kg，并粉碎（适宜粒径范围 0.2～0.3 mm）。

(2) 先合上空气开关，三相电源指示灯全亮，说明电源已接通，再启动总电源。

(3) 打开制冷开关，制冷部分开始工作，同时打开冷循环开关。

(4) 水浴加热：先将所选用的萃取缸、分离器的加热器开关接通，调整到各自所需的设定温度并观察有温度指示，表明各对应的水浴开始加热。

(5) 当制冷温度降到 0 ℃左右，且所选用的萃取缸、分离器温度接近设定值时，进行如下操作。

① 排空萃取缸内的空气：打开由钢瓶至萃取缸相应的阀 3(5 或 6)，让 CO_2 气体进入萃取缸，待压力平衡后，打开萃取缸相应放气阀门，缓慢放掉残留空气，再依次打开阀 8、10、12、14，待压力平衡后，打开分离器相应放气阀门，缓慢放掉残留空气，适当降压后关好上述各阀门。

② 加压：启动 CO_2 泵，按下相应变频器面板上的数位操作器上的触摸开关“RUN”，若反转，则参阅变频器使用说明更正；若流量过小，则顺时针慢旋泵频率开关使之加速，至流量达到要求为止；若流量过大，可反时针慢旋泵频率开关使之减速，至流量达到要求为止。当压力升到接近设定值(提前 1MPa)，开始微调萃取缸后面的调压阀 12，保持萃取釜的压力恒定；待分离器Ⅰ压力升至所需值后，微调节流阀 14，待系统压力平衡后，此时整个萃取过程开始。流程为：CO_2 钢瓶→制冷系统→120 L/h 调频泵→萃取缸→分离器Ⅰ→分离器Ⅱ→返回制冷系统。

③ 若钢瓶压力过高或过低，系统压力平衡后关闭阀 1。

④ 携带剂的加入：把携带剂加入储罐，启动携带剂泵，根据需要调节调速频率控制加入速度。

⑤ 实验过程中如需暂停，只需按数位操作器上的“STOP”键。

⑥ 萃取完成后，关闭制冷机、泵、各釜加热循环开关，再关闭总电源开关；将萃取缸内压力放入后续分离器内，待压力平衡后，再关闭萃取缸前后的阀门；打开萃取缸相应放空阀门，待萃取缸没有压力后，打开萃取缸盖，取出料筒，清除料渣，整个萃取过程结束。

(6) 实验过程结束后，检查电路、电气是否完好；检查管路流程是否松动泄漏；检查冷箱液位和热箱液位是否合适。发现问题及时处理。

2) 装置Ⅱ实验步骤

每次开机前检查冷箱水位，少则补之(低于储槽口平面)。检查水浴水位，一般离箱盖 2～3 cm，检查面板上阀门(关闭)。

(1) 开机。

① 接通电源，启动总电源(绿色按钮)，检查三相电源(看三相电源指示灯)。

② 打开制冷及冷循环开关、加热开关，设定温度，完全打开阀 2。

③ 装料，密封，先放下料筒，放上一个细密封圈，再放通气环，再压上堵头(堵头口装上粗一点的密封圈)，拧到堵头螺纹与罐相齐(平)。

④ 待冷机停止工作，温度达到所需，关闭阀 3(11)，稍稍打开阀 4(6)，利用钢瓶自身的压力将 CO_2 压入萃取缸内，以排除空气(压力表下降半格即可)。

⑤ 接通泵Ⅰ电源(绿色按钮)，设定频率，启动泵Ⅰ(“RUN”)，调节电接点压力表上限指针(红色指针) 使之不低于所需压力(5 MPa)。

⑥ 待萃取压力接近或等于所需压力(5 MPa) 时，完全打开阀 5(7)，调节阀 8 使压力保持

在所需压力,调节时注意观察分离器Ⅰ压力。

⑦ 待分离器Ⅰ压力接近或等于 2 MPa 的所需压力时,完全打开阀 14(12),调节阀 12(14)使压力保持在所需压力。调节时打开阀 16、18,关闭阀 2,打开阀 1。

⑧ 如果分离器Ⅱ压力大于储罐压力,且阀 16、18、1 已打开,则可能冷箱盘管堵塞,停机检查;萃取过程中,若储罐压力低于 4.5 MPa,打开阀 2,补充 CO_2,流量计有流量即可;补足后关闭阀 2。当钢瓶压力低于 4.5 MPa 时,需更换 CO_2 钢瓶。

(2) 关机。

① 关闭泵Ⅰ电源(红色按钮)、加热开关、制冷、冷循环、总电源。

② 稍稍打开阀 2、12、8,使萃取缸、分离器Ⅰ、分离器Ⅱ、储罐压力平衡。

③ 待压力平衡,关闭阀 4(6)、5(7)、8、12、1、2。

④ 稍稍打开阀 3(11),排空残余 CO_2。

⑤ 取料。

(3) 检修盘管。

① 关闭阀 22、23,打开阀 31、28,放空。

② 待压力排空,从阀 28 倒入 200 mL 乙醇,关闭阀 28。

③ 静置片刻,稍稍打开阀 23,再关闭。利用 CO_2 将乙醇混合物从阀 23 冲出,反复两次即可。关闭阀 28、31,打开阀 22、23。

(4) 加携带剂。

① 检查阀 30,打开阀 30,关闭阀 29。向携带剂罐倒入所需量的携带剂。

② 接通泵Ⅱ电源,启动泵Ⅱ(绿色按钮)。

③ 打开阀 29,放空泵头空气,待有平稳的携带剂流出即可。

④ 待携带剂打空,关闭泵Ⅱ电源。

⑤ 每次做完,请排空净化器残余物:打开净化器下面排料阀,直至 CO_2 流出即可。

3. 注意事项

(1) 实施配线时,务必关闭总电源。

(2) 设备外壳务必有良好接地。

(3) 设备内部的电子组件对静电特别敏感,因此不得将异物置入。

(4) 冷机运行前必须先打开冷凝器水阀。

(5) 设备在运行过程中,请勿打开、触摸电器控制箱内的电器组件。

(6) 在运行过程中若有异常,请立即关闭总电源,待查明原因后方可继续运行。

(7) 在运行过程中要经常查看加热水箱水位情况,不得低于水箱口 7 cm(装置Ⅱ为2～3 cm)。

(8) 所有压力容器不得超压运行。

(9) 高温、高压、带电状态下不得修理。

(10) 切断电源后,指示灯未全部熄灭前,交流电机驱动器内部仍有高压,十分危险,请勿触摸内部电路及电子组件。

(11) 安全阀、压力表等仪表和压力容器类要定期自检、送检,不得超期使用。

(12) 本设备为高压设备,学生必须在教师指导下使用。

【实验报告要点】

(1) 参考表格示例,完成实验记录及数据处理表(见表 3-18-2),并以一组数据为例详列计算过程。

(2) 计算所萃取物料中有效成分的提取率。

(3) 讨论、分析实验中所观察到的现象或发现的问题。

【思考题】

(1) 超临界流体的特性是什么?

(2) 选择 CO_2 作为超临界流体萃取剂的理由是什么?

(3) 通过实验,讨论超临界萃取装置还可以应用到哪些方面?

【数据表格参考示例】

表 3-18-2 CO_2 超临界流体萃取实验原始记录及数据处理表

学号:________ 姓名:__________ 同组:____________________ 实验装置编号:_______________

物料名称:______________________ 物料质量 G_0:__________ g 物料粒径:________ mm

室温:________ ℃ 相对湿度:________ % 大气压:________ kPa 实验日期:______年____月____日

项目	CO_2 瓶压/MPa	CO_2 流量/(L/h)	萃取缸		分离器 Ⅰ		分离器 Ⅱ	
			t/℃	p/MPa	t/℃	p/MPa	t/℃	p/MPa
开机时间:____时____分								
系统稳定时间:____时____分								
结束时间:____时____分								
物料含粗脂肪质量 G_1/g:			物料残渣质量/g:					
萃取产品质量 G_2/g:			CO_2 总消耗量/L:					
萃取率 η: $\eta=G_2/G_1\times100\%=$								

实验 19 管路拆装实验

【实验目的】

(1) 强调树立工程观点,强化动手操作技能训练。

(2) 学习全面分析系统、辨别正误和迅速决策等技能,在实践中训练识图能力、出具规范清单、安全操作等。

(3) 配合流体输送机械、化工仪表和机械制图等多门课程的教学实践,如管件识辨、安装、连接、检测,以及离心泵特性、流量计安装和重要化工参数(温度、压力、流量及液位)的测量训练。

【实验原理】

无论哪种行业乃至生活当中,凡涉及流体的,都离不开管路系统。通过对管路系统的基本组件(如管件、阀门、仪表、泵等)的认知、识辨、安装、拆卸,了解其基本构成,加深对其功能的认识,以利于对流体流动过程和流体输送机械理论知识的理解和掌握。

【实验装置、流程与参数】

1. 实验装置

CZ-LB 型管路拆装机械简图如图 3-19-1 所示。

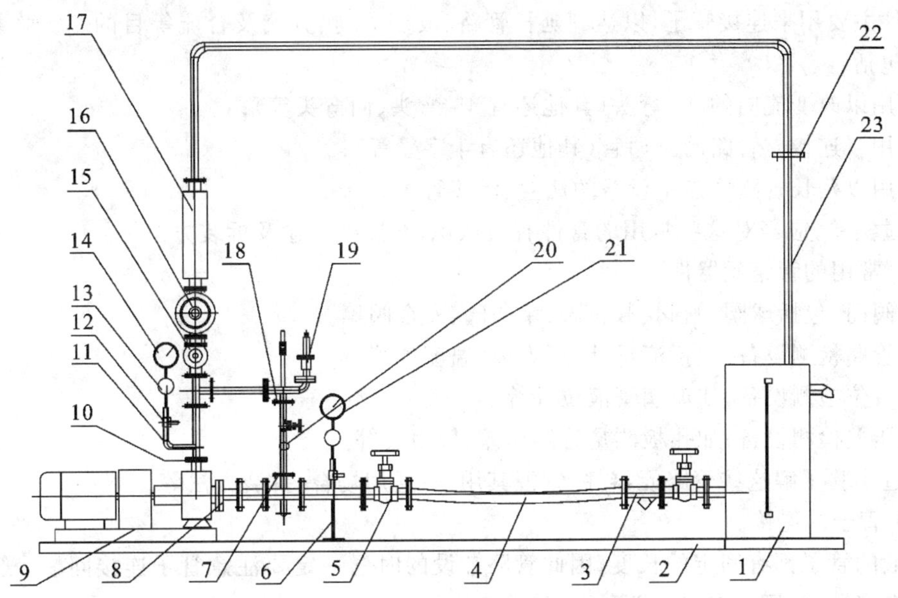

图 3-19-1　CZ-LB 型管路拆装机械简图

1—水箱；2—喷漆槽钢底座；3—不锈钢过滤阀(DN50 两端法兰)；4—不锈钢软管(DN50 两端法兰)；5—不锈钢闸阀(DN50 两端法兰)；6—支架；7—不锈钢法兰(DN25)；8—不锈钢法兰(DN50)；9—水泵；10—不锈钢法兰(DN32)；11—不锈钢抛光焊接弯头(ϕ10 mm)；12—铜球阀(ϕ10 mm)；13—不锈钢缓冲管；14—压力表(0～0.4 MPa)；15—不锈钢单向阀(ϕ40 mm 两端法兰)；16—不锈钢截止阀(ϕ40 mm 两端法兰)；17—玻璃转子流量计；18—铜闸阀(ϕ25 mm)；19—弹簧安全阀(ϕ25 mm 两端法兰)；20—不锈钢活接(1″两端内丝)；21—压力表接头；22—不锈钢法兰(DN40)；23—不锈钢抛光管(ϕ45 mm×3 mm)

2. 实验流程

装置组装完成后为一水循环系统。水泵 9 将水由水箱 1 吸出，流经不锈钢过滤网 3、不锈钢软管 4、不锈钢闸阀 5 吸入泵内并由出口压出，经截止阀 16、玻璃转子流量计 17 沿不锈钢抛光管 23 流回水箱 1。

3. 主要设备及仪表参数

(1) 装置主体尺寸：3800 mm×800 mm×2200 mm(长×宽×高)，喷漆槽钢底座。

(2) 泵：NISO-50-32-180/3 型，流量 12 m^3/h，扬程 28 m，电压 AC380 V，功率 2 kW。

(3) 各管件、阀门的规格参数见图 3-19-1 注释。

【实验内容、步骤及注意事项】

1. 实验内容

图 3-19-1 所示部件是实验装置的主要组成部分，其他还有补心、快拧、宝塔接头等小部件。

(1) 常用管子的型号及用途。

实验装置主要采用 ϕ45 mm×3 mm、ϕ32 mm×3 mm、ϕ60 mm×4 mm 三种型号的抛光不锈钢管作为主管路和支管路的材料。不同尺寸的管子具有不同的外径及壁厚，即使是相同通径（DN 相同）的管子，也会具有不同的壁厚。注意不同型号的管子的区别。

（2）常用管件的种类及用途。

管件主要用来连接管子，以达到延长管路、改变流向、分流及合流等目的。实验装置的基本管件包括：

① 用以改变流向的 90°弯头（其他还有 45°弯头、回弯头等）；

② 用以连接支管路的三通管（其他还有十字管等）；

③ 用以延长管路或连接设备的法兰、活接管等。

通过实验，应当对这些常用的管件有所认识，掌握其用途及拆装方法等。

（3）常用的管路元器件。

① 阀门，包括球阀、闸阀、截止阀、单向阀、安全阀等。

② 管路检测设备，包括流量计、压力表、温度计等。

③ 液位检测设备，如玻璃管液位计等。

④ 压差检测设备，如孔板测量管路压差、压力表等。

通过实验了解这些管路元器件，掌握其用途、适用场合、拆装方法等。

（4）管子的连接。

一般的管子都有固定的长度，因此管路铺设的时候一定要注意管子连接问题。管子的连接方式有多种，常用的有以下两种。

① 螺纹连接为小直径管（如自来水管、煤气管等）实用的连接方法。螺纹连接需要借助内（外）螺纹管、活接、法兰等，其中法兰多用于 ϕ50 mm 以上的管路。

② 焊接连接即将管子直接焊接，需要拆装处可装上法兰，此方法连接简单、便宜、牢固且严密，多用于无缝钢管的连接。

通过实训，了解简单的连接方法、不同方法连接的管路的特点和使用场合。

（5）对装置进行现场制图，通过三视图表达管路走向、管路器件。

（6）各种工具的正确使用。

2. 实验步骤

1）管路拆卸操作具体步骤

（1）将系统电源切断（确保不带电！），打开排空阀，将管路内的积液排空。

（2）按照由上到下的顺序将管路器件拆下，其中须注意以下几点。

① 拆卸时要注意安全，通过团队合作完成任务。

② 拆卸时不能损坏仪表、阀门等器件。

③ 拆卸时按一定顺序并排放置拆下来的器件，避免重叠。

④ 拆卸顺序一般是由上至下、先简单后复杂。

（3）拆卸后对管路进行分类编号，便于清点。

（4）将工具放置正确。

2）管路安装操作具体步骤

（1）安装前要读懂管路工艺流程图或机械视图。

（2）安装时要按照一定的顺序进行，防止漏装或错装，须特别注意以下几点。

① 阀门、流量计的液体流向。

② 活接、法兰的密封。

③ 压力表的量程选择。

(3) 安装后对系统进行开车检查,发现泄漏处及时采取措施。须注意以下几点。

① 对照工艺流程图或机械图进行检查,确认安装无误。

② 先将水箱注入一定量的水(约 2/3 容积) 后再开车检验。

③ 由水箱最近处开始,分段检查是否有漏水现象,系统是否运行正常。

④ 检查仪表是否工作正常、显示无误。

(4) 完成实验后停车,切断电源。

(5) 将水箱中剩余液体、管路积液排空。

(6) 将工具放回工具架,清理卫生。

3. 注意事项

(1) 安全第一,无论拆卸、安装,事先一定要确认断电状态(确认电源插头已拔下!) 方可操作。

(2) 无论手持工具(扳手等) 还是管件,一定要注意不要碰到他人,同时还须注意不要掉落,砸伤自己或他人。

【实验报告要点】

(1) 列表归纳闸阀、单向阀(止逆阀) 、截止阀和安全阀等主要阀门的功能、用途、优点和缺点。

(2) 画出完整装置图,并按规定格式列出图例说明。检漏实验记录表见表 3-19-1。

(3) 讨论分析个人从实验中得到的收获。

【思考题】

(1) 管路元器件安装是否合格,如何检验?

(2) 检查管路各段是否有漏水处时,如何安排检验的先后顺序?

(3) 举例说明,什么情况下必须使用安全阀? 什么情况下必须使用单向阀?

【数据表格参考示例】

表 3-19-1　水循环管路检漏记录表

学号:________　姓名:__________　同组:____________________　实验装置编号:______________

室温:________℃　相对湿度:________%　大气压:________ kPa　实验日期:_____年____月____日

序号	流量 /(m^3/h)	泵前表压 /Pa	泵后表压 /Pa	漏液位置	处 理 措 施	备　注
1						
2						
3						
4						
5						

实验 20　化工原理实验仿真

化工原理实验仿真是化工原理实验的重要组成部分，是继化工原理理论课之后、实际进行化工原理实验之前，利用计算机模拟进行化工原理实验过程，通过人机交互操作，产生与真实实验操作一致的实验现象和实验结果，使学生充分了解实验装置的结构、实验原理和实验中可能出现的问题，培养学生独立实验、勤于思考的习惯和正确处理实验数据的能力，为学生进行化工原理实验打下基础。

3.20.1　流体阻力测定实验

【实验目的】

(1) 了解流体流动阻力的测定方法。

(2) 测定流体流过直管的摩擦系数和突然扩大管的局部阻力系数，确定摩擦系数 λ 和雷诺数 Re 的关系。

【装置认识】

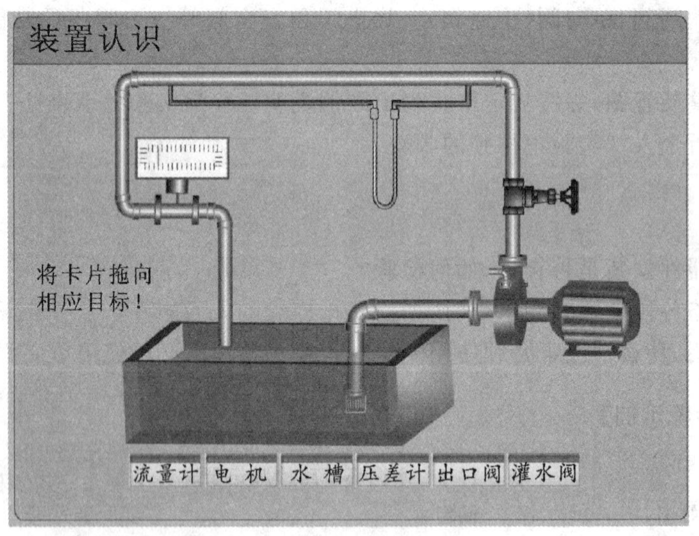

【实验操作】

开启离心泵出口阀和灌水阀并灌泵，灌满水后关闭灌水阀和离心泵出口阀，再启动水泵，然后单击离心泵出口阀手柄的下方，开启出口阀，每单击一次，阀门开度增大一次，当流量数据符合要求后，单击“记录数据”。在最大流量范围(3.5 L/s 内)，从小流量至大流量，取 10～15 组数据即可。

【数据处理】

1. 主要参数与计算公式

已知 $d=0.04$ m，实验管长 $l=4$ m，水温 20 ℃时，$\rho=998$ kg/m^3，$\mu=1.005$ mPa·s。

$$Re=\frac{du\rho}{\mu},\quad u=\frac{Q}{\frac{\pi}{4}d^2}$$

$$h_f=\lambda\frac{l}{d}\frac{u^2}{2g}=\frac{\Delta p}{\rho g}=\frac{Rg(\rho_0-\rho)}{\rho g}$$

$$\lambda=\frac{2dRg(\rho_0-\rho)}{\rho l u^2}$$

式中:R 为 U 形管压差计读数,m。

2. 计算示例

$Q=2.0$ L/s,$R=27$ mmHg,$u=\frac{2.0\times10^{-3}}{\frac{\pi}{4}\times0.04^2}$ m/s=1.592 m/s,则

$$\lambda=\frac{2\times0.04\times9.81\times0.027\times(13600-998)}{998\times4\times1.592^2}=0.0264$$

$$Re=\frac{0.04\times998\times1.592}{1.005\times10^{-3}}=63236$$

3. 数据记录表

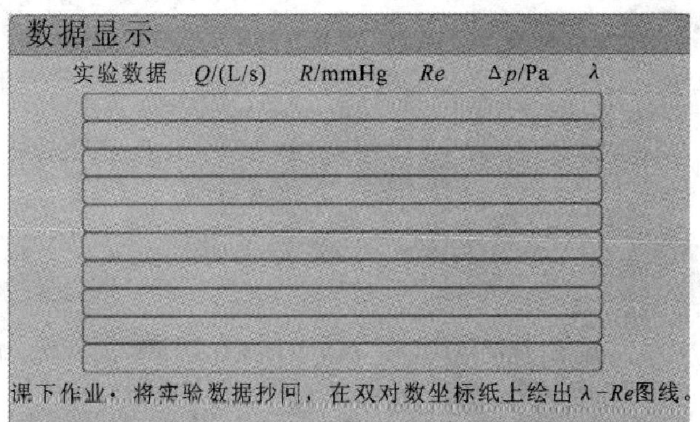

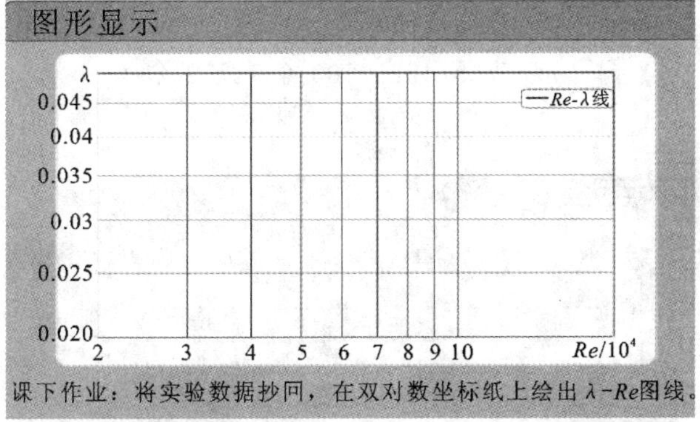

3.20.2　离心泵的性能曲线测定

【实验目的】

(1) 了解离心泵的构造与操作方法。

(2) 掌握离心泵特性曲线的测定方法。

【装置认识】

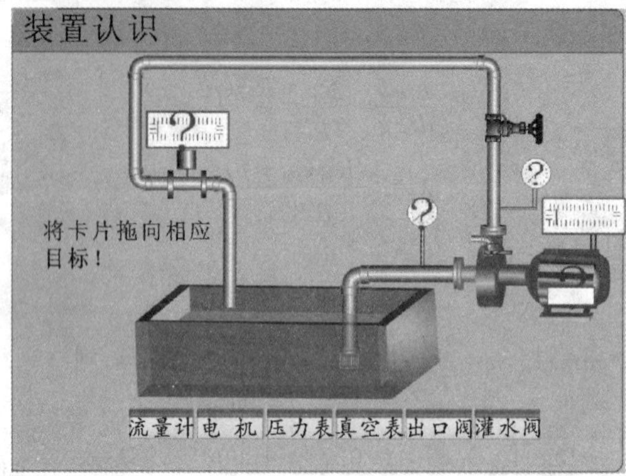

【实验操作】

开启离心泵出口阀和灌水阀并灌泵，灌满水后关闭灌水阀和离心泵出口阀，再启动水泵，然后单击出口阀手柄的下方，开启离心泵出口阀，每单击一次，阀门开度增大一次，当流量数据符合要求后，单击“记录数据”，依此在最大流量(4.82 L/s)范围内，取 10～15 组数据即可。

【数据处理】

1. 主要参数与计算公式

$$h_0=0.4\ \mathrm{m},\quad H_e=\Delta Z+\frac{\Delta P}{\rho g}+\frac{\Delta u^2}{2g}+H_f=\frac{p_m+p_v}{\rho g}+h_0$$

$$N_e=H_eQ\rho g,\quad \eta=\frac{N_e}{N}\times 100\%$$

2. 计算示例

已知 $Q=0.34$ L/s，$p_v=0.01186$ MPa，$p_m=0.213$ MPa，$N=452$ W，则

$$H_e=\left[\frac{(0.213+0.01186)\times 10^6}{9.81\times 998}+0.4\right]\mathrm{m}=23.37\ \mathrm{m}$$

$$N_e=23.37\times 0.34\times 10^{-3}\times 998\times 9.81\ \mathrm{W}=77.8\ \mathrm{W}$$

$$\eta=77.8/452\times 100\%=17.2\%$$

3. 数据记录表

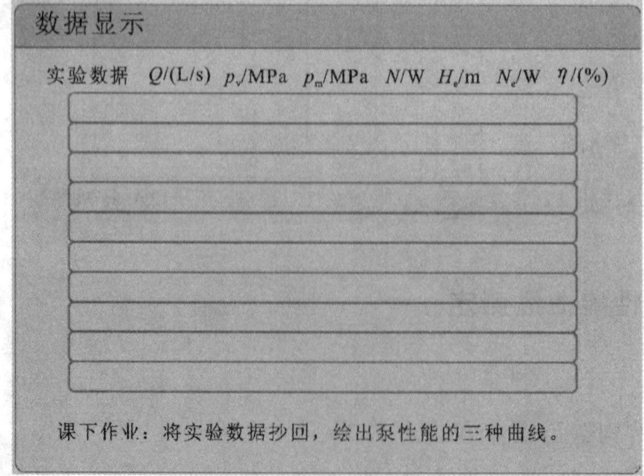

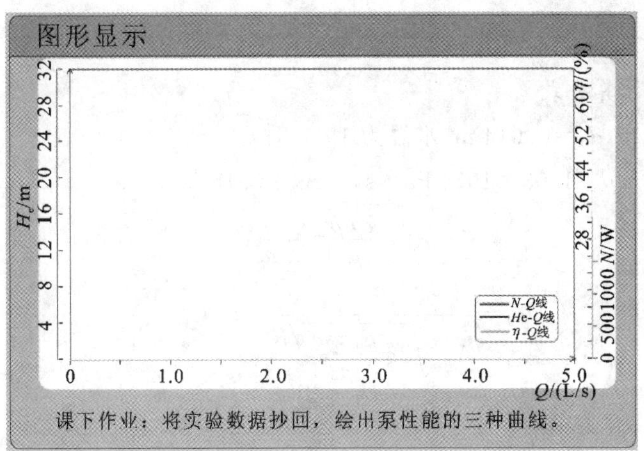

3.20.3　流量计的校正实验

【实验目的】

(1) 学习孔板流量计孔流系数的测定方法。

(2) 了解孔板流量计孔流系数的变化规律。

【装置认识】

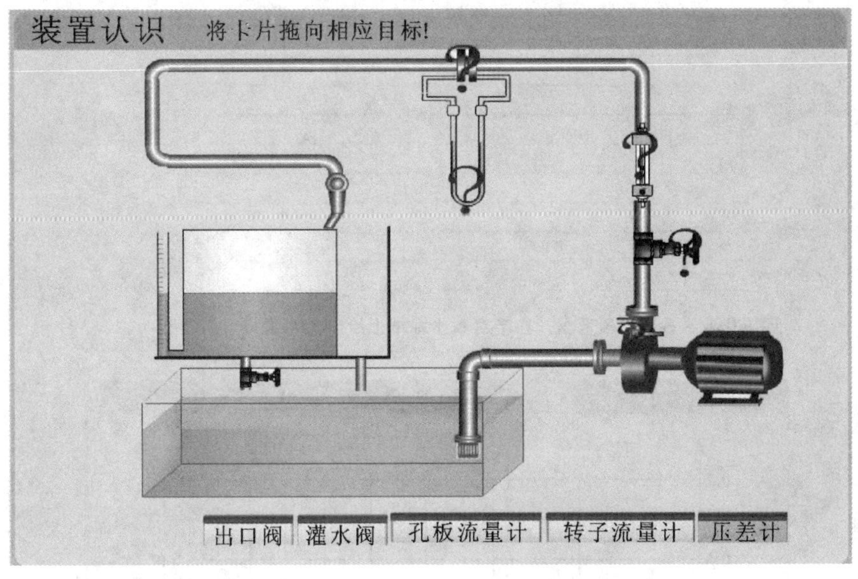

【实验操作】

开启离心泵出口阀和灌水阀并灌泵，灌满水后关闭灌水阀和离心泵出口阀，再启动离心泵，然后单击出口阀手柄的下方，开启离心泵出口阀，每单击一次，阀门开度增大一次，当流量数据符合要求后，单击“记录数据”，依次在最大流量范围内(1.3 L/s)，从小流量到大流量取10～15组数据即可。

【数据处理】

1. 主要参数与计算公式

已知 $d=0.028\ \text{m}$，$d_0=0.014\ \text{m}$，水温为 19 ℃时，

$\rho=998\ \text{kg/m}^3$，　$\mu=1.03\times10^{-3}\ \text{Pa}\cdot\text{s}$，　$A_0=0.15\ \text{m}^2$。

$$Re=\frac{du\rho}{\mu}=\frac{4\rho}{\pi\mu d}V_s$$

$$C_0=\frac{1}{A_0\sqrt{2g\dfrac{\rho_0-\rho}{\rho}}}\frac{V_s}{\sqrt{R}}=413.9\frac{V_s}{\sqrt{R}}$$

2. 计算示例

$V_s=0.00117\ \text{m}^3/\text{s}$，$R=543\ \text{mmHg}$，则

$$Re=\frac{du\rho}{\mu}=\frac{4\rho}{\pi\mu d}V_s=\frac{4\times998}{\pi\times0.028\times1.03\times10^{-3}}\times0.00117=5.16\times10^4$$

$$C_0=413.9\times\frac{V_s}{\sqrt{R}}=413.9\times\frac{0.00117}{\sqrt{0.543}}=0.657$$

3. 数据记录表

数据显示

序号	流量V_s /(L/s)	压差计R /mmHg	雷诺数 Re	孔板系数 C_0

课下作业：抄回实验数据，在半对数坐标纸上绘出C_0-Re曲线。

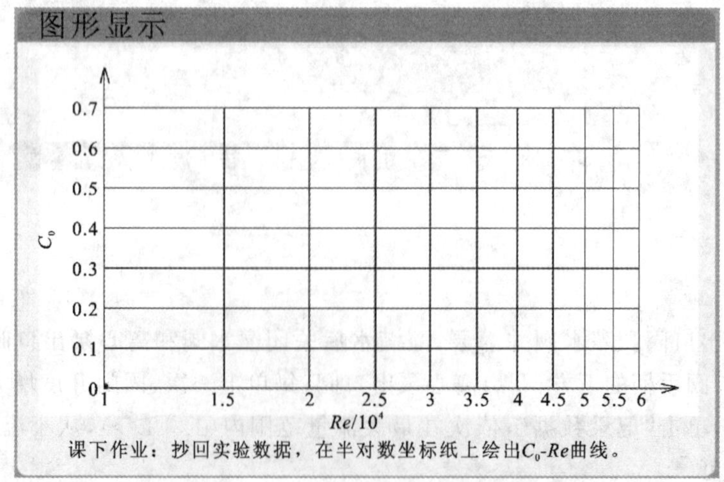

课下作业：抄回实验数据，在半对数坐标纸上绘出C_0-Re曲线。

3.20.4　过滤实验

【实验目的】

(1) 了解板框过滤机的构造、流程。

(2) 掌握过滤的操作方法。

(3) 测定恒压过滤常数。

【装置认识】

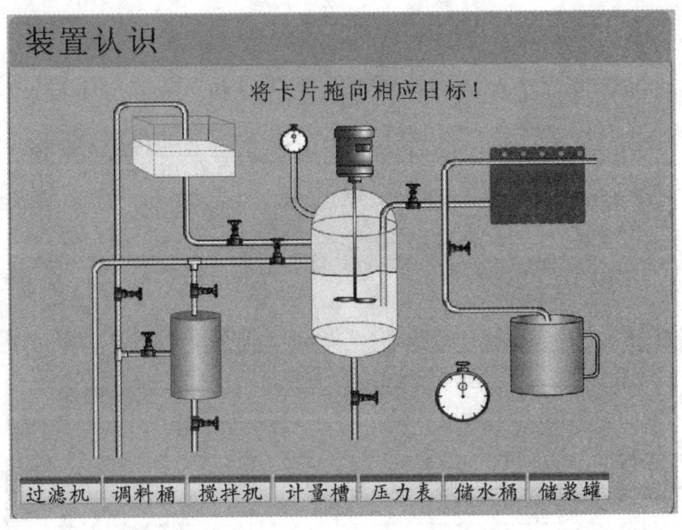

【实验操作】

“1x”表示秒表时间与实验时间一致，“nx”表示秒表时间比实际时间快 n 倍(可通过右边按钮调节 nx)。确定“nx”后，再单击“开始实验”，此时时间和滤液体积在不断变动，单击一次“读取数据”，即记录一组数据，再单击，再记录，如此重复，在 360 s 范围内，读取 15～20 组数据即可。

在实际操作中，可采取以下两种读取数据的方法。

(1) 读取每隔一定体积(0.5 L) 需要的时间，然后分别累加时间和体积。

(2) 每相同间隔时间(15 s) 读取滤液体积，然后累加时间和体积。

注意读取 $t=0$ 时的数据。

【数据处理】

1. 主要参数与计算公式

过滤面积 $S=0.218\ \text{m}^2$。

微分恒压过滤方程得
$$\frac{\Delta t}{\Delta q}=\frac{2}{k}q+\frac{2}{k}q_e$$

为了提高计算精度，用 q 的平均值 q_m 代替 q，以 q_m 为横坐标，$\frac{\Delta t}{\Delta q}$为纵坐标，在普通坐标纸上作图可得一直线，斜率为$\frac{2}{k}$，截距为$\frac{2}{k}q_e$。式中

$$q_{mi}=\frac{q_i+q_{i-1}}{2},\quad q_i=\frac{V_i}{S},\quad \Delta t=t_i-t_{i-1},\quad \Delta q=q_i-q_{i-1}$$

2. 计算示例

$$t_1 = 0\ \text{s}, V_1 = 0\ \text{L};\quad t_2 = 20\ \text{s}, V_2 = 0.625\ \text{L};\quad t_3 = 40\ \text{s}, V_3 = 1.193\ \text{L}$$

$$q_1 = 0\ \text{m}^3/\text{m}^2,\quad q_2 = \frac{V_2}{S} = \frac{0.625\times10^{-3}}{0.218}\ \text{m}^3/\text{m}^2 = 0.00287\ \text{m}^3/\text{m}^2,$$

$$q_3 = \frac{V_3}{S} = \frac{1.193\times10^{-3}}{0.218}\ \text{m}^3/\text{m}^2 = 0.00547\ \text{m}^3/\text{m}^2$$

$$q_{m2} = \frac{q_2 + q_1}{2} = 0.00143\ \text{m}^3/\text{m}^2,\quad q_{m3} = \frac{q_3 + q_2}{2} = 0.00417\ \text{m}^3/\text{m}^2$$

$$\Delta q_2 = q_2 - q_1 = (0.00287 - 0)\ \text{m}^3/\text{m}^2 = 0.00287\ \text{m}^3/\text{m}^2$$

$$\Delta q_3 = q_3 - q_2 = (0.00547 - 0.00287)\ \text{m}^3/\text{m}^2 = 0.00260\ \text{m}^3/\text{m}^2$$

$$\Delta t/\Delta q_2 = \frac{20}{0.00287} = 6969,\quad \Delta t/\Delta q_3 = \frac{20}{0.00260} = 7692$$

3. 数据记录表

数据显示

Numbers	t/s	V_t/L	q_t/(m³/m²)	q_m/(m³/m²)	Δt/s	Δq/(m³/m²)	Δt/Δq/(s/m)
1							
2							
3							
4							
5							
6							
7							
8							
9							
10							

课下作业：抄回实验数据，描绘$\Delta t/\Delta q$-q_m直线，根据直线的斜率和截距，求出K、q_e、t_e的数值。

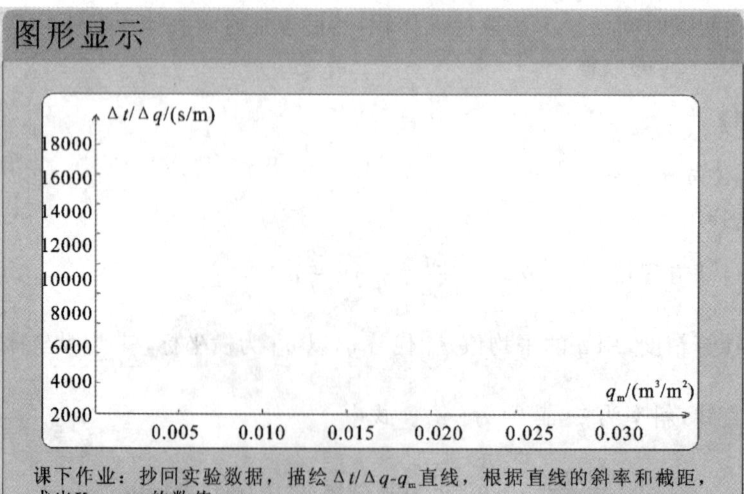

3.20.5　传热实验

【实验目的】

(1) 掌握传热系数的测定方法。

(2) 求出对流传热系数关系式。

【装置认识】

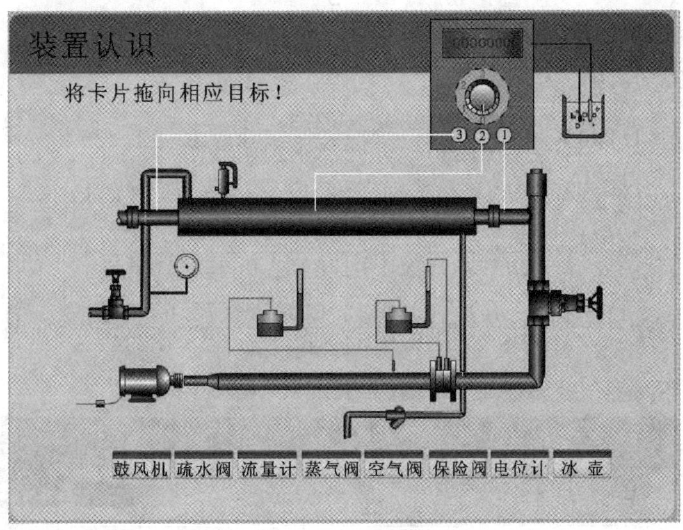

【实验操作】

先开启鼓风机，再开蒸气阀，然后改变空气的流量，在最大流量(压差计在 70.5 mm)范围内，读取 10～15 组数据即可。

【数据处理】

1. 主要参数与计算公式

(1) 主要参数。

$d=0.0178$ m，$L=1.224$ m，$p_a=0.101$ MPa，室温 13 ℃时，$c_p=1005$ J/(kg·℃)，$\lambda=0.0284$ W/(m·℃)，空气黏度 $\mu=2\times10^{-5}$ Pa·s。

(2) 主要计算公式。

① 密度换算 $\rho=1.293\times\dfrac{p_a+p_0}{101330}\times\dfrac{273}{273+t}$　(p_0 为计前表压)。

② 由孔板流量计压差 R 计算质量流量。

$$G=V_s\rho=C_0A_0\sqrt{\frac{2gR(\rho_0-\rho)}{\rho}}\rho=C_0A_0\sqrt{\frac{2g(\rho_0-\rho)}{1000}}\sqrt{R\rho}=C'\sqrt{R\rho}$$

式中：R 为 U 形管压差计读数，mmHg；C'为流量系数，值为 0.001233。

③ 雷诺数、对数平均温差和努塞尔数计算。

$$Re=\frac{du\rho}{\mu}=\frac{4G}{\pi d\mu},\quad \Delta t_m=\frac{\Delta t_1-\Delta t_2}{\ln\dfrac{\Delta t_1}{\Delta t_2}}$$

$$Nu=\frac{\alpha d}{\lambda}=\frac{d}{\lambda}k=\frac{d}{\lambda}\frac{Q}{\Delta t_{\mathrm{m}}s}=\frac{d}{\lambda}\frac{Gc_p(t_1-t_2)}{\Delta t_{\mathrm{m}}\pi dl}=\frac{Gc_p(t_1-t_2)}{\lambda\Delta t_{\mathrm{m}}\pi l}$$

2. 计算示例

$T=120.4$ ℃，　$t_1=24$ ℃，　$t_2=78.6$ ℃，　$R=70$ mmHg，　$p_0=4080$ Pa

$$\Delta t_{\mathrm{m}}=\frac{\Delta t_1-\Delta t_2}{\ln\dfrac{\Delta t_1}{\Delta t_2}}=\frac{(120.4-24)-(120.4-78.6)}{\ln\dfrac{120.4-24}{120.4-78.6}}\ ℃=65\ ℃$$

$$T_{定}=\frac{t_1+t_2}{2}=\frac{24+78.6}{2}\ ℃=51.3\ ℃$$

定性温度为 51.3 ℃时，空气的 $c_p=1005$ J/(kg · ℃)，$\lambda=0.0284$ W/(m · ℃)，空气黏度 $\mu=1.9675\times10^{-5}$ Pa · s，则

$$\rho=1.293\times\frac{101330+4080}{101330}\times\frac{273}{273+24}\ \mathrm{kg/m^3}=1.236\ \mathrm{kg/m^3}$$

$$G=0.001233\times(70\times1.236)^{1/2}\ \mathrm{kg/s}=0.01145\ \mathrm{kg/s}$$

$$Re=\frac{du\rho}{\mu}=\frac{4G}{\pi d\mu}=\frac{4\times0.01145}{3.14\times0.0178\times1.9675\times10^{-5}}=41648.7$$

$$Nu=\frac{Gc_p(t_1-t_2)}{\lambda\Delta t_{\mathrm{m}}\pi l}=\frac{0.01145\times1005\times(78.6-24)}{0.0284\times65\times3.14\times1.224}=88.6$$

3. 数据记录表

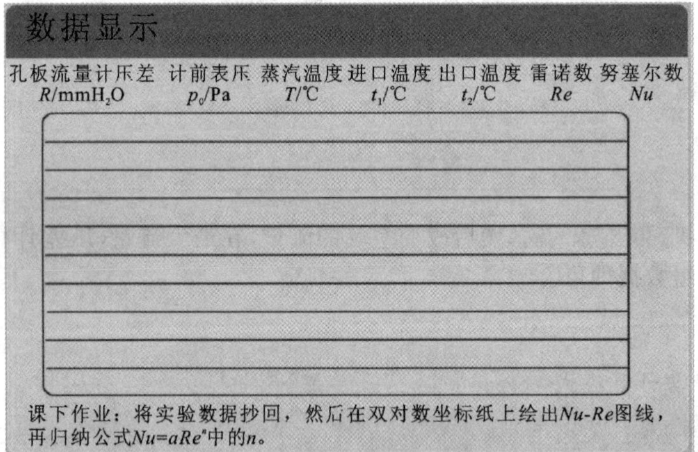

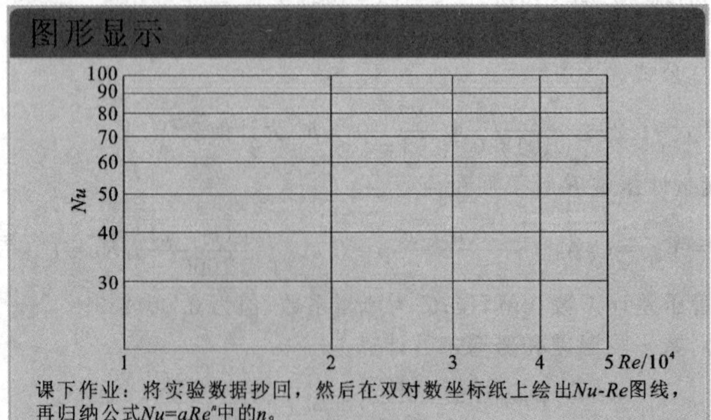

3.20.6　精馏实验

【实验目的】

(1) 了解板式精馏塔的结构和操作。

(2) 测定板式精馏塔总板效率。

【装置认识】

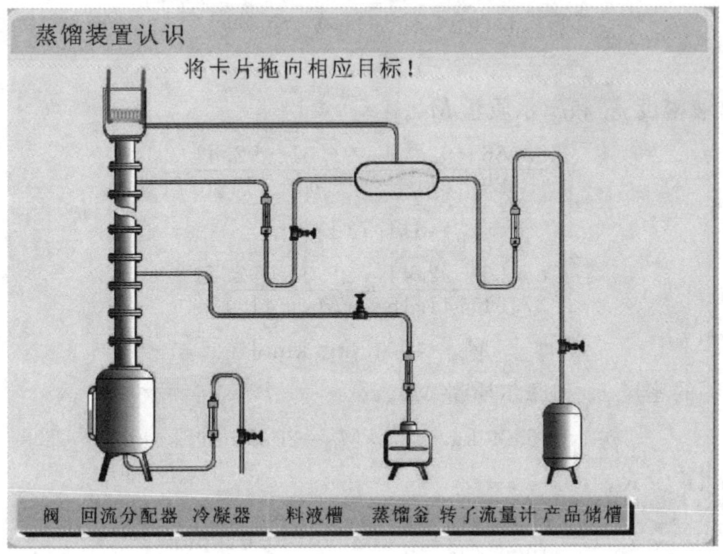

【实验操作】

先单击“启动水泵”按键，然后单击回流量 L 阀门手柄下方，单击一次，增大一次，确认数据可行后(达到产品纯度要求)，单击“读取数据”。

【数据处理】

1. 主要参数与原始数据记录

$F=4$ L/h，$X_F=21.8\%$，$L=$____ L/h，$D=$____ L/h，$X_D=$____%，$X_w=$____%

以上均为质量分数，馏出液为乙醇的水溶液，试计算：

(1) x_F、x_D、x_w(摩尔分数)，F、L、D(kmol/h)；

(2) R、q；

(3) N_T、E_T($N_P=15$)。

2. 计算示例

已知 $F=4$ L/h，$X_F=21.8\%$，$L=1$ L/h，$D=0.5$ L/h，$X_D=91.01\%$，$X_w=11.63\%$(以上均为质量分数)，求 34 ℃进料时的塔板效率。

根据乙醇-水溶液物性参数，用线性内插法求 x_F、x_D、x_w(摩尔分数) 等参数。

(1) 计算 F、L、D。

① x_F、x_D、x_w。

$$\frac{20.38-24.61}{9.11-11.32}=\frac{21.8-20.38}{x_F-9.11}$$

$$x_F=9.85$$

$$\frac{85.66-92.41}{70.05-82.67}=\frac{91.01-85.66}{x_D-70.05}$$

$$x_D=80.05$$

$$\frac{8.01-12.09}{3.29-5.1}=\frac{11.63-8.01}{x_w-3.29}$$

$$x_w=4.90$$

② 计算馏出液密度 ρ_D 和摩尔质量 M_D。

$$\frac{85.66-92.41}{829-811}=\frac{91.01-92.41}{\rho_D-811}$$

$$\rho_D=814.73\ \mathrm{kg/m^3}$$

$$\frac{85.66-92.41}{37.61-41.15}=\frac{91.01-92.41}{M_D-41.15}$$

$$M_D=40.42\ \mathrm{kg/kmol}$$

同理求得进料的密度 ρ_F 和摩尔质量 M_F。

$$\rho_F=965.99\ \mathrm{kg/m^3},\quad M_F=20.75\ \mathrm{kg/kmol}$$

③ 计算 D、L、F 及 R。

$$D=\frac{0.5\times 814.73}{1000\times 40.42}\ \mathrm{kmol/h}=0.01\mathrm{kmol/h}$$

$$L=\frac{1\times 814.73}{1000\times 40.42}\ \mathrm{kmol/h}=0.02\ \mathrm{kmol/h}$$

$$F=\frac{4\times 965.99}{1000\times 20.75}\ \mathrm{kmol/h}=0.186\ \mathrm{kmol/h}$$

$$R=L/D=2$$

(2) 求 q。

进料温度

$$\frac{20.38-24.61}{86.89-85.8}=\frac{21.8-20.38}{t_F-86.89}$$

$$t_F=86.52\ ℃$$

进料汽化潜热

$$\frac{20.38-24.61}{40414-40402}=\frac{21.8-20.38}{r-40414}$$

$$r=40409.97\ \mathrm{kJ/kmol}$$

在进料定性温度(34＋86.52)/2≈60 ℃下，当缺乏数据时，其定压比热容可以用下式计算：

$$\begin{aligned}c_p&=x_{FA}c_{pA}M_A+(1-x_{FA})c_{pB}M_B\\&=[0.0985\times 3.12\times 46+(1-0.0985)\times 4.178\times 18]\ \mathrm{kJ/(kmol\cdot ℃)}\\&=81.93\ \mathrm{kJ/(kmol\cdot ℃)}\end{aligned}$$

式中：x_{FA} 为进料中组分 A 的摩尔分数；c_{pA}、c_{pB} 分别为进料中两组分 A、B 的定压比热容，

kJ/(kmol·℃)；M_A、M_B分别为进料中两组分 A、B 的摩尔质量，kg/kmol。

$$q=\frac{r+c_p(t_F-34)}{r}=\frac{40409.97+81.93\times(86.52-34)}{40409.97}=1.11$$

(3) N_T。

根据已求数据写出精馏段、提馏段及进料方程，利用附录乙醇-水溶液平衡数据作图法求 N_T。(略)

3.20.7　吸收实验

【实验目的】

(1) 了解吸收装置的基本流程和设备结构。

(2) 学习吸收系数的测定方法。

【装置认识】

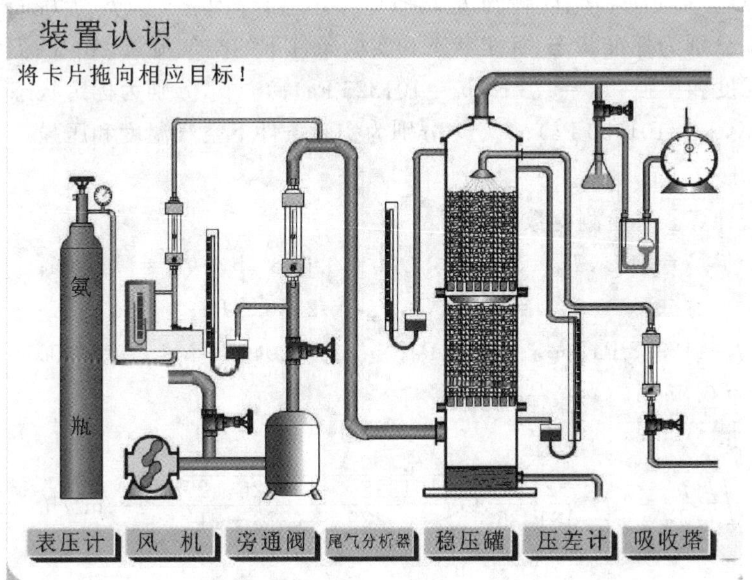

【实验操作】

1. 传质系数测定

启动风机，单击水阀手柄下方，单击氨瓶手柄右方，单击尾气分析器的阀门下方，然后单击旁通阀上下两侧，改变空气流量，确认数据可行后，单击“读取数据”。

2. 压降测定

开启风机，打开水阀至一定数值。单击旁通阀上方。点击一次，气体流量增大一次，确认数据可行后，点击“读取数据”，在最大流量(40 m^3/h)范围，从小流量到大流量依次取 10～15 组数据即可。

【数据处理】

1. 主要参数与计算公式

(1) 主要参数。

$T_{空气}=21$ ℃,$T_{水}=20$ ℃,塔内径 $D=0.111$ m,填料层高度 $Z=0.85$ m,当地大气压 $p=101325$ Pa,商品氨气中含氨 98%;硫酸浓度为 0.02196 mmol/mL,硫酸体积为 1 mL。

(2) 将实验条件下从转子流量计获得的空气体积流量换算成标准状况下的体积流量 V_0。

从实验条件换算为标定条件时的体积流量。

$$V_1=V_2\sqrt{\frac{\rho_2(\rho_f-\rho_2)}{\rho_1(\rho_f-\rho_1)}}\approx V_2\sqrt{\frac{\rho_2}{\rho_1}}=V_2\sqrt{\frac{p_2T_1}{p_1T_2}}$$

对于一定质量的气体,由理想气体状态方程知

$$\frac{V_1p_1}{T_1}=\frac{V_0p_0}{T_0}$$

$$V_0=\frac{V_1p_1T_0}{p_0T_1}=\frac{p_1T_0}{p_0T_1}V_2\sqrt{\frac{p_2T_1}{p_1T_2}}=V_2\frac{T_0}{p_0}\sqrt{\frac{p_1^2}{T_1^2}\frac{p_2T_1}{p_1T_2}}=V_2\frac{T_0}{p_0}\sqrt{\frac{p_1}{T_1}\frac{p_2}{T_2}}$$

式中:V_0、V_1、V_2 分别为标准状态、标定状态和实验条件下的空气流量,m^3/h;T_0、p_0 分别为标准状态下空气温度和压强($T_0=273$ K,$p_0=101325$ Pa);T_1、p_1 分别为标定状态下空气温度和压强($T_1=293$ K,$p_1=101330$ Pa);T_2、p_2 分别为实验条件下空气温度和压强。

2. 计算示例

传质系数的计算。实验测得数据如下:

$T_{空气}=21$℃,$T_{水}=20$ ℃; $L_{氨气}=0.6\ m^3/h$,$p_{氨气}=1747$ Pa;

$L_{空气}=10\ m^3/h$,$p_{空气}=2586.6$ Pa;

$p_{塔顶}=1129.8$ Pa,$p_{压差}=92.2$ Pa; $L_{水}=0.04\ m^3/h$,$L_{尾气}=3.005$ L;

填料层高度为 $h=0.85$ m。

(1) 空气流量。

$$V_0=V_2\frac{T_0}{p_0}\sqrt{\frac{p_1p_2}{T_1T_2}}=10\times\frac{273}{101325}\times\sqrt{\frac{101325\times(101325+2586.6)}{293\times(273+21)}}\ m^3/h=9.42\ m^3/h$$

(2) 氨气流量。

$$V_0'=V_2'\frac{T_0}{p_0}\sqrt{\frac{p_1p_2\rho_{01}}{T_1T_2\rho_{02}}}=0.6\times\frac{273}{101325}\times\sqrt{\frac{101325\times(101325+1747)\times1.29}{293\times(273+21)\times0.78}}\ m^3/h$$
$$=0.72\ m^3/h$$

式中:ρ_{01} 为标准状态下空气的密度,其值为 1.29 kg/m^3;ρ_{02} 为操作状态下氨气的密度,纯度为 98%时为 0.78 kg/m^3。

(3) 空气通过塔截面积的摩尔流量。

$$G=\frac{V_0}{22.4\times\frac{\pi}{4}D^2}=\frac{9.42}{22.4\times\frac{\pi}{4}\times0.111^2}\ kmol/(m^2\cdot h)=43.43\ kmol/(m^2\cdot h)$$

(4) 计算 Y_1、Y_2。

$$Y_1=\frac{0.98V_0'}{V_0}=\frac{0.98\times0.72}{9.42}=0.075$$

若被吸收溶质是氨气，则 Y_2 按下式计算：

$$Y_2=44.8\frac{T_2p_0}{T_0}\frac{V_sM_s}{V'p_m}=44.8\frac{T_2}{T_0}\frac{V_sM_s}{V'}=44.8\times\frac{294}{273}\times\frac{1\times0.02196}{3.005\times10^3}=0.00035$$

式中：V' 为样品尾气体积，mL；V_s 为尾气分析消耗的硫酸体积，取 1mL；M_s 为尾气分析器中硫酸的物质的量浓度，取 0.02196 mmol/mL；p_m 为当地平均大气压，Pa。

(5) 计算 ΔY_m。

清水吸收，则 $X_2=0$。

$$\Delta Y_m=\frac{\Delta Y_1-\Delta Y_2}{\ln\dfrac{\Delta Y_1}{\Delta Y_2}}=\frac{(Y_1-mX_1)-Y_2}{\ln\dfrac{Y_1-mX_1}{Y_2}}$$

① 平衡常数的计算。

$$m=\frac{E}{p}=\frac{78835}{102500.9}=0.77$$

式中：p 为当地大气压与塔顶表压及 $\frac{1}{2}$ 倍的塔内压降之和，Pa。

氨水浓度在 5%以下时 E 与 t 的关系见表 3-20-1。

表 3-20-1　氨水浓度在 5%以下时 E 与 t 的关系

t/℃	0	10	20	25	30	40
E/Pa	29690	50868	78835	95960	126660	196380

由表 3-20-1 可知，水温为 20 ℃时，$E=78835$ Pa。

$$p=\text{当地大气压}+\text{塔顶表压}+\frac{1}{2}\times\text{塔内压降}$$
$$=(101325+1129.8+1/2\times92.2)\text{Pa}=102500.9\ \text{Pa}$$

② 计算吸收剂水的摩尔流量。

根据实验温度，确定水的密度，再用实验测得的水的体积流量，计算水的摩尔流量。

$$L=\frac{Q_水\ \rho_水}{M_水\dfrac{\pi}{4}D^2}=\frac{0.04\times998.2}{18\times0.785\times0.111^2}\ \text{kmol/(m}^2\cdot\text{h)}=229.35\ \text{kmol/(m}^2\cdot\text{h)}$$

③ 根据全塔物料衡算式计算出口浓度 X_1，由于吸收剂为纯水，$X_2=0$，故

$$X_1=\frac{G}{L}(Y_1-Y_2)=\frac{43.43}{229.35}\times(0.075-0.00035)=0.014$$

$$\Delta Y_m=\frac{\Delta Y_1-\Delta Y_2}{\ln\dfrac{\Delta Y_1}{\Delta Y_2}}=\frac{(Y_1-mX_1)-Y_2}{\ln\dfrac{Y_1-mX_1}{Y_2}}=\frac{0.064-0.00035}{\ln\dfrac{0.064}{0.00035}}=0.012$$

(6) 计算传质系数。

$$K_ya=\frac{G(Y_1-Y_2)}{Z\Delta Y_m}=\frac{43.43\times(0.075-0.00035)}{0.85\times0.012}\ \text{kmol/(m}^3\cdot\text{h)}=317.85\ \text{kmol/(m}^3\cdot\text{h)}$$

3.20.8　干燥实验

【实验目的】

(1) 了解气流干燥设备的基本流程和工作原理。

(2) 掌握物料干燥曲线的测定方法。

【装置认识】

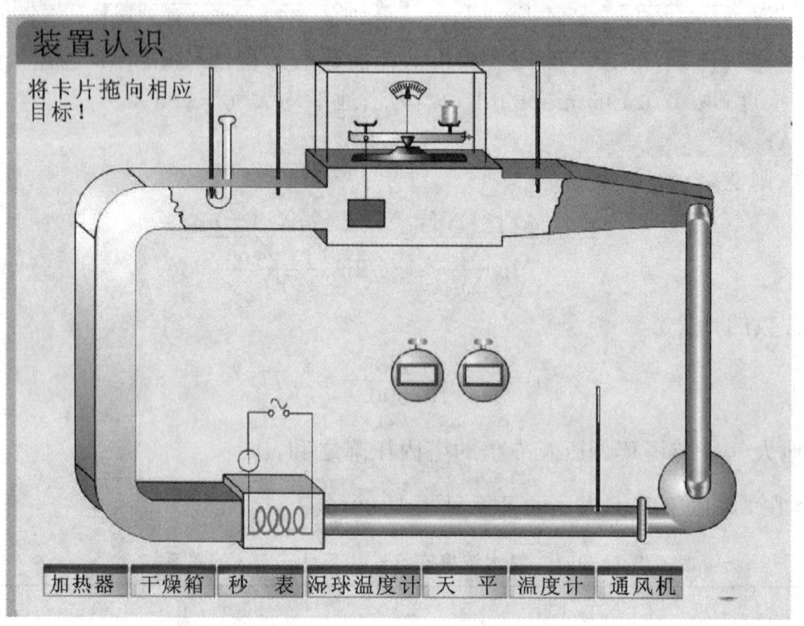

【实验操作】

先单击开启风机，再单击自动读数，然后将鼠标指向天平右边的砝码并按住左键拖走，此时天平向左倾。当天平平衡时，会自动“读取数据”，此时一个秒表停止，一个秒表启动，再减重，再自动读取数据，以此类推。建议每次减重 1 g，读取一组数据。

【数据处理】

1. 数据记录

$W_i=74$ g，　$W_{i+1}=$____ g，　$\mathrm{d}t=$____ s

已知：$A=0.0326\ \mathrm{m^2}$，$W_c=26.9$ g(绝干物料质量)

计算：X_i、$\overline{X}_i$、U_i。

例：

	试样质量/g	干基含水量	湿质量/g	干燥时间/s	平均干基含水量	干燥速率
第一组	74	1.75	0	0	0	0
第二组	73	1.71	1	56	1.73	0.0005477
第三组	72	1.67	1	53	1.69	0.0005787

$$X_2=\frac{W_i-W_c}{W_c}=\frac{73-26.9}{26.9}=1.71$$

$$\overline{X}_2=\frac{X_2+X_1}{2}=\frac{1.75+1.71}{2}=1.73$$

$$U_2=\frac{\Delta W}{A\Delta t}=\frac{1\times10^{-3}}{0.0326\times56}\ \mathrm{kg/(m^2\cdot s)}=5.477\times10^{-4}\ \mathrm{kg/(m^2\cdot s)}$$

2. 数据记录表

数据显示
序号
试样质量 W/g
干基含水量X
湿质量 dW/g
干燥时间 dt/s
平均干基含水量X̄
干燥速率
第1组
74
1.75
0
0
0
0
课下作业：抄回实验数据，绘出干燥速率曲线。

图形显示
U×10⁴/[kg/(m²·s)]
0
X/(kg水/kg干料)
课下作业：抄回实验数据，绘出干燥速率曲线。

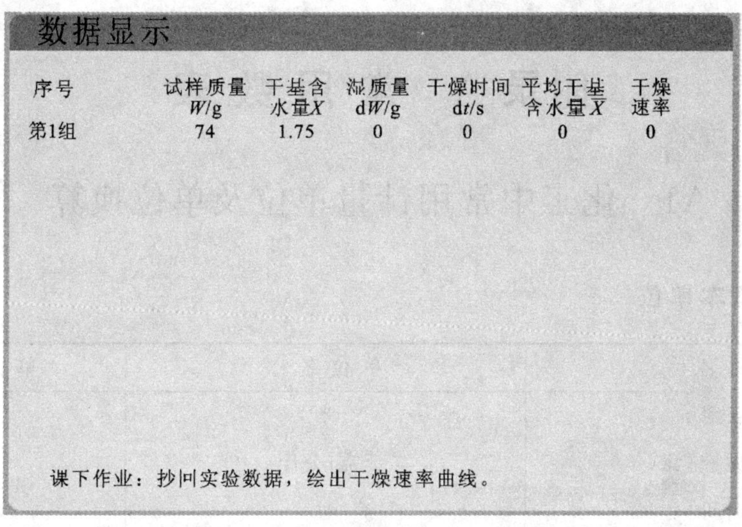

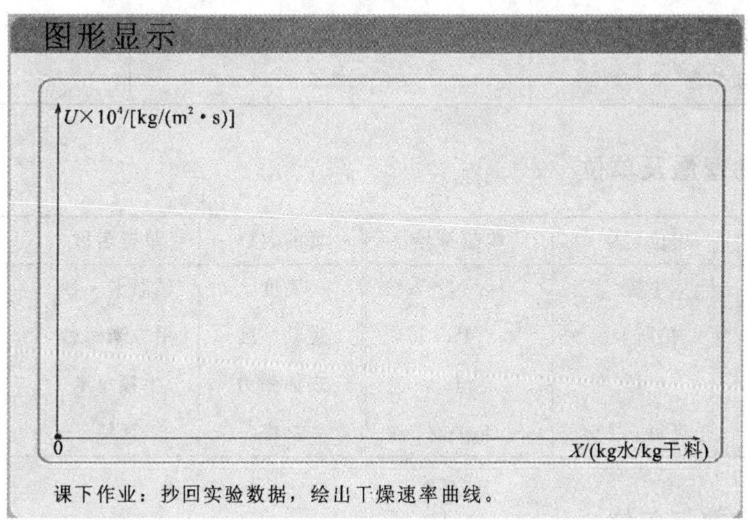

附录A 常用数表

A1 化工中常用计量单位及单位换算

A1.1 法定基本单位

量的名称	单位名称	单位符号
长度	米	m
质量	千克(公斤)	kg
时间	秒	s
热力学温度	开尔文	K
物质的量	摩尔	mol

A1.2 导出物理量及单位

量的名称	单位名称	单位符号	量的名称	单位名称	单位符号
力	牛顿	N	黏度	帕斯卡·秒	Pa·s
压强(压力)	帕斯卡	Pa	运动黏度	平方米每秒	m^2/s
能、功、热量	焦耳	J	表面张力	牛顿每米	N/m
密度	千克每立方米	kg/m^3	功率	瓦特	W (J/s)

A1.3 基本常数与单位

名　称	符　号	数　值
标准重力加速度	g	$9.80665\ m/s^2$
摩尔气体常数	R	8.314 J/(mol·K)
理想气体摩尔体积	V_0	$22.4136\ m^3/kmol$

A1.4 单位换算

A1.4.1 质量

千克(kg)	吨(t)	磅(lb)
1	0.001	2.20462
0.4536	4.536×10^{-4}	1

A1.4.2 长度

米(m)	英寸(in)	英尺(ft)	码(yd)
1	39.3701	3.2808	1.09361
0.025400	1	0.073333	0.02778

注:1 微米(μm)$=10^{-6}$米,1 埃(Å)$=10^{-10}$米。

A1.4.3 面积

米^2(m^2)	厘米^2(cm^2)	英寸^2(in^2)	英尺^2(ft^2)
6.4516×10^{-4}	6.4516	1	0.006944
0.9290	929.030	144	1

注:1 平方公里=100 公顷=10000 公亩$=10^6$平方米。

A1.4.4 容积

米^3(m^3)	升(L)	英尺^3(ft^3)	加仑(英)[gal(英)]	加仑(美)[gal(美)]
1	1000	35.3156	219.9738	275.6312

A1.4.5 力

牛(N)	公斤(kgf)	磅(lbf)	达因(dyn)	磅达(pdl)
1	0.102	0.2248	1×10^5	7.233

A1.4.6 密度

千克/米^3(kg/m^3)	克/厘米^3(g/cm^3)	磅/英尺^3(lb/ft^3)	磅/加仑(美)[lb/gal(美)]
16.02	0.01602	1	0.1337

A1.4.7 压强

帕(Pa)	巴(bar)	公斤(力)/厘米^2(kgf/cm^2)	磅/英寸^2(lb/in^2)	标准大气压(atm)	水银柱		水柱	
					毫米(mm)	英寸(in)	米(m)	英寸(in)
1×10^5	1	1.0197	14.50	0.9869	750.0	29.53	10.197	401.8
9.807×10^4	0.9807	1	14.22	0.9678	735.5	28.96	10.01	394.0
895	0.06895	0.07031	1	0.06804	51.71	2.036	0.7037	27.70
1.0133×10^5	1.0133	1.0332	14.7	1	760	29.92	10.34	407.2
1.333×10^5	1.333	1.360	19.34	1.316	1000	39.37	13.61	535.67
3.386×10^5	0.03386	0.03453	0.4912	0.03342	25.40	1	0.3456	13.61
9798	0.09798	0.09991	1.421	0.09670	73.49	2.893	1	39.37
248.9	0.002489	0.002538	0.03609	0.002456	1.867	0.07349	0.0254	1

A1.4.8 动力黏度(通称黏度)

帕·秒 (Pa·s)	泊 (P)	厘泊 (cP)	千克/(米·秒) [kg/(m·s)]	千克/(米·时) [kg/(m·h)]	磅/(英尺·秒) [lb/(ft·s)]	公斤(力)秒/米^2 ($kgf·s/m^2$)
1	10	1000	1	3600	0.6720	0.102
9.81	98.1	9810	9.81	0.353×10^5	6.59	1

A1.4.9 运动黏度

米^2/秒(m^2/s)	[沲](斯托克) 厘米^2/秒(cm^2/s)	米^2/时(m^2/h)	英尺^2/秒(ft^2/s)	英尺^2/时(ft^2/h)
1×10^{-4}	1	0.360	1.076×10^{-3}	3.875
9.29×10^{-2}	929.0	334.5	1	3600

注:1 厘沲=0.01 沲。

A1.4.10 能量(功)

焦(J)	千瓦·时 (kW·h)	公斤(力)·米 (kgf·m)	马力·时	千卡 (kcal)	英热单位 (Btu)	英尺·磅 (fl·lb)
9.8067	2.724×10^{-6}	1	3.653×10^{-6}	2.342×10^{-3}	9.296×10^{-3}	7.233
3.6×10^6	1	3.671×10^5	1.3410	860.0	3413	2.655×10^6
2.685×10^6	0.745 7	273.8×10^3	1	641.33	2544	1.981×10^6
4.1868×10^3	1.1622×10^{-3}	426.9	1.5576×10^{-3}	1	3.968	3087
1.055×10^3	2.930×10^{-4}	107.58	3.926×10^{-4}	0.2520	1	778.1
1.3558	0.3766×10^{-6}	0.1383	0.5051×10^{-6}	3.239×10^{-4}	1.285×10^{-3}	1

注:1 尔格=1 达因·厘米=10^{-7}焦。

A1.4.11 功率

瓦 (W)	千瓦 (kW)	公斤(力)·米/秒 (kgf·m/s)	英制马力	千卡/秒 (kcal/s)	英热单位/秒 (cc/s)	英尺·磅/秒 (fl·lb/s)
1×10^3	1	101.97	1.3410	0.2389	0.9486	735.56
9.8067	0.0098067	1	0.01315	0.002342	0.009293	7.23314

A1.4.12 比热容(热容、比热)

焦/(克·℃)(J/(g·℃))	千卡/(公斤·℃)[kcal/(kg·℃)]	英热单位/(磅·F)[Btu/(lb·F)]
1	0.2389	0.2389
4.1868	1	1

A1.4.13 导热系数(热导率)

瓦/(米·开) [W/(m·K)]	焦/(厘米·秒·℃) [J/(cm·s·℃)]	卡/(厘米·秒·℃) [cal/(cm·s·℃)]	千卡/(米·时·℃) [kcal/(m·h·℃)]	英热单位/(英尺·时·F) [Btu/(ft·h·F)]
1×10^2	1	0.2389	86.00	57.79
418.6	4.186	1	360	241.9
1.73	0.01730	0.004134	1.488	1

A1.4.14 传热系数

瓦/(米²·开) [$W/(m^2 \cdot K)$]	千卡/(米²·时·℃) [$kcal/(m^2 \cdot h \cdot ℃)$]	卡/(厘米²·秒·℃) [$cal/(cm^2 \cdot s \cdot ℃)$]	英热单位/(英尺²·时·F) [$Btu/(ft^2 \cdot h \cdot F)$]
1.163	1	2.778×10^{-5}	0.2048
4.186×10^4	3.6×10^4	1	7374
5.678	4.882	1.3562×10^{-4}	1

A1.4.15 表面张力

牛/米(N/m)	达因/厘米(dyn/cm)	克/厘米(g/cm)	公斤(力)/米(kgf/m)	磅/英尺(lb/ft)
1	1×10^3	1.02	0.102	6.854×10^{-2}

A2 水的物理性质

温度 t /℃	压力 p /kPa	密度 ρ /(kg/m³)	焓 I /(kJ/kg)	比热容 $c_p \times 10^{-3}$ /[J/(kg·℃)]	导热系数 $\lambda \times 10^2$ /[W/(m·℃)]	黏度 $\mu \times 10^5$ /(Pa·s)	体积膨胀系数$\times 10^4$ /(1/K)	表面张力 $\sigma \times 10^3$ /(N/m²)	普朗特数 Pr
0	0.611	999.9	0	4.212	55.08	179.2	−0.63	75.61	13.67
10	1.227	999.7	42.04	4.191	57.41	130.1	+0.70	74.14	9.52
20	2.338	998.2	83.91	4.183	59.85	100.5	1.82	72.67	7.02
30	4.241	995.7	125.69	4.174	61.71	80.12	3.21	71.20	5.42
40	7.375	992.2	165.71	4.174	63.33	65.32	3.87	69.63	4.31
50	12.335	988.1	209.30	4.174	64.73	54.92	4.49	67.67	3.54
60	19.92	983.2	211.12	4.178	65.89	46.98	5.11	66.20	2.98
70	31.16	977.8	292.99	7.167	66.70	40.06	5.70	64.33	2.55
80	47.36	971.8	334.94	4.195	67.40	35.50	6.32	62.57	2.21
90	70.11	965.3	376.98	4.208	67.98	31.48	6.95	60.71	1.95
100	101.3	958.4	419.19	4.220	68.21	28.24	7.50	58.84	1.75
110	143	951.0	461.34	4.233	68.44	25.89	8.04	56.88	1.60
120	199	943.1	503.67	4.250	68.56	23.73	8.58	54.82	1.47
130	270	934.8	546.38	4.266	68.56	21.77	9.12	52.86	1.36
140	362	926.1	589.08	4.287	68.44	20.10	9.68	50.70	1.26
150	476	917.0	632.20	4.312	68.33	18.63	10.26	48.64	1.17
160	618	907.4	675.33	4.346	68.21	17.36	10.87	46.58	1.10
170	792	897.3	719.29	4.379	67.86	16.28	11.52	44.33	1.05
180	1003	886.9	763.25	4.417	67.40	15.30	12.21	42.27	1.00
190	1255	876.0	807.8	4.459	67.0	14.42	12.96	40.02	0.96
200	1555	863.0	852.8	4.505	66.3	13.64	13.77	37.67	0.93

A3 干空气的物理性质(p=1.013×10^5 Pa)

温度 t /℃	密度 ρ /(kg/m³)	比热 c_p /[kJ/(kg·℃)]	导热系数 λ /[kW/(m·℃)]	导温系数 $a\times10^5$/(m²/s)	黏度 $\mu\times10^5$/(Pa·s)	运动黏度 $\upsilon\times10^5$/(m²/s)	普朗特数 Pr
0	1.293	1.005	2.440	1.88	1.72	13.28	0.707
10	1.247	1.005	2.510	2.01	1.77	14.16	0.705
20	1.205	1.005	2.591	2.14	1.81	15.06	0.703
30	1.165	1.005	2.673	2.29	1.85	16.00	0.701
40	1.128	1.005	2.754	2.43	1.91	16.96	0.699
50	1.093	1.005	2.824	2.57	1.96	17.95	0.698
60	1.060	1.005	2.893	2.72	2.01	18.97	0.696
70	1.029	1.009	2.963	2.86	2.06	20.02	0.694
80	1.000	1.009	3.044	3.02	2.11	21.09	0.692
90	0.972	1.009	3.126	3.19	2.15	22.10	0.690
100	0.946	1.009	3.207	3.36	2.19	23.13	0.688
120	0.898	1.009	3.335	3.68	2.29	25.45	0.686
140	0.854	1.013	3.186	4.03	2.37	27.80	0.684
160	0.815	1.017	3.637	4.39	2.45	30.09	0.682
180	0.779	1.022	3.777	4.75	2.53	32.49	0.681

A4 饱和水蒸气表(按温度排列)

温度 /℃	压强		蒸气的比容 /(m³/kg)	蒸气的密度 /(kg/m³)	焓/(kJ/kg)		汽化热 /(kJ/kg)
	kPa	kgf/cm²			液体	蒸气	
0	0.6082	0.0062	206.5	0.00484	0	2491.3	2491.3
5	0.8730	0.0089	147.1	0.00680	20.94	2500.9	2480.0
10	1.226	0.0125	106.4	0.00940	41.87	2510.5	2468.6
15	1.707	0.0174	77.9	0.01283	62.81	2520.6	2457.8
20	2.335	0.0238	57.8	0.01719	83.74	2530.1	2446.3
25	3.168	0.0323	43.40	0.02304	104.68	2538.6	2433.9
30	4.247	0.0433	32.93	0.03036	125.60	2549.5	2423.7
35	5.621	0.0573	25.25	0.03960	146.55	2559.1	2412.6
40	7.377	0.0752	19.55	0.05114	167.47	2568.7	2401.1
45	9.584	0.0997	15.28	0.06543	188.42	2577.9	2389.5
50	12.34	0.1258	12.054	0.0830	209.34	2587.6	2378.1
55	15.74	0.1605	9.589	0.1043	230.29	2596.8	2366.5
60	19.92	0.2031	7.687	0.1301	251.21	2606.3	2355.1
65	25.01	0.2550	6.209	0.1611	272.16	2615.6	2343.4
70	31.16	0.3177	5.052	0.1979	293.08	2624.4	2331.2

续表

温度/℃	压强		蒸气的比容/(m^3/kg)	蒸气的密度/(kg/m^3)	焓/(kJ/kg)		汽化热/(kJ/kg)
	kPa	kgf/cm^2			液体	蒸气	
75	38.55	0.393	4.139	0.2416	314.03	2629.7	2315.7
80	47.38	0.483	3.414	0.2929	334.94	2642.4	2307.3
85	57.88	0.590	2.832	0.3531	355.90	2651.2	2295.3
90	70.14	0.715	2.365	0.4229	376.81	2660.0	2283.1
95	84.56	0.862	1.985	0.5039	397.77	2668.8	2271.0
100	101.33	1.033	1.675	0.5970	418.68	2677.2	2258.4
105	120.85	1.232	1.421	0.7036	439.64	2685.1	2245.5
110	143.31	1.461	1.212	0.8254	460.97	2693.5	2232.4
115	169.11	1.724	1.038	0.9635	481.51	2702.5	2221.0
120	198.64	2.025	0.893	1.1199	503.67	2708.9	2205.2
125	232.19	2.367	0.7715	1.296	523.38	2716.5	2193.1
130	270.25	2.755	0.6693	1.494	546.38	2723.9	2177.6
135	313.11	3.192	0.5831	1.715	565.25	2731.2	2166.0
140	361.47	3.685	0.5096	1.962	589.08	2737.8	2148.7
145	415.72	4.238	0.4469	2.238	607.12	2744.6	2137.5
150	476.24	4.855	0.3933	2.543	632.21	2750.7	2118.5
160	618.28	6.303	0.3075	3.252	675.75	2762.9	2087.1
170	792.59	8.080	0.2431	4.113	719.29	2773.3	2054.0
180	1003.5	10.23	0.1944	5.145	763.25	2782.6	2019.3

A5 饱和水蒸气表(按压强排列)

压强/Pa	温度/℃	蒸气的比容/(m^3/kg)	蒸气的密度/(kg/m^3)	焓/(kJ/kg)		汽化热/(kJ/kg)
				液体	蒸气	
2×10^4	60.1	7.65	0.13068	251.51	2606.4	2354.9
3×10^4	66.5	5.24	0.19093	288.77	2622.4	2333.7
4×10^4	75.0	4.00	0.24975	315.93	2634.4	2312.2
5×10^4	81.2	3.25	0.30799	339.80	2644.3	2304.5
6×10^4	85.6	2.74	0.36514	358.21	2652.1	2293.9
7×10^4	89.9	2.37	0.42229	376.61	2659.8	2283.2
8×10^4	93.2	2.09	0.47807	390.08	2665.3	2275.3
9×10^4	96.4	1.87	0.53384	403.49	2670.8	2267.4
1×10^5	99.6	1.70	0.58961	416.90	2676.3	2259.5
1.2×10^5	104.5	1.43	0.69868	437.51	2684.3	2246.8
1.4×10^5	109.2	1.24	0.80758	560.38	2692.1	2234.4
1.6×10^5	113.0	1.21	0.82981	583.76	2698.1	2224.2
1.8×10^5	116.6	0.988	1.0209	603.61	2703.7	2214.3
2×10^5	120.2	0.887	1.1273	622.42	2709.2	2204.6
2.5×10^5	127.2	0.719	1.3904	639.59	2719.7	2185.4

续表

压强/Pa	温度/℃	蒸气的比容/(m^3/kg)	蒸气的密度/(kg/m^3)	焓/(kJ/kg)		汽化热/(kJ/kg)
				液体	蒸气	
3×10^5	133.3	0.606	1.6501	560.38	2728.5	2168.1
3.5×10^5	138.8	0.524	1.9074	583.76	2736.1	2152.3
4×10^5	143.4	0.463	2.1618	603.61	2742.1	2138.5
4.5×10^5	147.7	0.414	2.4152	622.42	2747.8	2125.4
5×10^5	151.7	0.375	2.6673	639.59	2752.8	2113.2

A6 水在不同温度下的黏度

温度/℃	黏度/(mPa·s)	温度/℃	黏度/(mPa·s)	温度/℃	黏度/(mPa·s)
0	1.7921	23	0.9359	39	0.6685
5	1.5188	24	0.9142	40	0.6560
10	1.3077	25	0.8973	45	0.5988
11	1.2713	26	0.8737	50	0.5494
12	1.2363	27	0.8545	55	0.5064
13	1.2028	28	0.8360	60	0.4688
14	1.1709	29	0.8180	65	0.4355
15	1.1403	30	0.8007	70	0.4061
16	1.1110	31	0.7840	75	0.3799
17	1.0828	32	0.7679	80	0.3565
18	1.0559	33	0.7523	85	0.3355
19	1.0299	34	0.7371	90	0.3165
20	1.0050	35	0.7225	95	0.2994
20.2	1.0000	36	0.7085	100	0.2838
21	0.9810	37	0.6947		
22	0.9579	38	0.6814		

A7 某些二元物系的气液相平衡数据

A7.1 乙醇-水(101.325 kPa)

乙醇摩尔分数/(%)		温度/℃	乙醇摩尔分数/(%)		温度/℃
液相	气相		液相	气相	
0.00	0.00	100.0	32.73	58.26	81.5
1.90	17.00	95.5	39.65	61.22	80.7
7.21	38.91	89.0	50.79	65.64	79.8
9.66	43.75	86.7	51.98	65.99	79.7
12.38	47.04	85.3	57.32	68.41	79.3
16.61	50.89	84.1	67.63	73.85	78.74
23.27	54.45	82.7	74.72	78.15	78.41
26.08	55.80	82.3	89.43	89.43	78.15

A7.2 乙醇-正丙醇的 t-x-y 关系

t	97.60	93.85	92.66	91.60	88.32	86.25	84.98	84.13	83.06	80.50	78.38
x	0	0.126	0.188	0.210	0.358	0.461	0.546	0.600	0.663	0.884	1.0
y	0	0.240	0.318	0.349	0.550	0.650	0.711	0.760	0.799	0.914	1.0

注：t 为温度，℃；x、y 分别为液相、气相乙醇的摩尔分数。

摘自：J. Gmebling, U. onken. Vapor-liquid Equilibrium Data Collection—Organic Hydroxy Compounds: Alcohols(p. 336). 乙醇沸点：78.3 ℃；正丙醇沸点：97.2 ℃。

A7.3 常压(p=101.325 kPa)下及 CO_2 液相浓度低于5%时的相平衡常数与温度的关系

温度/℃	0	10	15	20	25	30	35	40
相平衡常数 $m\times10^{-3}$	0.729	1.036	1.224	1.422	1.639	1.856	2.093	2.330

A7.4 丙酮的平衡溶解度

液相浓度 x	平衡分压/kPa				
	10 ℃	20 ℃	30 ℃	40 ℃	50 ℃
0.01	0.906	1.599	2.706	4.399	7.704
0.02	1.799	3.066	4.998	7.971	12.129
0.03	2.692	4.479	7.131	11.063	16.528
0.04	3.466	5.705	8.997	—	20.660
0.05	5.185	6.838	10.796	16.528	24.555
0.06	4.745	7.757	12.263	18.794	27.724
0.07	5.318	8.664	13.596	20.926	30.923
0.08	5.771	9.431	14.928	22.793	33.722
0.09	6.297	10.197	16.128	24.525	36.255
0.1	6.744	10.930	17.061	26.258	38.654

A7.5 温度和浓度对丙酮相平衡常数的影响

液相浓度 x	相平衡常数 m				
	10 ℃	20 ℃	30 ℃	40 ℃	50 ℃
0.01	0.894	1.58	2.67	4.34	6.81
0.02	0.888	1.51	2.47	3.93	5.98
0.03	0.886	1.47	2.35	3.64	5.44
0.04	0.855	1.41	2.22	3.42	5.11

A8 乙醇水溶液的比热和汽化潜热

A8.1 乙醇-水溶液的比热[kcal/(kg·℃)]

质量/(%)	温度/℃				
	0	30	50	70	90
3.98	1.03	1.01	1.02	1.02	1.02
8.01	1.05	1.02	1.02	1.02	1.03
16.21	1.05	1.03	1.03	1.03	1.03
24.61	1.00	1.02	1.05	1.07	1.09
33.30	0.94	0.98	1.00	1.04	1.06
42.43	0.87	0.92	0.96	1.01	1.05
52.09	0.80	0.86	0.92	0.98	1.04
62.39	0.75	0.80	0.88	0.94	1.02
73.08	0.67	0.74	0.77	0.87	0.97
85.66	0.61	0.67	0.70	0.80	0.90
100.00	0.54	0.60	0.65	0.71	0.80

注:1 cal=4.1868 J。

A8.2 乙醇-水溶液的汽化潜热(kcal/kg)

液相中乙醇质量分数/(%)	沸腾温度/℃	汽化潜热/(kcal/kg)	液相中乙醇质量分数/(%)	沸腾温度/℃	汽化潜热/(kcal/kg)	液相中乙醇质量分数/(%)	沸腾温度/℃	汽化潜热/(kcal/kg)
0	100	539.4	29.86	84.6	438.7	60.38	80.9	338.7
0.80	99	534.0	31.62	84.3	432.9	75.91	79.7	287.9
1.60	98.9	531.0	33.39	84.1	427.1	85.76	79.1	255.6
2.40	97.3	528.6	35.18	83.8	421.3	91.08	78.5	238.2
5.62	94.4	518.1	36.00	83.5	415.3	98.00	78.3	229.0
11.30	90.7	499.4	38.82	83.3	409.3	98.84	78.25	219.3
19.60	87.2	472.2	40.66	83.0	403.3	100	78.25	209.0
24.99	86.1	416.2	50.21	81.9	372.0			

注:1 cal=4.1868 J。

A9 某些气体溶于水时的亨利系数

气体	温度/℃															
	0	5	10	15	20	25	30	35	40	45	50	60	70	80	90	100
	$E\times10^{-6}$/kPa															
H_2	5.87	6.16	6.44	6.70	6.92	7.16	7.39	7.52	7.61	7.70	7.75	7.75	7.71	7.65	7.61	7.55
N_2	5.35	6.05	6.77	7.48	8.15	8.76	9.36	9.98	10.5	11.0	11.4	12.2	12.7	12.8	12.8	12.8
空气	4.38	4.94	5.56	6.15	6.73	7.30	7.81	8.34	8.82	9.23	9.59	10.2	10.6	10.8	10.9	10.8
O_2	2.58	2.95	3.31	3.69	4.06	4.44	4.81	5.14	5.42	5.70	5.96	6.37	6.72	6.96	7.08	7.10
	$E\times10^{-5}$/kPa															
CO_2	0.738	0.888	1.05	1.24	1.44	1.66	1.88	2.12	2.36	2.60	2.87	3.46	—	—	—	—
Cl_2	0.272	0.334	0.399	0.461	0.537	0.604	0.669	0.74	0.80	0.86	0.90	0.97	0.99	0.97	0.96	—
H_2S	0.272	0.319	0.372	0.418	0.489	0.552	0.617	0.686	0.755	0.825	0.689	1.04	1.21	1.37	1.46	1.50
	$E\times10^{-4}$/kPa															
SO_2	0.167	0.203	0.245	0.294	0.355	0.413	0.485	0.567	0.661	0.763	0.871	1.11	1.39	1.70	2.01	—

A10 液体饱和蒸气压 p° (kPa)的 Antoine(安托因)常数

液体	A	B	C	温度范围/℃
甲烷	5.82051	405.42	267.78	−181～−152
辛烷	6.04867	1355.126	209.517	19～152
乙烯	5.87246	585.0	255.00	−153～+91
丙烯	5.9445	785.85	247.00	−112～−28
甲醇	7.19736	1574.99	238.86	−16～+91
乙醇	7.33827	1652.05	231.48	−3～96
丙醇	6.74414	1375.14	193.0	12～127
醋酸	6.42452	1479.02	216.82	15～157
丙酮	6.35647	1277.03	237.23	−32～+77
四氯化碳	6.01896	1219.58	227.79	−20～+101
苯	6.03055	1211.033	220.79	−16～+104
甲苯	6.07954	1344.8	219.482	6～137
水	7.07406	1657.46	227.02	10～168

A11　几种常见气体的密度(273 K,101.325 kPa)

气体名称	分子式	相对分子质量	密度 $\rho/(kg/m^3)$	气体名称	分子式	相对分子质量	密度 $\rho/(kg/m^3)$
空气	—	—	1.2928	二氧化硫	SO_2	64.06	2.9268
氨	NH_3	17.03	0.7708	硫化氢	H_2S	34.08	1.5392
二氧化碳	CO_2	44.00	1.9768	氯化氢	HCl	36.47	1.6394
氢	H_2	2.016	0.0898	甲烷	CH_4	16.03	0.7167
氧	O_2	32.00	1.4289	一氧化碳	CO	28.00	1.2501

A12　相关系数检验表

$n-2$	r_{min}		$n-2$	r_{min}	
	$\alpha=0.05$	$\alpha=0.01$		$\alpha=0.05$	$\alpha=0.01$
1	0.997	1.000	20	0.423	0.537
2	0.950	0.990	21	0.413	0.526
3	0.878	0.959	22	0.404	0.515
4	0.811	0.917	23	0.396	0.505
5	0.755	0.875	24	0.388	0.496
6	0.707	0.834	25	0.381	0.487
7	0.666	0.798	26	0.374	0.478
8	0.632	0.765	28	0.361	0.463
9	0.602	0.735	30	0.349	0.449
10	0.576	0.708	35	0.325	0.418
11	0.553	0.684	40	0.304	0.393
12	0.532	0.661	45	0.288	0.372
13	0.514	0.641	50	0.273	0.354
14	0.497	0.623	65	0.250	0.325
15	0.482	0.606	70	0.232	0.302
16	0.468	0.590	80	0.217	0.283
17	0.456	0.575	90	0.205	0.267
18	0.444	0.561	100	0.195	0.254
19	0.433	0.549	200	0.138	0.181

附录B 实验相关仪器的使用说明

B1 阿贝折射仪的使用说明

(1) 确定浓度-折光指数标准曲线的适用温度。

(2) 查看超级恒温水浴的触点温度计的设定温度是否在标定曲线的适用温度附近。必要时则需调整至适用温度。

(3) 开启超级恒温水浴,待恒温后,查看阿贝折射仪测量室的温度是否正好等于标定曲线的适用温度。否则,应适当调节超级恒温水浴的触点温度计,使阿贝折射仪测量室的温度正好等于标定曲线的适用温度。

(4) 用折射仪测定无水乙醇的折光指数,查看折射仪的"零点"是否正确。

测定某物质的折光指数的步骤如下:

(1) 折射仪上放置待测液体的薄片状空间称为样品室。测量之前应用镜头纸将样品室的上下磨砂玻璃表面擦拭干净,以免留有其他物质,影响测定的精确度。

(2) 在样品室关闭且锁紧手柄的挂钩刚好挂上的状态下,用医用注射器将待测的液体样品从样品室侧面的小孔注入样品室内,然后立即旋转样品室的锁紧手柄,将样品室锁紧(锁紧即可,不要用力过大)。

(3) 调节样品室下方和竖置大圆盘侧面的反光镜,使两镜筒内的视场明亮。

(4) 从目镜中可看到刻度的镜筒称为读数镜筒,另一个称为望远镜筒。先估计一下样品的折光指数数值的大概范围,然后转动竖置大圆盘下方侧面的手轮,将刻度调至样品折光指数数值的附近。

(5) 转动目镜底部侧面的手轮,使望远镜筒视场中除黑白两色外无其他颜色。旋转竖置大圆盘下方侧面的手轮,将视场中黑白分界线调至斜十字线的中心,如附图 B-1 所示。

(6) 读数镜筒中看到的右列刻度读数则为待测物质的折光指数数值 n_D,如附图 B-2 所示。

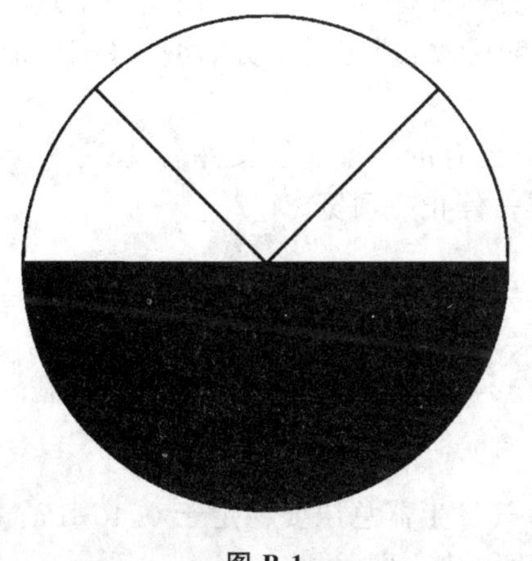

图 B-1

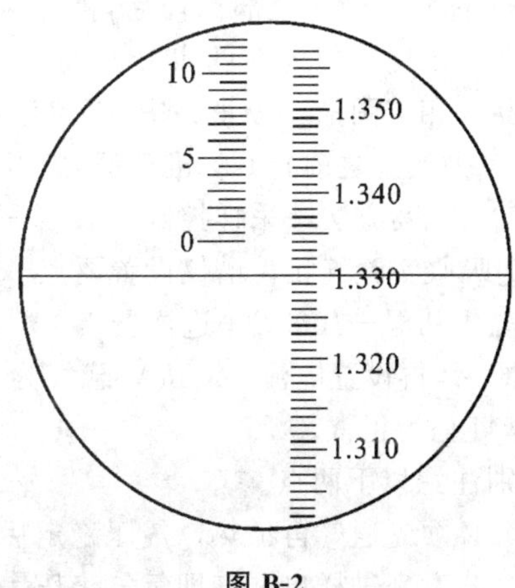

图 B-2

(7) 根据读得的折光指数数值 n_D 和样品室的温度，从浓度-折光指数标准曲线中查找该样品的质量分数。

(8) 要注意保持折射仪的清洁，严禁污染光学零件，必要时可用干净的镜头纸或脱脂棉轻轻地擦拭。如光学零件表面有油垢，可用脱脂棉蘸少许洁净的汽油轻轻地擦拭。

B2 气相色谱仪使用简要说明(以 GC1690 型为例)

(1) 先开氢气，再看氢气柱有没有正压，气压稳定后再升温。氢气发生器总压达 0.4 MPa 后不会再升高。

(2) 设置温度。柱温：柱箱＋初温＋150 ℃＋置入。进样器：进样＋180℃＋置入。热导检测器温度：热导＋180 ℃＋置入，设置好后按"起始"键。

(3) 选择检测器"4"(检测器＋4＋置入)(主板默认氢火焰，这里用热导 4)。

(4) 实时查看实际温度。柱温：显示＋柱箱。进样器：显示＋进样器。热导检测器：显示＋热导。

(5) 待热导检测器温度稳定在设置温度后，再设电流。电流设入：电流＋数值(100 mA)＋置入＋按"电流加入"下面的按钮(此时"TCD"灯亮)。

(6) 色谱工作站 2000。施行步骤(5)后基线有明显变化，则需稳定约 30 min，直至基线保持稳定、平直。

(7) 打开电脑：色谱 2000 在线＋通道 1＋数据采集＋查看基线(一定要稳定，界面左下方显示红色提示字时为正常工作状态)。

(8) 基线稳定后方可进样检测。每次进样 1 μL(每次进样量一定要相同)，进样后立刻用鼠标点按"采集数据"(或按键盘 F5 键，也可按本仪器配置的触发开关)。

(9) 结果"预览"：谱峰出全后，按"停止采集"，按"预览"按钮查看峰值和浓度、色谱图、分析结果表。坐标纸可调显示范围、电压范围。

(10) 关机顺序：①电流置"0"："电流＋0＋置入"。②设置为柱降温：同时操作(柱箱＋初温＋30 ℃＋置入)；进样器(进样＋30 ℃＋置入)；热导(热导＋30 ℃＋置入)。

(11) 待热导池温度降至 50 ℃以下，关机、关气，关闭钢瓶总阀。

(12) 控制面板上"粗调"、"细调"两旋钮可调基线位置；"斜率测试"和"零点校正"一般不用。测样时按浓度由低到高的顺序进行，即先测低浓度样品后测高浓度样品。

(13) 标样。做完全部标样后，停止采集数据：积分—外标—组分表—图谱—全选—写峰名(乙醇)—采用—把现在的出峰时间打入即可。宽度可改：校正—组分含量—OK—加入标样—样品—相应图谱—校正完毕—另存为……

(14) 做实验之前打开标准曲线：打开文件—样品(已存的标准曲线文件名)。

(15) 实验：方法—采样控制—取名—采用—进样—停止—预览。

CO_2 吸收实验气相色谱仪设置要点。

柱温＋初温＋100 ℃＋进样器 120 ℃＋热导 120 ℃。设置好后按"起始"键。待热导温度达 120 ℃后，再设置电流 140 mA(载气为 H_2，载气为 N_2 时不能大于 80 mA)，按"置入"后按下"TCD"，灯亮为正常。

特别注意以下两点。

(1) 必须先通气再加热。气压稳定后再升温。氢气发生器总压要稳定于 0.4 MPa。

(2) 若发现进样口漏气即氢气稳压表数值迅速降低，应立即关机。

参 考 文 献

[1] 夏清,陈常贵.化工原理(上册、下册)[M].修订版.天津:天津大学出版社,2005.

[2] 张金利,张建伟,郭翠梨,等.化工原理实验[M].天津:天津大学出版社,2005.

[3] 大连理工大学化工原理教研室组.化工原理实验[M].大连:大连理工大学出版社,2002.

[4] 陈寅生.化工原理实验及仿真[M].上海:东华大学出版社,2008.

[5] 郑秋霞.化工原理实验[M].北京:中国石化出版社,2007.

[6] 北京大学等.化工基础实验[M].北京:北京大学出版社,2004.

[7] 徐国想.化工原理实验[M].南京:南京大学出版社,2006.

[8] 卫静莉.化工原理实验[M].北京:国防工业出版社,2003.

[9] 梁玉祥,刘钟海,付兵.化工原理实验导论[M].四川:四川大学出版社,2004.

[10] 伍钦,邱华生,高桂田.化工原理实验[M].广州:华南理工大学出版社,2001.

[11] 张金利,郭翠梨.化工基础实验[M].2版.北京:化学工业出版社,2006.

[12] 陈同芸,瞿谷仁,吴乃登.化工原理实验[M].上海:华东理工大学出版社,1989.

[13] 武汉大学等.化工基础实验[M].北京:高等教育出版社,2005.

[14] 王湛,周翀.膜分离技术基础[M].北京:化学工业出版社,2006.

[15] 王志祥.制药化工原理[M].北京:化学工业出版社,2005.

[16] 柴诚敬.化工原理[M].北京:高等教育出版社,2006.